一頁 folio

始 于 一 页 ， 抵 达 世 界

THE GENETIC LOTTERY

基因彩票

WHY DNA MATTERS FOR SOCIAL EQUALITY

[美]凯瑟琳·佩奇·哈登→著
陆大鹏→译

KATHRYN PAIGE HARDEN

辽宁人民出版社

版权合同登记号06-2022年第142号

图书在版编目(CIP)数据

基因彩票 / (美) 凯瑟琳 · 佩奇 · 哈登著；陆大鹏
译.一 沈阳：辽宁人民出版社, 2023.3
书名原文: the genetic lottery
ISBN 978-7-205-10674-4

Ⅰ. ①基… Ⅱ. ①凯… ②陆… Ⅲ. ①人类基因－普
及读物 Ⅳ. ①Q987-49

中国版本图书馆CIP数据核字(2022)第249644号

出版发行：辽宁人民出版社
地址：沈阳市和平区十一纬路 25 号　邮编：110003
电话：024-23284321（邮　购）　024-23284324（发行部）
传真：024-23284191（发行部）　024-23284304（办公室）
http://www.lnpph.com.cn

印　　刷：北京华联印刷有限公司
幅面尺寸：145mm × 210mm
印　　张：11.75
字　　数：380千字
出版时间：2023年3月第1版
印刷时间：2023年3月第1次印刷
责任编辑：盖新亮
封面设计：陈威伸
版式设计：燕　红
责任校对：吴艳杰
书　　号：ISBN 978-7-205-10674-4

定　　价：98.00元

我曾经相信，运气是我身体之外的东西，运气仅仅负责决定哪些事情会降临到我身上，哪些又不会……现在我认为我错了。现在我相信，我的运气在我的身体之内，运气是凝聚我的骨骼的基石，是缝合我的DNA隐秘挂毯的金线。

——塔娜·法兰奇，《女巫榆树》(*The Witch Elm*)

中文版序言

正视不平等的遗传因素

刘 擎

凯瑟琳·佩奇·哈登是一位美国的心理学家与行为遗传学家，她的第一部著作《基因彩票》由普林斯顿大学出版社在2021年9月出版，引起了相当热烈的反响。《纽约客》发表了对哈登的长篇特写，相关的评论和访谈见诸《华盛顿邮报》《洛杉矶书评》和《卫报》等主流媒体。作为“80后”学者，哈登还处在学术生涯的上升期，为什么她的这本书会受人关注，又使她卷入争议的漩涡？

简单来说，《基因彩票》表达了一种“另类”观点，偏离了当今西方左右两派的惯常见解。哈登明确宣称，她的研究旨在促进社会平等的进步主义事业，就其宗旨而言，属于宽泛意义上的左翼进步派（或者美国的“自由派”）。然而，她的研究致力于揭示某些造成社会不平等的先天遗传因素，其研究重心似乎（危险地）接近某种右翼保守派的偏好，触及了左翼的敏感禁忌。

为了进一步理解这本书的新颖之处及其相关争论，我们需要对平等主义问题的当代思想发展做一个简要的脉络梳理。

在漫长的人类历史中，社会的等级差异被视为“自然的”，因此也是正当的。现代文明的兴起挑战了传统的自然等级观念，人与人之间的不平等不再是理所当然、可被接受的状况，而是一个需要关切和应对的问题。由此，平等主义的理念开始在世界各地逐渐兴盛，推动平等的努力被视为人类进步的事业，也是现代国家文明水平的一个重要标志。

然而，现代平等主义的发展既没有终结思想争论，也未能在实践中充分实现社会平等。在理论上，“人人生而平等”是一个事实还是幻想？人与人为什么应当平等？其理由是什么？平等又意味着什么？我们应当追求什么方面和程度平等？如果全面彻底的平等是不可能的（甚至并不可欲），那么什么样的不平等在道德上才是可被接受的？诸如此类的问题引发了学术界与公共思想界的持久争论。

在实践中，追求平等的事业获得重要的进展，却也带来了深刻的社会不满。一方面，每个人都应当享有道德尊严与法律地位的平等，成为几乎所有现代社会的规范性原则，已经深入人心。而另一方面，即便人们能够享有基本权利的形式平等，但彼此之间的经济、文化和政治地位的差异仍然显著而普遍地存在，甚至时而加剧。这意味着民众对平等的诉求持续提升，而大多数人实际感受的不平等状况却未能有效地缓解。期待与现实之间的张力，带来了广泛的不满和焦虑，激化了社会矛盾和冲突。

面对这些问题和矛盾，西方学术界出现了许多严谨、复杂而深入的研究，但在公共领域则形成了左右两派之间更为激烈、持久和简单化的思想冲突；而分歧焦点之一就在于，如何判断遗传因素对社会不平等的影响。

一般而言，大多数（左翼）自由派倾向于支持“人人生而平等”。换言之，人类的不平等并非源自“与生俱来”的遗传因素，而是由不公正的社会条件和环境造成的。经历了对种族清洗与优生学的历史教训的反思，美国的自由派以及公众舆论对社会差异的遗传学解释持有极为慎重和警觉的态度。但在许多（右翼）保守派看来，先天的遗传差异决定了人们在身体与精神方面的“天生不平等”，这是一个不可否认的经验事实。正是这个事实导致了大量的（若非全部的）社会不平等。

可以想见，左右两派对于不平等成因的不同认知和判断，也会相应地形成各自不同的应对方案。自由派将社会不平等的现实归因于环境条件，因此相信缓解和消除社会不平等状况是可能的。这不仅需要保障个体公民享有形式上的基本权利平等，而且需要通过国家和社会的干预，改造不利于弱势人群的制度条件和文化环境，由此促进社会成员的经济、文化和政治的平等。但在许多保守派看来，遗传基因难以改变，因此社会干预几乎无济于事。他们大多质疑或反对通过干预来推动社会平等的方案，认为这种“进步主义者”罔顾事实而奢谈理想，陷入了智识上的“左翼幼稚病”，追求一种不切实际的乌托邦，终将危及个体自由，也很难实现平等的理想。

在这种背景下，对于遗传差异的科学研究时而会成为左右两派立场之争的敏感焦点。保守派大多重视和强调人们的先天遗传差异，而自由派对此则往往持回避或淡化的态度。

然而，“人类天生是否平等”是一个事实问题，而“人类是否应当获得平等”是一个价值理想。我们并不能仅仅依据人们“与生俱来是否平等”这一遗传学事实（实然判断），直接论断人们是否“应当”争取获得平等（应然判断）。在这个意义上，许多左派与右派的观点，都在不同程度上陷入了以“实然”推论“应然”的“自然主义谬误”。

美国前总统比尔·克林顿曾表达了这样的观点，将人类的基因相似性视为人们应当获得政治平等和经济平等的理由。他认为“人类基因组计划”项目的重要进展为“人人生而平等”提供了重要的经验依据，“从遗传学角度看，所有人类，无论什么种族，都有 99.9% 以上的相同之处”，从而支持了平等主义理想。然而，基因相似度如此之高，虽然足以让我们每个人都同属于人类，却无法证明其余 0.1% 的个体遗传差异在社会生活的意义上无关紧要。实际上，某些比例非常微小的基因变异，可能在社会意义上表达为显著的差别。

哈登在本书导言中写道：“……任何两个人之间的遗传差异都是极小的。但是，在试图理解为什么一个孩子有自闭症而另一个孩子没有，为什么一个人耳聋而另一个人有正常听力，以及（正如我将在本书中描述的）为什么一个孩子的学习成绩很差而另一个很好时，我们之间的遗传差异就显得非常重要了。”正是由于她通过研究确信“遗传差异对我们的生活有着深刻的影响”，因此明确反对将平等主义的理想建立在人类基因同一性的基础之上，这在她看来是“在沙堆上建造高塔”。

那么，哈登自己如何为平等主义的理想提出规范性理由？她主要援用了约翰·罗尔斯等平等主义自由派的政治哲学，其中的一个重要原则是，每个人对自己完全无法掌控的偶然“运气”不负有责任，因此，如果我们的命运受到这类偶然因素的支配，就是不公正的。每个人的遗传特征如同“彩票”，是偶然运气所致。有些人很幸运，基因变异更有利于他们获得优异的学业成绩，以及稳定和收入更高的工作，甚至更强的幸福感，但还有些人就没那么幸运，他们的遗传变异更有可能导致身体和精神的疾病。这种偶然因素实际上影响着我们的生活，也在不同程度上导致了社会不平等，但在“应然”的意义上，由基因造成的后果是“不应得的”——幸运并不是优越，而不幸也不应被鄙视。

因此，在哈登看来，追求社会平等的进步主义者，首先需要承认（而不是回避）遗传差异造成不平等的经验事实，同时将遗传学的经验研究聚焦于种族内部的个体差异，以此与传统的“遗传学种族主义”划清界限。在此基础上，寻求最有效的补救措施，促进更为平等公正的社会。比如，如果一个人的近视是由遗传因素造成的，那么这种视力缺陷就是“不应得的”，而补救的方式是发明和制造眼镜，这将造就一个在视力上更公正的社会。

至此，我们就能够理解哈登的著作何以引发争议。因为她在相关争论中持有一个较为独特却是“左右为难”的立场，可以称之为“左翼遗传主义”。借用《纽约客》报道的说法，“哈登正在展开一场两条战线的运动，在她的左边，那些人假定基因无关紧要；而在她的右边，那些人坚信基因就是一切”。若从积极角度来看，也可以说她在尝试弥合左右两派的分歧。一方面她向自由派解释“为什么 DNA 对社会平等很重要”（此书的副标题），因为社会的不平等无法完全归因于社会环境，其中也有遗传因素的影响，因此促进社会平等不能忽视基因的作用。同时，她也在向保守派表明，个体基因差异是一种“彩票”，幸运中奖获得的成功和优势，并不能在道德意义上获得正当性辩护。

对平等主义理想的追求，并不依赖人类基因同一性的事实，但也并非与此无关。或许由于我们足够相似，才有越来越多的人不再将那些因遗传差异造成的不幸、悲苦和不公视为自然，并心安理得地接受。在这个意义上，对平等理想的承诺，体现了人类对自己同胞的善意与悲悯。

推荐序

运气、平等与补偿性的公正

张笑宇

在漫长的人类文明历程中，有一些关于公正、平等和自由的元思考，是我们理解社会问题的基本前提。比如说，绝大多数社会中的人都希望一个公正的社会是“选贤任能”“赏善罚恶”的，换言之，就是我们希望，一个公正的社会，是人人在基本尊严问题上彼此平等，且本身因为良善、勤奋、有能力（掌握技艺、知识或智慧）的人获得最好回报的社会，而不是凭着自己天生的出身、肤色、种族、性别，以及生下来之后就自然习得的传统和信仰就能获得优越地位、成为“人上人”的社会。

有趣的是，对很多社会而言，这种理想主义的期待是一种奢望。今天，有句网络上流行的话，叫“你凭什么拿十几年的努力，去跟人家几十年的积累相比？”想一想社会的真实情况，一个人出生时，他父母积累的财富、资源、人脉和地位，当然会对他的成长路径起到至关重要的影响。我们又怎么能否认这个摆在眼前的事实呢?

这里说句题外话:历时地看网络舆论对于社会公平的朴素理解，就是一部中国社会思潮史。十四年前的2008年，有篇流行文章的标题是“我奋斗了18年，才和你坐在一起喝咖啡”。虽然文章中亦有对社会不公的控诉，但作者似乎还默认，经过努力，大家依然能过上水平相近的生活。然而到了今天，大家已经更习惯于调侃说，“有人生来就在罗马，而有人生来就是牛马”“会投胎也是一种实力”，似乎已经不再去奢望仅仅靠努力就能抹平阶层之间的天壤之别。

不过，这并不是我在此要关注的焦点。我想讨论的是一些更本质的理论问题:为什么我们希望一个理想的公平社会把那些天生带来的东西——不只财富、族群这些社会因素，也有身体健康程度、肤色、性别这些生物因素——排除在外?

归根结底，它涉及我们对于自由意志和责任后果的基本理解，而这些理解才是社会公正的基石。相信自由意志理论的人，同时也相信严肃的道德责任，因为责任和自由总是分不开的。我们天然就会觉得，如果一个人在被别人拿枪顶着头的情况下实施了谋杀，那么真正该被追究的最大责任人不是他，而是枪手。因为如果一个人不能够做出选择，那么他就不可能为自己的行为负责。这是一切社会的道德原理与司法实践的基础。

而“天生”这个因素,却正是人类无法自行选择的。正因如此，出于公正的观念，我们才会力图使一个社会的公平正义尽可能避免受这些因素的影响。我们不能选择自己生为白人或黑人，所以我们希望生活在一个没有肤色歧视的社会里；我们不能选择自己生为男人或女人，所以我们希望生活在一个没有性别歧视的社会里；我们不能选择自己出生时是否会有某些先天的残疾，所以我们希望生活在一个对残疾人友好的社会里。

然而有一种天生的力量，我们不仅无法完全消除其影响，甚至我们的医学研究越是进步，就越是意识到它的影响无处不在。我们在一生中将持续受这种与之俱来的运气因素伴随、塑造、决定，附骨之疽，如影随形。

这种力量的名字，就是基因。

我们并不是不清楚基因和遗传可以造成的巨大力量。例如，肖恩·布拉德利，身高 2.29 米，是 NBA 有史以来最高的篮球运动员之一。他就是继承了比平均水平高得多的遗传变异。他的增高遗传变异的数量比平均水平高 4.2 个标准差，也就是说，他是人群中最幸运的那 0.001%。（见本书第 46—47 页）

当然，你也许会说，这只是个例，有亿万分之一的人就是有好运气，这是没办法的事。但是，基因就是把运气“缝”在我们体内的那股力量，而且我们每一个人都是 70 万亿分之一，因为任何一对父母可能产生的独特基因组合都是 70 万亿种，我们的每一个基因组都是一代又一代运气事件的最终结果。这些运气因素可能决定我们的身高（身高总差异中有 80% 是因为人们继承了不同的基因），决定我们身体会否在某个年龄段染上疾病，决定我们的综合执行能力（对学业成绩测试有惊人的预测作用），决定我们的教育多基因指数高低（进而影响我们的财富收入），决定我们的毅力、求知欲、自我概念和动机等很多我们以为是后天决定的因素。

这就是凯瑟琳·佩奇·哈登的《基因彩票》向我们揭示的，此前一直被我们忽略的重大奥秘。我们以为只是排除了那些最显而易见的天生因素（种族、肤色、性别、残疾），社会就能向公平的方向演变，但我们忽略的是，天生继承的因素无所不在，基因的影响渗透在每个角落，只是我们对它的认识还不足而已。

如果真的是这样，建设一个理想的公正社会还是可能的吗？

对这个问题最危险的回答，是把公正社会想象成一个基于基因优劣的等级社会，也就是我们熟悉的关于优生学和“劣等民族”的那段历史。在这里需要澄清的是，这不是某一个或某几个政权的疯狂妄想，而是1880年代至1930年代，数代人类最优秀的精英追求过的“科学种族主义”实践，他们曾真心以为那是科学指明的康庄大道。

1869年，弗朗西斯·高尔顿出版《遗传的天赋》，旨在证明英国的阶级结构是由“卓越品质”的生物遗传产生的。1883年，高尔顿进一步提出了“优生学”这个新词，以“表达改良种群素质的科学”，其目的是“使更合适的种族或血统有更好的机会迅速胜过不合适的种族或血统”。1907年，美国印第安纳州通过了世界上第一部基于优生学的强制绝育法（后在1921年被推翻）。1920年，美国优生学家斯托达德（Lothrop Stoddard）和劳夫林（Lauphlin）提出国外移民会污染美国国家基因库。1935年，纳粹政府通过了《纽伦堡法》，禁止犹太人和德国人（具有德意志民族血统者）通婚。1939 年，美国优生学家玛格丽特 · 桑格提出应基于优生学原因对黑人实施生育控制和绝育……

优生学的问题，根本上是如何理解科学与社会治理之间的关系导致的问题。的确，遗传学的研究能够证明肖恩 · 布拉德利增高遗传变异的数量多于其他人，但这就足以证明肖恩 · 布拉德利就应该生为上等阶级吗？显然并非如此。首先，肖恩 · 布拉德利的成就绝不仅仅因为他长得高，因为并不是所有高个子都能成为 NBA 球星。其次，教育多基因指数不够高的，未必不能成为艺术家，身高上没有优势的，未必不能成为作家。好的理想社会是发掘每一个人的每一种可能性，而不是让那些在基因上已经赢了的人赢两次。

因此，凯瑟琳 · 佩奇 · 哈登提出了另一个方向，我把它总结为“补偿性的公正”。意思是说，首先，一个社会应该正视基因造就的基于运气的不平等；其次，一个社会应该给予在这场随机性的彩票游戏中输掉的人合适的弥补，让他们内在的潜力不至于就此湮没，让他们有更多的机会通过努力获得成就。

也许，用一个性别方面的例子能更好地说明这个问题。我们首先应该正视男女之间生理结构的不同，比如女性有月事，有怀孕、生产和哺乳期，而一个有志于实现性别平等的社会绝不该对此坐视不管，虚伪地强调男女在工作和生活上都应接受相同的对待。恰恰相反，好社会应该给予女性补偿性的公正，例如产假等。也就是说，要让因天生运气而受挫的人，与因天生运气而占优的人处于平等的地位上。

这就是为什么我认为，每一个关心技术、生理和社会平等的人，都应该阅读本书。

目 录

中文版序言　正视不平等的遗传因素 / 刘擎　i

推荐序　运气、平等与补偿性的公正 / 张笑宇　vii

第一部　认真对待遗传学

第一章　导　言　003

第二章　基因彩票　033

第三章　食谱和大学　055

第四章　血统与种族　087

第五章　生活机遇的抽彩　115

第六章　大自然的随机分配　132

第七章　作用机制的奥秘　157

第二部　认真对待平等问题

第八章　其他可能的世界　183

第九章　用先天来理解后天　207

第十章　个人责任　230

第十一章　无等级优劣的差异　250

第十二章　反优生主义的科学和政策　275

致 谢　307

注 释　311

第一部

认真对待遗传学

第一章

导　言

我对儿子的学前教育一直采用蒙台梭利教育法。我母亲对这种教育法表示怀疑，所以在我儿子上幼儿园之前的那个夏天，自告奋勇要帮助小外孙为她所谓“真正的”学校（有课桌的那种）做好准备。我对儿子向幼儿园的过渡相当有信心，但我还是抓住这个机会去度了一个“真正的”假期（不带小孩的那种）。我的孩子们和外祖母待了两个星期，而我在海滩上休闲了两个星期。

我母亲曾是教师。她受过语言病理学的专业训练，曾在密西西比州北部的一个半农村的学区工作。那里的学生往往有严重的学习障碍，而且都出身于贫困家庭。现在她已经退休了，她在孟菲斯的阳光房里装饰着她以前教室里的招贴画，有字母表、美国历任总统、世界各大洲，以及美国人的效忠誓言。我休完假回来的时候，我的孩子们已经可以自豪地背诵：“我谨宣誓效忠美利坚合众国国旗及其所代表之共和国，这个上帝庇佑的国度不可分裂，自由平等全民皆享。”

在这幅招贴画的压膜表面上，我母亲用紫色记号笔在效忠誓词上标注了一些更容易让儿童理解的词语。在“共和国”（Republic）上面，她写了“国家”（country）。在“自由”（liberty）之上，她写了“自由”（freedom）。在“平等”（justice）* 之上，她写了“公平”（being fair）。

“being fair”是对“justice”的一个很好的解释，让学龄前儿童更容易理解。任何看过子女为玩具争吵的父母都可以证明，儿童对公不公平有敏锐的感觉。如果让小学生给打扫自己房间的孩子分配一些彩色橡皮擦作为奖励，小学生宁愿扔掉一块多余的橡皮擦，也不愿让份额不平等。[1]

就连猴子也有公平感。如果两只卷尾猴因为执行一项简单的任务而得到黄瓜片的“报酬”，它们都会高兴地执行任务，然后大嚼黄瓜片。不过，如果只付给其中一只猴子葡萄，那么另一只猴子就会把黄瓜扔到实验者的脸上，就像耶稣推倒兑换银钱之人的桌子 † 时一样义愤填膺。[2]

作为成年的人类，我们和我们的孩子以及我们的灵长类亲戚

---

* 严格来讲，justice 并非准确对应中文的“平等”，但中文世界里通行的美国效忠誓词一般都将 justice 译为“平等”（本书的页下注全部为译者注）。

† 见《马太福音》第 21 章第 12—13 节：“耶稣进了神的殿，赶出殿里一切作买卖的人，推倒兑换银钱之人的桌子，和卖鸽子之人的凳子。对他们说：‘经上记着说：“我的殿必称为祷告的殿”，你们倒使它成为贼窝了！’”据和合本。

一样，有着一种共同的经过演化的心理，即本能地对不公平现象感到愤怒。如今，这种愤怒正在我们周围涌动，随时都可能沸腾。2019 年，美国最富有的三个亿万富翁所拥有的财富，超过了美国最贫穷的 50% 人口的财产总和。[3] 就像有的卷尾猴拿着黄瓜的工资，而它们的邻居却领到葡萄一样，我们中的许多人看到社会中的不平等现象，会认为："这是不公平的。"

收获属于受过教育的人

人生当然是不公平的，就连人的寿命也是不公平的。在许多物种（从啮齿类动物到兔子再到灵长类动物）当中，在社会等级制度中地位较高的动物，寿命更长、身体更健康。[4] 在美国，最富有的男性比最贫穷的男性平均多活 15 年；最贫穷的美国男性的预期寿命仅有 40 岁，与苏丹和巴基斯坦男性相似。[5] 我的实验室的研究发现，在低收入家庭和街区长大的孩子，从表观遗传学（epigenetic）来说，8 岁时就显示出了更快的生物老化迹象。[6] 富人进入天堂之门可能比骆驼穿过针眼更难，但富人有一个安慰，即他们能够推迟审判日的到来。

收入的不平等与教育的不平等是密不可分的。甚至在新型冠状病毒肺炎大流行之前，没有大学学历的美国白人 [7] 的寿命就在缩短。[8] 这种在历史上极不寻常的寿命缩短现象，在高收入国家中是独一无二的，其原因是"死于绝望"（deaths of despair）

现象的大流行，包括过量服用阿片类药物、酗酒的并发症，以及自杀。[9]新冠肺炎大流行更是雪上加霜。在美国，受过大学教育的人更可能拥有可以在家远程办公的工作，在家里他们更容易受到保护，感染新冠肺炎的可能性更小，被裁员的可能性也更小。[10]

除了活得更久、更健康之外，受过教育的人的收入也更高。在过去的四十年里，处于顶端的0.1%的美国人的收入增长了400%以上，但自1960年代以来，没有大学学历的美国男性的实际工资没有增长。[11]1960年代！请想想，自那时以来，美国发生了多大变化。我们把宇航员送上了月球；我们在越南、科威特、阿富汗、伊拉克和也门打了仗；我们发明了互联网和基因编辑。但在这么长时间里，仅有高中文凭的美国男性没有得到加薪。

当经济学家探讨收入与教育之间的关系时，他们会使用“技能溢价”（skills premium）这个概念，即“技能性”劳动者（指有大学学位的劳动者）与“非技能性”劳动者（指没有大学学位的劳动者）的工资比例。此处的“技能性”概念忽略了电工或水管工这样的技工，他们可以通过学徒制而不是大学教育来接受长时间的专业培训。任何从事过所谓“非技能性”工作的人都会（很有道理地）对“这种工作不需要技能”的想法嗤之以鼻。例如，从事餐饮服务工作，涉及为他人提供情感能量，为他人的感受服务，并表现出自己的情感。[12]“非技能性”与“技能性”这样的术语反映出作家弗莱迪·德博尔（Freddie de Boer）所说的“对聪明人的崇拜”[13]，即有些人倾向于迷信在正规教育中培养和选拔的技能，认为它们比其他所有技能（例如手的灵活性、体力、情感调谐）都更有价值。

在美国，自1970年代以来，工资中的“技能溢价”幅度一直在增长。截至2018年，平均而言，拥有学士学位的劳动者的工资是只完成高中学业的劳动者的1.7倍。[14]缺乏更基本的“技能”标志（高中文凭）的人的收入状况更糟。在美国，没有高中文凭的人并不少。自1980年代以来，美国的高中毕业率几乎没有变化，大约每4个高中生中就有1个无法毕业。[15]

技能溢价说的是单个劳动者的工资收入。但许多人不工作，许多人也不是独居的。家庭构成的差异进一步加剧了不平等。今天，受过大学教育的人比以往任何时候都更多地与其他受过大学教育的人婚配，这使高收入潜力集中在一个家庭中。[16]同时，受教育程度（educational attainment）较低的女性独自养育子女的比率和总生育率都较高。[17]2016年，只有高中学历的女性中，59%的生育是非婚生育，而拥有学士学位或更高学位的女性的非婚生育率仅有10%。因此，没有受过大学教育的女性挣钱更少，有更多的人口要供养，而且家里不太可能有其他人帮助她们养家。

这些社会不平等现象对人的心理有深刻的影响。收入较低的人报告称，与收入较高的人相比，他们感到更多的忧虑、压力和悲伤，幸福感也较低。[18]低收入者更容易受到负面事件（大如离婚，小如头痛）的影响，甚至不太能够享受周末。另一方面，在全球范围内，即使在高收入者当中，生活满意度（“我现有的生活对我来说就是最好的生活”）也随着收入的增加而上升。

人们的生活变得不平等的原因有千千万万，哲学家们一直在争论哪一种原因是最重要的。有的认为，货币资源的平等是需要我们担心的主要问题。有的认为，金钱只是获得幸福或福祉的一种手段。有的拒绝对不平等的原因给出单一解释。而社会科学家倾向于研究他们的学科重点关注的不平等类型。例如，经济学家可能会集中研究收入和财富的差异，而心理学家更可能研究认知能力和情感的差异。在考虑人与人之间错综复杂的不平等问题时，并不存在单一的最佳起点。但在今天的美国，一个人是“富人”还是“穷人”，越来越多地取决于他有无大学学位。如果能明白为何有些人的受教育程度比别人更高，这将开导我们对人生中多种不平等的理解。

出生时的两次抽彩

人们在教育、财富、健康、幸福和生活本身的水平上有极大差异。这些不平等现象是公平的吗？在新冠病毒大流行的2020年夏天，杰夫·贝佐斯的财富在一天之内增加了130亿美元，[19]而与此同时，32%的美国家庭无力负担他们的住房。[20]我对这种贫富鸿沟感到憎恶。这种不平等似乎很恶劣、很可耻。但是大家的意见并不一致。

在讨论不平等现象公不公平时，美国人普遍认同（或至少在口头上认同）的少数意识形态理念之一，是“机会平等”。这个短语可以有多种解读。究竟什么才算真正的“机会”，要怎样才能确保机会平等？[21]而一般来说，“机会平等”是指，所有人，无论出身如何，都应该有同样的机会过上长寿、健康和满意的生活。

从机会平等的角度来看，严格来说，不平等的程度或规模本身并不能证明社会是不公平的。真正的不公平在于，不平等现象与孩子父母的社会阶层有关，或与孩子无法控制的其他先天条件有关。一个人是出生在富裕还是贫穷的家庭，他的父母受没受过教育、已婚还是未婚，婴儿从医院回家后是在一个整洁而有凝聚力的街区还是在一个肮脏而混乱的社区生活，这些都是婴儿自己无法决定的。机会平等的社会应当是这样的：先天条件不能决定一个人的命运。

从机会平等的视角看，关于美国不平等现象的统计数字很糟糕。在图 1.1 的左侧，我展示了这样一个统计数字：家庭收入对大学毕业率的影响。这是一个大家耳熟能详的故事。2018 年，来自美国最富的四分之一家庭的年轻人完成大学学业的可能性，是来自美国最穷的四分之一家庭的年轻人的将近 4 倍：最富有的四分之一美国人中有 62% 在 24 岁之前获得学士学位，而最贫穷的四分之一美国人中只有 16%。

重要的是要记住，这些数据仅具有相关性。仅从这些数据中，我们不能知道为什么较富裕家庭的孩子更有可能完成大学学业，也不能知道，单纯给穷人更多的钱，是否会使他们的孩子学业表现更好。[22]

但是，在围绕不平等问题的公开辩论和学术论文中，关于这类统计数字，有两点被视为理所当然。首先，关于儿童出生时所处的社会和环境条件与其最终的生活结果（life outcome）之间关系的数据，被认为有*科学意义*。如果研究者希望了解一个国家的社会不平等的模式（patterns），但看不到人们出生时所处社会条件的信息，那么研究将难以为继。有些研究者终生都在努力去理解“为什么高收入家庭的孩子受教育程度更高”，并试图设计政策和干预措施来缩小因收入差距而产生的教育不平等。[23] 其次，这种统计数据被认为有*道德意义*。许多人对公平的不平等和不公平的不平等所做的区分是，不公平的不平等是那些与一个人无法控制的先天条件联系在一起的不平等，例如出生于富裕或贫困的家庭。

但是，还有另一种出生的偶然性，它也与成年人生活结果的不平等相关：不是你出生时所处的社会条件，而是你出生时拥有的基因。

在图 1.1 的右侧，我绘制了《自然–遗传学》上一篇论文的数据图。[24] 在这篇论文中，研究者单纯根据人们拥有或不拥有哪些遗传变异（genetic variant），创建了一个*教育多基因指数*（education polygenic index，我将在第三章详述多基因指数的计算方法）。正如我们对家庭收入所做的，我们可以看一下位于这个多基因指数分布的低端与高端的大学毕业率。情况大致相同：那些多基因指数处于“基因”分布前四分之一的人，从大学毕业的可能性是处于后四分之一的人的将近 4 倍。

图 1.1 左侧的家庭收入数据，尽管仅具有相关性，但作为理

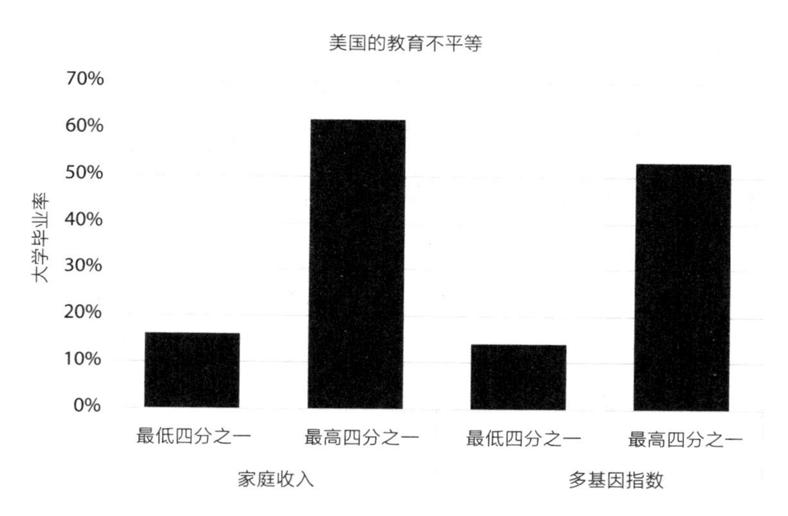

图 1.1 美国大学毕业率的不平等，基于家庭收入的差异与遗传差异。家庭收入与大学毕业率之间关系的数据，出自 Margaret W. Cahalan et al., *Indicators of Higher Education Equity in the United States: 2020 Historical Trend Report* (Washington, DC: The Pell Institute for the Study of Opportunity in Higher Education, Council for Opportunity in Education (COE), and Alliance for Higher Education and Democracy of the University of Pennsylvania (PennAHEAD), 2020)，https://eric.ed.gov/?id=ED606010。多基因指数与大学毕业率之间关系的数据，出自 James J. Lee et al., "Gene Discovery and Polygenic Prediction from a Genome-Wide Association Study of Educational Attainment in 1.1 Million Individuals," *Nature Genetics* 50, no. 8 (August 2018): 1112–21, https://doi.org/10.1038/s41588-018-0147-3；额外分析由 Robbee Wedow 提供。多基因指数分析的对象仅包括这样的人：他们具有共同的遗传血统特征，他们的近代祖先都居住在欧洲。在美国，这样的人在种族上很可能被认定为白人。种族和遗传血统之间的区别将在第四章详述。

解不平等的起点，仍然是至关重要的。社会阶层被视为一种系统性的力量，它决定了谁获得更多的教育，谁获得更少的教育。家庭收入的数据也被许多人视为不公平的初步证据，那是一种需要铲除的不平等。但是图 1.1 右侧的数据呢？

在本书中，我将论证，无论在实证层面还是道德层面，图 1.1 右侧的数据（显示基因和教育结果之间的关系）对理解社会不平等也是至关重要的。就像出生在富裕还是贫困家庭一样，一个人拥有某种遗传变异是“出生的抽彩”的结果。你没有办法选择你的父母：你既不能选择父母给你什么样的生活环境，也不能选择他们给你什么样的基因。而且，就像社会阶层一样，基因抽彩的结果是一种系统性的力量，它能决定，对于我们在社会中想要的几乎一切，谁会得到更多，谁会得到更少。

人们如何看待遗传学

如果你认为遗传跟教育不平等和社会不平等有关联，那么你就是在自找麻烦。这个想法似乎很危险。坦率地说，这似乎属于优生学。一位历史学家将那些把遗传与大学毕业等结果联系在一起的科学家跟屠杀犹太人的德国人相提并论，称这些科学家为“CRISPR 技术的自愿刽子手”。[25] 一位同行曾给我发邮件说，因为我在做遗传学和教育方面的研究，所以我“并不比否认大屠杀的人好”。根据我的经验，许多学者持有这样的信念：讨论社会不平等的遗传原因，从根本上说是种族主义、阶级主义和优生主义的做法。

那些探讨遗传造成的个体差异的科学家，在一般公众眼中的形象如何呢？我们也有一些了解。公众的态度是非常负面的。

在一项社会心理学研究中，实验参与者被要求阅读一个关于虚构的科学家卡尔松博士的故事。[26]这个小故事有两个版本。在这两个版本中，卡尔松博士的研究项目和科学方法被以完全相同的方式描述，不同的是卡尔松博士的研究结论。在一个版本中，实验参与者得知，卡尔松博士发现，遗传原因与数学能力测试成绩关系不大，遗传只能解释人与人之间成绩差异的4%左右。在另一个版本的研究结论中，遗传因素的影响更强，能解释成绩差异的26%。

在阅读了这些研究结论之后，参与者受到提问，卡尔松博士同意下列五项声明的可能性有多大。

1. 人们在社会中的地位**应当**与他们的先天能力匹配。

2. 我相信人们和社会群体**应当**被平等对待，不考虑其能力。

3. 某些人拥有天赋，所以他们**应当**被视为优于其他人。

4. 如果社会允许某些人比其他人拥有更多的权力和成功，这**没问题**，因为这是自然法则。

5. 社会**应当**努力创造公平的竞争环境，使社会变得公正。

这些声明旨在衡量“平等主义”价值观。《韦氏词典》对“平等主义”（egalitarianism）的定义是：“对人类平等的信仰，特别是在社会、政治和经济事务方面；一种主张消除人与人之间不平等的社会哲学。”当实验参与者读到卡尔松博士发现遗传与数学能力有较强关联的证据时，他们认为他具有较差的平等主义价值观，也就是说：卡尔松希望将某些人视为优于其他人，对使社会更加公正不感兴趣，不相信人们应该被平等对待。

这项研究还发现，认为遗传对智力有影响的科学家也被认为是不太客观的，更可能是先有结论然后去找证据，而且更有可能在开始其科研生涯之前就持有不平等主义的信念。自称是政治保守派的人一律怀疑科学家的客观性，不管其研究结果如何，而自称是政治自由派的人，在科学家报告遗传对智力有影响时，特别容易怀疑他的客观性。

这项研究很重要，因为实验参与者并不是在遗传学、数学或政治哲学方面有特殊专长的科学家或学者。他们是大学本科生，参与这个实验是课程的要求；或者是在家工作的人，想通过填写调查问卷来赚外快。这项研究表明，人们，特别是具有自由主义政治意识形态的人们，十分普遍地相信，“关于遗传如何*确实*（do）影响人类行为的经验性陈述”与“关于人们*应当*（should）被平等对待的道德信念”是不相容的。

优生学影响深远的遗产

很多人认为遗传学研究的结果与社会平等不相容，这当然是有充分理由的。一百五十多年来，人类遗传学一直被用来推进种族主义和阶级主义的意识形态，对被列入“劣等”的人造成了可怕的后果。

1869 年，弗朗西斯 · 高尔顿（查尔斯 · 达尔文的表弟，发明了“优生学”一词）出版了《遗传的天赋》。[27] 这本书基本上由数百页族谱组成，旨在证明英国的阶级结构是由“卓越品质”（eminence）的生物遗传产生的。换句话说，在科学、商业和法律方面有卓越专业成就的人，必然是其他伟人的后代。《遗传的天赋》以及高尔顿在 1889 年出版的《自然遗传》[28]，将“遗传”研究重塑为对亲属之间可测量的相似性的研究。[29] 这种科学方法一直延续到今天，我将在本书中描述的许多研究都是这样的。

不过，高尔顿不满足于仅仅以族谱的形式记录亲属的相似性。他希望对这种相似性进行量化，也就是用数字来表示。量化是他的毕生爱好，他的口号是“只要能做到，就计数”。[30] 在寻找亲属相似性的数学表达时，高尔顿发明了一些基础的统计学概念，如相关系数（correlation coefficient）。在发展统计学的同时，他还思考了如何在人类当中操纵遗传。在 1883 年发表的某著作的一个脚注中，高尔顿提出了“优生学”（eugenics）这一新词，以“指称改良种群素质的科学”，其目的是“使更合适的种族或血统有更好的机会迅速胜过不合适的种族或血统”。[31] 因此，从一开始，新生的统计学和运用统计学来研究亲属相似性模式的手段，就与种族优越性的观念以及为改良物种而干预人类生殖的提议纠缠在一起。

高尔顿于 1911 年去世，生前向伦敦大学学院捐赠了一笔钱，以设立高尔顿优生学教授讲席，这个讲席被授予他的门生卡尔 · 皮尔逊（Karl Pearson），他也是伦敦大学学院新成立的应用统计系的系主任。[32]皮尔逊在他的岗位上继续为统计方法做出基础性的贡献，这些方法如今被普遍应用于科学和医学的每个学科。他用一种中立的语言来掩饰自己的研究活动："我们高尔顿实验室的人并没有私利要追求。我们追寻真理的工作不会给我们带来任何好处，我们也没有任何损失。"但皮尔逊在政治上并不是中立的。皮尔逊以"心理特征"（如教师对学生的学术能力的评估）的家族相关性的统计数据为幌子，认为进步时代的社会改革，如全民教育，是无用的。他还反对劳动保护，如禁止童工、最低工资和八小时工作制等措施，理由是这些改革鼓励"无能力者"的繁殖。[33]

在美国，查尔斯·达文波特（Charles B. Davenport）像高尔顿和皮尔逊一样，对家庭谱系数据的定量研究充满热情。达文波特在纽约长岛的冷泉港建立了一个优生学档案办公室。1910年，达文波特任命哈里·H. 劳夫林为该办公室的主管，从而大力支持了美国历史上最强有力的优生立法倡导者。

新官上任之后，劳夫林差不多立刻就开始为他后来的著作《美国的优生绝育》做研究。[34]该书最终于1922年出版。劳夫林在书中引用了强制疫苗接种和隔离检疫等法律先例，主张"国家有权为改良种族而限制生育"。书中给出了"优生绝育法的范本"，供各州立法机构修改和采用，以防止"因遗传缺陷而不符合社会要求的人传宗接代"。"不符合社会要求"的人的定义是：任何"长期不能……使自己成为国家有组织的社会生活中有用成员"的人，以及"精神不健全"、罹患精神病、犯罪、罹患癫痫、酗酒、罹患梅毒、眼盲、耳聋、肢体残疾的人，孤儿、无家可归者和“流浪汉与贫民”。1924 年，弗吉尼亚州通过了《优生绝育法》，该法直接使用了劳夫林范本的措辞。[35]

急于确立弗吉尼亚州《优生绝育法》合宪性的优生学家很快在卡丽·巴克（Carrie Buck）身上找到了一个理想的试验案例。巴克的亲生母亲埃玛患有梅毒，在被养父母的侄子强奸后，未婚生下了女儿薇薇安。[36] 在“巴克诉贝尔案”中，最高法院大法官奥利弗·温德尔·霍姆斯代表多数派意见，支持弗吉尼亚州的《优生绝育法》，并对巴克家族做出了一句臭名昭著的评价：“三代低能儿已经够多了。”在“巴克诉贝尔案”宣判之后，一直到 1972 年，有 8000 多名弗吉尼亚人被政府强制绝育。其他一些州效仿弗吉尼亚州的做法，导致大约有六万名美国人被强制绝育。[37]

不过，对最热心的优生学支持者来说，绝育的速度还是太慢了。1933 年希特勒上台之后不久，德国通过了自己版本的劳夫林绝育法，这时美国优生学家大力敦促在美国扩大绝育计划。约瑟夫·德贾尼特哀叹道：“德国人在我们发明的游戏中打败了我们。”德贾尼特出生于南方邦联的奴隶种植园，曾在“巴克诉贝尔案”中作证反对卡丽·巴克，并在弗吉尼亚州斯汤顿市的西部州立医院担任院长，监督了上千例绝育手术。[38]

1935 年，纳粹政府通过了《纽伦堡法》，禁止犹太人和非犹太裔德国人结婚，并剥夺了犹太人、罗姆人和其他群体的合法权利和公民身份。这一年，劳夫林写了一封信给他的纳粹同行欧根·菲舍尔（Eugen Fischer）。菲舍尔在“异族通婚问题”方面的工作为《纽伦堡法》提供了意识形态基础。[39] 劳夫林给菲舍尔写信的目的，是把他介绍给威克利夫·普雷斯顿·德雷珀（Wickliffe Preston Draper），德雷珀是一位纺织业巨头和优生学爱好者，不久之后将前往柏林参加纳粹关于“种族卫生”的会议。[40]

回到美国后，德雷珀与劳夫林合作建立了开拓者基金会（Pioneer Fund），该基金会于 1937 年成立，至今仍然存在。基金会的名字是为了纪念最早在美利坚殖民地定居的“开拓者”家庭，宗旨是促进对人类遗传和“种族改良问题”的研究。其最早期的活动之一是发行一部关于绝育的纳粹宣传片《遗传病》（*Erbkrank*），该片得到了希特勒本人的特别认可。[41]

从 20 世纪初的这些优生主义者到今天的白人至上主义者，无论是在活动资金上还是在意识形态上，他们都有着直接的传承关系。例如，自称“种族现实主义者”的贾里德 · 泰勒认为美国黑人没有能力实现“任何形式的文明”，他最近便接受了开拓者基金会的资助。[42] 泰勒继承了皮尔逊和劳夫林的意识形态传统，将遗传学当作反对社会平等和政治平等的宣传武器。他在对行为遗传学家罗伯特 · 普罗明（我将在本书中介绍他的工作）的著作《基因蓝图》的评论中称，遗传学的新发展将敲响社会正义的丧钟：“如果［这些］科研结论被广泛接受，它们将摧毁过去六十多年来整个平等主义事业的根基。”[43]

2017 年，白人至上主义者聚集在夏洛茨维尔，参加“团结右翼”（Unite the Right）集会。[44] 穿着卡其布服装的男子挥舞着纳粹旗帜，高呼“犹太人不会取代我们”，游行穿过埋葬着卡丽·巴克的小镇。这提醒我们，将种族隔离时代的弗吉尼亚州与纳粹德国联系起来的那种“种族纯洁”的疯狂意识形态，并未完全消失，而且它给巴克这样的贫穷白人带来了恐怖的后果。

遗传学与平等主义：预览

在《遗传的天赋》出版之后的一个半世纪里，遗传学家查明了遗传的物理物质，发现了 DNA 的双螺旋结构，克隆了一只绵羊，对解剖学意义的现代人和尼安德特人的基因组进行了测序，创造了三亲胚胎（three-parent embryo），并研发了 CRISPR-Cas9 技术来直接编辑 DNA 序列。但在这一个半世纪里，人们对遗传差异与社会不平等之间关系的理解，与高尔顿最初的表述几乎没有什么不同：经验性的主张（“人们的遗传差异导致了生理、心理和行为上的差异”）与道德应然（“一些人应该被视为优于其他人”）混在一起，可能产生可怕的后果。

本书的目标是重新认识遗传学与平等之间的关系。我们能否将人类行为遗传学（从高尔顿的观察开始，一直到关于智力和受教育程度的现代遗传学研究）从几十年来与之纠缠的种族主义、阶级主义和优生主义意识形态中剥离出来？我们能想象一种新的合题（synthesis）吗？这种新的合题能否拓展我们对平等以及如何实现平等的理解？

为了帮助解释我们可以如何重新思考遗传学与平等主义之间

的关系，在此不妨描述一下我与遵循高尔顿传统的一本书——理查德·赫恩斯坦和查尔斯·默里的《钟形曲线》的分歧之处。[45]《钟形曲线》的书名是对高尔顿的统计学关怀的致敬。高尔顿观察到，将人类特征不同数值的群体频率（population frequency）绘成图，会形成一个具有特殊数学性质的钟形“正态”分布。《钟形曲线》的副书名“美国生活中的智力和阶级结构”是对高尔顿的社会关怀的致敬，即阶级差异如何反映基因遗传的问题。

赫恩斯坦和默里关注的不是“卓越品质”，而是智力，并用抽象推理能力的标准化测试来衡量智力。与赫恩斯坦和默里一样（也与绝大多数心理学家一样），我也相信智力测试测量的是一个人心理的某个方面，这个方面与人们在当代教育体制和劳动力市场上的成功有关；并且双生子研究（twin study）告诉我们，人与人之间的个体差异是有遗传原因的，而且智力是可遗传的（这是一个被严重误解的概念，我将在第六章中详细解释）。鉴于这些观点上的相似之处，难免会有人将本书与《钟形曲线》以及赫恩斯坦于 1973 年出版的关于智商和优绩主义的书进行比较。[46]因此，在此简要列举我与赫恩斯坦、默里的观点差异，不仅可以预先避免误解，还可以预示我将在本书中提出的观点。

在本书中，我将论证，研究人类个体差异的科学完全可以与强有力的（full-throated）平等主义相容。《钟形曲线》的最后一节提到，可以用遗传学来支持平等主义的论点，以实现更大的经济平等。“为什么[某人]的收入和社会地位要受到惩罚？……我们可以承认，这不是一个‘活该如此’的问题，而是一个经济实用主义的问题，即如何为社会中最弱势的群体提供补偿性的利益。”

这短短几句话包含了两个重要的观点：(1) 人们不应该仅仅因为他们碰巧遗传了某些特定的DNA组合而“活该”在经济上处于不利地位；(2) 社会应该被组织起来，以便使社会中处境最不利的成员受益。在《钟形曲线》中看到这些观点，颇有些令人迷惑，因为它们听起来像是出自一本与之迥异的书：平等主义政治哲学家约翰·罗尔斯的《正义论》。

在《正义论》中，罗尔斯用“自然抽彩”(natural lottery)的比喻来描述人们在生活中的初始位置是多么不同。正如我将在第二章描述的，抽彩是描述遗传的一个绝佳的比喻：每个人的基因组都是大自然的强力球彩票的结果。

然后，罗尔斯用了几百页的篇幅来探讨应该如何安排一个公正的社会，因为人们在自然和社会这两种“出生的抽彩”中的结果确实存在差异。罗尔斯远没有把人们在“先天能力”上的差异看作将不平等正当化的理由，他谴责那些按照“自然界中的任意性”构建的社会的不公正。他的正义原则使他认为，源于自然抽彩的不平等，只有在它有利于社会中最弱势者的情况下才可以被接受。在罗尔斯看来，认真对待人与人之间的生物差异并没有损害平等主义；恰恰相反，生物差异是促使他倡导更平等社会的理由之一。

《钟形曲线》对罗尔斯思想的短暂提及，模糊地指向了一种探讨遗传学和社会平等的新方式。但是，赫恩斯坦和默里在花了半页篇幅以诱人的方式探讨平等主义之后，又退回到其根底里的不平等主义，并抱怨道："说一些人比其他人优越，这种说法已经变得令人反感了……尽管我们对有些东西比其他东西更好的想法不会见怪——不仅根据我们的主观观点，而且根据持久的优劣标准。"（强调是我加的）读了500页《钟形曲线》之后，我们会清楚地看到，赫恩斯坦和默里认为什么样的东西和什么样的人更好。按照他们的说法，在智商测试中得分较高的人就是优越的；白人就是优越的；阶级较高的人就是优越的。事实上，他们把经济生产力（"对世界的付出多于索取"）描述为"人类尊严的基础"。

让我们将赫恩斯坦和默里认为一些人比其他人优越的油腻观点，跟政治哲学家伊丽莎白·安德森给出的不平等主义的定义进行比较[47]：

> 不平等主义主张，将社会秩序建立在人类的等级制度上，是公正的或必要的，而人类的等级是根据人类内在价值来划分的。不平等与其说是指商品分配的不平等，不如说是指优等人与劣等人之间的关系……这种不平等的社会关系产生了自由、资源和福利分配上的不平等，并被认为是这些不平等的正当理由。这是种族主义、性别歧视、民族主义、种姓制度、阶级和优生主义等不平等主义意识形态的核心。

换句话说，优生学意识形态认为，人类可分为三六九等，一个人的 DNA 决定了他的内在价值和他在等级制度中的地位。根据优生学思想，由这种等级制度产生的社会、政治和经济不平等（优等人得到更多，劣等人得到更少）是不可避免的、自然的、公正的和必要的。

对优生学意识形态的标准反驳，是强调人类基因的同一性。毕竟，如果人类的 DNA 没有差异，就不能用 DNA 差异来决定人的价值和等级。这种将政治平等和经济平等跟基因相似性联系起来的立场，在比尔 · 克林顿总统宣布“人类基因组计划”已经完成人类 DNA 序列第一份完整草案的措辞中得到了明确的体现。[48] 克林顿大力宣扬人类的基因同一性，认为这是一个支持平等主义理想的经验真理（empirical truth）：

> 人人生来平等，在法律面前人人平等……我相信，从这次对人类基因组的胜利考察中得出的一个伟大真理是，从遗传学角度看，所有人类，无论什么种族，都有 99.9% 以上的相同之处。

克林顿在另一个场合承认自己“犯了错误”，而我认为将基因同一性与平等主义理想联系起来也是克林顿的错误之一。的确，与盘绕在每个人的细胞中的长长的 DNA 链条相比，任何两个人之间的遗传差异都是极小的。但是，在试图理解为什么一个孩子有自闭症而另一个孩子没有，为什么一个人耳聋而另一个人有正常听力，以及（正如我将在本书中描述的）为什么一个孩子的学习成绩很差而另一个很好时，我们之间的遗传差异就显得非常重要了。遗传差异对我们的生活有着深刻的影响。它们导致了我们所关心的事情的不同。把对平等主义的承诺建立在人类基因的同一性上，就是沙上建塔。

生物学家 J. B. S. 霍尔丹将卡尔·皮尔逊比作克里斯托弗·哥伦布："皮尔逊的遗传理论在某些基本方面是不正确的。哥伦布的地理理论也是如此。他出发去找中国，结果发现了美洲。"[49] 我认为，将哥伦布跟皮尔逊及其优生学同行进行比较，确实是有道理的。哥伦布与皮尔逊等人在理论上的错误的严重性、他们给无辜人民带来的暴力和伤害的严重性，以及他们发现的东西的重要程度，都是相似的。我们已经有了相关的知识，所以不能假装美洲大陆不存在。同样，我们已经有了相关的知识，所以不能假装基因不重要。相反，我们必须小心翼翼地剔除优生主义者的科学错误和意识形态谬误，我们必须阐明如何在平等主义框架内理解遗传科学。

在本书中，我将论证，说人们在基因上有差异，并不等于优生主义。说人与人之间的遗传差异导致一些人更容易发展某些技能和功能，也不等于优生主义。社会科学家研究和记录教育体制、劳动力市场和金融市场如何以经济形式和其他形式奖励人们特定的、受历史和文化影响的天赋和能力，也不等于优生主义。那么，怎么样才算是优生主义呢？将人固有的劣势和优势、人类的等级或自然秩序的概念，与人类的个体差异以及造成这些个体差异的遗传变异联系起来，那就是优生主义。在遗传变异随机分配的基础上，制定和实施在资源、自由和福利方面造成或巩固人们之间不平等的政策，那就是优生主义。

那么，反优生主义就是要（1）了解遗传的运气在塑造我们的身体和大脑方面所起的作用；（2）记录我们当前的教育体制、劳动力市场和金融市场如何奖励具有某些类型身体和大脑（而不是其他类型的身体和大脑）的人；以及（3）重新思考如何能够改变这些体制，使其包容所有人，无论人们的基因抽彩的结果如何。正如哲学家罗伯托·曼加贝拉·昂格尔所写的，“社会是人构建和想象出来的……它是人造的，而不是潜在自然秩序的表达”。[50] 本书将对自然界（通过遗传变现出来）的理解，视为“重塑和重新想象社会”这项事业的盟友，而不是敌人。

为什么我们需要一种新的合题

遗传学对推进社会平等有助益，这种说法经常遭到质疑。我们都深刻认识到了优生学的潜在危险。将遗传与社会不平等联系起来，看起来好像没什么好处。即使我们能够将遗传和平等主义综合起来，我们为什么要冒险？鉴于美国优生学的黑历史和恶劣影响，设想遗传学研究能够以一种新的方式被理解和应用，可能显得过于乐观，甚至幼稚。

但是，在考虑风险和利益的时候，很多人忘记了继续维持现状带来的风险。现状就是，学术界和非专业人士普遍认为，了解个体之间的遗传差异如何造成社会不平等，是一种禁忌。但这种现状已经无以为继。

正如我将在第九章中解释的，忽视人与人之间存在的遗传差异的普遍趋势，阻碍了心理学、教育学和社会科学其他分支的进步。[51]这导致我们在理解人类发展和施加干预以改善人类生活方面的成功率，远远低于我们原本可以做到的。并没有无限的政治意愿和资源可以用来改善人们的生活；并没有无限的时间和金钱可以浪费在不可行的方案上。正如社会学家苏珊·迈尔所说，“如果你想帮助［人们］，你必须*真正*知道他们需要什么样的帮助。你不能简单地自信已经掌握了解决方案”（强调是我加的）。[52]如果社会科学家要共同面对改善人类生活的挑战，我们就不能忽视一个关于人性的基本事实：人们不是生来就一模一样的。

忽视人与人之间的遗传差异，也留下了一个阐释的真空，而政治极端分子都很乐意填补。贾里德·泰勒并不是唯一对遗传学兴致盎然的极端分子。正如遗传学家耶底底亚·卡尔森和凯丽·哈里斯总结的，“白人民族主义运动的成员和附属机构是科学研究的贪婪消费者”。[53]记者和科学家们都对“风暴前线”（Stormfront，其座右铭为“白人骄傲全世界”）等白人至上主义网站如何剖析和利用遗传学研究敲响了警钟。[54]卡尔森和哈里斯分析了社交媒体用户如何分享科学家发布在 bioRxiv 资料库的论文，所以这两位研究者能够为上述现象提供可靠的数字。他们的分析显示，关于遗传学的论文在白人民族主义者中特别受欢迎。

我在自己的工作中也看到了这种现象。以我与别人合著的一篇论文为例，该论文论述了遗传差异与所谓“非认知技能”之间的关系，经济学家认为“非认知技能”与正规教育的成功有关（我将在第七章详细解释这篇论文）。[55] 卡尔森和哈里斯的分析发现，在这篇论文的六个最大的推特受众群中，有五个受众群，从他们的简介和用户名的措辞来看，似乎是心理学、经济学、社会学、基因组学和医学领域的学者（图 1.2）。而第六个受众群是由某些类型的推特用户组成的，他们的简介中包括“白人”“民族主义者”等词语，以及绿青蛙表情符号，反犹主义和白人至上主义群体会用这种表情符号表达仇恨。[56]

这是一个危险的现象。我们生活在遗传学研究的一个黄金时代，新技术使我们可以很容易地收集来自千百万人的遗传数据，并迅速开发出新的统计方法来分析这些数据。但是仅仅生产新的遗传学知识是不够的。随着遗传学研究离开象牙塔并在公众中传播，科学家和公众必须努力明确这项研究对人类身份认同与平等的意义。不过，创造意义的重要任务往往被拱手让给了最极端和充满仇恨的声音。正如埃里克 · 特克海默、理查德 · 尼斯贝特和我本人所警告的[57]：

> 如果具有进步政治价值观的人（他们拒绝接受遗传决定论和伪科学的种族主义臆想）自己放弃了在人类能力科学和人类行为遗传学领域教育公众的责任，那么公众传播界就会被那些不认同进步政治价值观的人主宰。

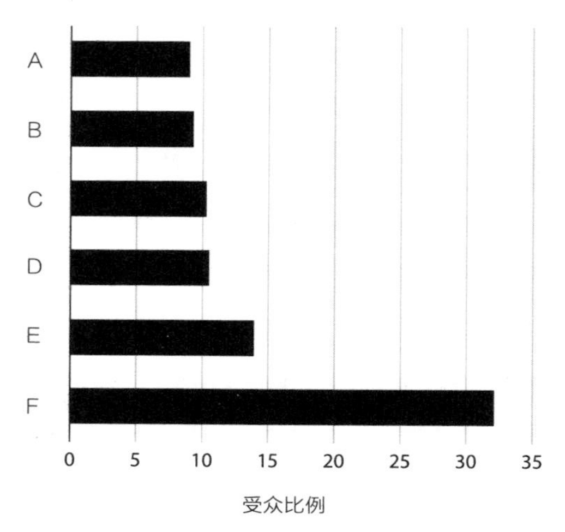

前六大受众群的推特关键词

A　博士，学生，遗传学，基因组学，研究（research），生物学，大学，科学，实验室，科学家，博士后，生物信息学，生物学家，数据，分子，研究者，癌症，研究员，候选人，教授，计算的，研究（studying），人类，……

B　健康，医学博士，医学的，医疗保健，医药，护理，研究，医生，博士，公共，内科医生，主任，教授，科学，临床，作者，教育，家庭，营养，病人，新闻，研究者，激情的，倡导者，服务……

C　，，让美国再次伟大，，白人，民族主义者，美国人，特朗普，保守，生命，世界，，上帝，基督徒，人民，美国，，自由，真理，，爱，媒体，新闻，骄傲，，时间，国家，，音乐，天主教徒

D　研究，教授（professor），健康，博士，社会学，大学，政策，社会学家，科学，研究者，教授（prof），助理，学生，数据，公众，不平等，研究员，人群，家庭，人口统计学，教育，联系，政治……

E　经济学，博士，经济学家，教授（professor），研究，发展，学生，大学，政策，助理，经济，健康，候选人，公众，教育，数据，研究员，政治的，经济的，教授（prof），助理，劳动力，实验室，科学，研究者

F　博士，研究（research），心理学，遗传学，科学，大学，健康，学生，教授，心理学家，研究者，神经科学，认知，精神，临床，医生，大脑，科学家，研究员，人类，博士后，助理，数据，研究（studying）……

图 1.2　关于遗传学和非认知技能的科学论文的前六大社交媒体受众群。受众分析方法见 Jedidiah Carlson and Kelley Harris, “Quantifying and Contextualizing the Impact of bioRxiv Preprints through Automated Social Media Audience Segmentation,” *PLOS Biology* 18, no. 9（September 22, 2020）：e3000860, https://doi.org/10.1371/journal.pbio.3000860。Audiences are presented for preprint of Perline Demange et al., “Investigating the Genetic Architecture of Noncognitive Skills Using GWAS-by-Subtraction,” *Nature Genetics* 53, no. 1（January 2021）：35–44, https://doi.org/10.1038/s41588-020-00754-2.

本书的目标

那么，关于人类能力的科学和人类行为遗传学对社会平等究竟意味着什么？为了回答这个问题，本书分两部分进行探讨。在第一部分，我希望能说服读者相信，遗传学对理解社会不平等很重要。对这一观点的常见反驳包括：双生子研究存在无可救药的缺陷；对遗传率（heritability）的估计毫无用处；被测 DNA 与人类的后天表现仅具有相关关系，并不能证明二者之间有因果关系；或者基因可能与人类的后天表现有因果关系，但如果我们不知道其中的机制，那么有无因果关系就不重要了。所有这些反对意见在仔细检视之下都站不住脚，但为了解释原因，我们有必要深入探讨行为遗传学研究的一些方法论细节，以及一些关于这些方法取得的成绩的科学哲学。

在第二章，我首先会更详细地解释基因彩票的比喻，并引入一些生物学和统计学概念，如基因重组（genetic recombination）、多基因遗传（polygenic inheritance）和正态分布（normal distribution）。在第二章，以及在整本书中，我会重点关注由偶然（chance，即通过遗传的自然抽彩）而非选择（choice，如通过胚胎植入前遗传诊断或其他生殖技术）所造成的人与人之间的遗传差异。[58]

在第三章，我会解释一些常用的方法，特别是全基因组关联分析（Genome-wide association study）和多基因指数研究，如何用于检验个体遗传差异与生活结果差异之间的关系。然后，第四章会解释全基因组关联分析的结果不能告诉我们群体特别是种族群体之间的差异的原因。关于“先天性”种族差异的书籍和文章不断涌现，固然热闹，却毫无意义。关于社会不平等的遗传学研究，包括双生子研究和DNA的测量研究，则几乎完全集中在个体差异上，而这些个体近期的遗传血统完全属于欧洲[59]，绝大部分都有可能被认定为白人。

研究范围的这种缩小，为我在本书中描述的所有经验性结论提供了一个基本的限定。对社会表型和行为表型（phenotypes）的遗传学研究，由于其目前集中于欧洲遗传血统的人士，所以不能有意义地帮助我们科学地理解种族和民族群体之间的社会不平等。不过，正如我在第四章中描述的，我们对“人们为何一再回到毫无科学意义的遗传种族差异问题”的考虑，揭示了某些人如何以遗传学的解释为借口，拒绝社会变革，否认人们肩负着推动变革的社会责任。这个借口将遗传视为否定社会责任的理由。无论基因在社会构建的种族群体之内或之间如何分布，我们都必须消灭这个借口。

考虑到群体差异和个体差异的区别，第五章首先讨论关于全基因组关联分析和多基因指数研究结果的一个基本问题：这些研究能否解释遗传原因？为了回答这个问题，我会退一步，先回答一个更普遍的问题：“什么是原因？”明确了什么是原因（以及什么不是原因）之后，第六章将探讨全基因组关联分析和遗传率研究的结果。在这里，我也审视了大量的证据，它们表明基因会导致重要的生活结果，包括受教育程度。第七章是本书第一部分的结尾，描述了我们如何理解基因和教育之间的联系机制。

在本书的第二部分，我会探讨这样的问题：既然我们已经知道遗传学对于理解社会不平等很重要，那么我们应当如何运用这一知识？一旦我们抛弃了优生学的提法，即遗传差异构成了人类先天优劣等级的基础，那么还剩下什么？在第八章和第九章，我会探讨理解人与人之间的遗传差异如何能够帮助我们通过社会政策和干预来改变世界。在第十章，我会探讨这样的问题：为什么人们会拒绝接受有关人类行为之遗传原因的信息，以及为什么认定基因是人们生活中运气的来源，实际上会减少在教育和经济上“不成功”的人受到的指责。在第十一章，我会探讨为什么很难将“遗传对智力测试分数和教育结果的影响”从人类优劣的概念中剥离出来，并将“我们如何看待关于人类心理这些方面的遗传学研究”与“我们如何看待关于其他特征（如耳聋或自闭症）的遗传学研究”做一个比较。最后，在第十二章，我会描述反优生的科学与政策的五项原则。

在整本书中，我不会试图掩盖我自己的“左”倾政治立场。但我真诚地希望，即使是政治立场与我截然不同的读者，也会相信我在本书中思考的问题是重要的，即使他们坚决不同意我给出的答案。我请我的保守派读者记住，古希腊人、《圣经》作者和美国开国元勋也关注“正义”这个理念。在一个技术变革加速、遗传学知识激增的时代，我们如何像先知弥迦劝诫的那样“行公义”*？

---

* 《旧约 · 弥迦书》第 6 章第 8 节：“世人哪，耶和华已指示你何为善。他向你所要的是什么呢？只要你行公义，好怜悯，存谦卑的心，与你的神同行。”据和合本。

我相信，不管我们属于哪个党派，“正义”都是一个对我们所有人都有重大影响的问题。

写一本关于平等的书需要勇气。作为心理学家和行为遗传学家，我自己的专长和学术研究领域是儿童和青少年时期人类行为的遗传学。关于平等的理论很少谈及基因。不过，关于平等的理论确实谈到了技能、天赋、能力、禀赋、才干、雄心、竞争、优绩、运气、先天性、偶然性和机会。而且，我希望通过本书告诉读者，行为遗传学领域对所有这些问题都有很多话要说，尽管遗传学能（和不能）告诉我们的东西比乍看起来要复杂得多。

第二章

基因彩票

我女儿的生活中，最有魅力的人是一个叫凯尔的8岁女孩。她有一头飘逸的齐腰长发，用闪亮的蝴蝶结束发带挽着。她收藏了很多《冰雪奇缘》娃娃。而且，最诱人的是，凯尔家的前院里有一张蹦床。

蹦床是凯尔的妈妈在凯尔的双胞胎弟弟埃兹拉做脑部手术的那一年安装的游乐设施的一部分。埃兹拉患有自闭症和癫痫。大多数人不知道，自闭症儿童有较大可能同时患有癫痫。[1]尽管我接受过临床心理学训练，并管理着一个儿童发展研究实验室，但我在住到凯尔家隔壁之前也不知道这一点。自闭症儿童如果同时有智力障碍（临床上定义为智商低于70分），就特别容易受到癫痫的影响。超过20%的自闭症儿童同时患有癫痫。

埃兹拉4岁时，他的癫痫发作很快变得非常频繁，令他衰弱不堪，于是医生为他植入了迷走神经刺激器（vagus nerve stimulator），这相当于大脑的起搏器。他仍在接受严格的高脂肪、低碳水化合物的生酮饮食，以控制他的癫痫发作。[2] 埃兹拉的妈妈是一位有成就的学者，而且擅长做符合生酮饮食要求的美味的巧克力生日蛋糕。

在美国，被诊断为患有自闭症或智障的孩子的父母，几乎一定会读到一篇 1980 年代的文章，题为《欢迎来到荷兰》。[3] 这篇文章提出，有特殊需求的儿童的父母就像计划去意大利单程旅行的旅行者。他们学会了用意大利语说再见，并期待着看到米开朗琪罗的大卫雕像，但当他们的飞机降落时，空姐宣布他们降落在荷兰。他们没有办法离开荷兰。有的家长觉得这个比喻令人欣慰："荷兰有郁金香。荷兰甚至有伦勃朗。"也有的家长认为这很让人恼火。"我厌倦了荷兰，想回家"是一位母亲博客上的帖子标题。[4] 我还没有问过荷兰人，他们对美国人用他们的国家来比喻养育一个有严重残疾的孩子有何看法。

因为埃兹拉有一个双胞胎姐姐，所以很容易让人设想，如果他们的家庭按计划在意大利而不是在荷兰降落，会是什么样子。凯尔在蹦床上蹦蹦跳跳，体态轻盈，能够轻松地与成年人交谈。自从他家搬到这里之后的几年里，埃兹拉的状况有所退步。他的说话能力和社交兴趣已经萎缩，步态也变得僵硬。双胞胎让我们着迷，既是因为他们的相同之处，也是因为他们的不同。凯尔并非埃兹拉的镜像，她是他的"反事实"，他的"如果……"。而且，"如果……"并不仅限于此。我们不仅可以将凯尔和埃兹拉相互比较，还可以将他们与未出生的三胞胎弟弟相比较，这个弟弟在子宫里就死亡了。

尽管我们通常无法确切地知道造成个别流产或自闭症病例的原因，但我们可以推测凯尔、埃兹拉和他们无名的三胞胎弟弟之间的遗传差异可能塑造了他们不同的命运。大约一半的早期妊娠流产是由基因异常造成的。[5]在导致人易受自闭症影响的变异中，多达 90% 是人与人之间的遗传差异造成的。一个胎儿在分娩前死亡；另一个孩子度过了表面上正常的婴儿期，随后退步到沉默的状态；第三个孩子茁壮成长、蹦蹦跳跳、健谈。尽管他们有共同的父母，但兄弟姐妹的命运可能会有很大的不同。

明尼苏达大学的心理学家进行了一项研究，请人们估计遗传因素在诸如眼睛颜色、抑郁症和个性等方面“对人与人之间的差异有多大贡献”（图 2.1），然后将这些估计值与科学界对某一特征的遗传率的共识进行比较。这个共识来自双生子研究中的估计，双生子研究指的是比较同卵双胞胎和异卵双胞胎在某些特征上的相似程度的研究。[6]我将在第六章详谈遗传率的定义和双生子研究的细节，这里我只想指出，非专业人士对“遗传对人与人之间差异有多大影响”的估计，与双生子研究得出的遗传率估计值相当接近。而且，有一个人群的直觉尤其准，那就是多子女的母亲。

妈妈们的判断如此准确，是有道理的。多子女的母亲处于绝佳的位置，能够近距离观察人类差异的发展。我自己的几个孩子之间的差别虽然没有凯尔和埃兹拉之间那么明显，但在我看来，他们之间的差别仍然是非常显著的。对多子女的父母来说，从他

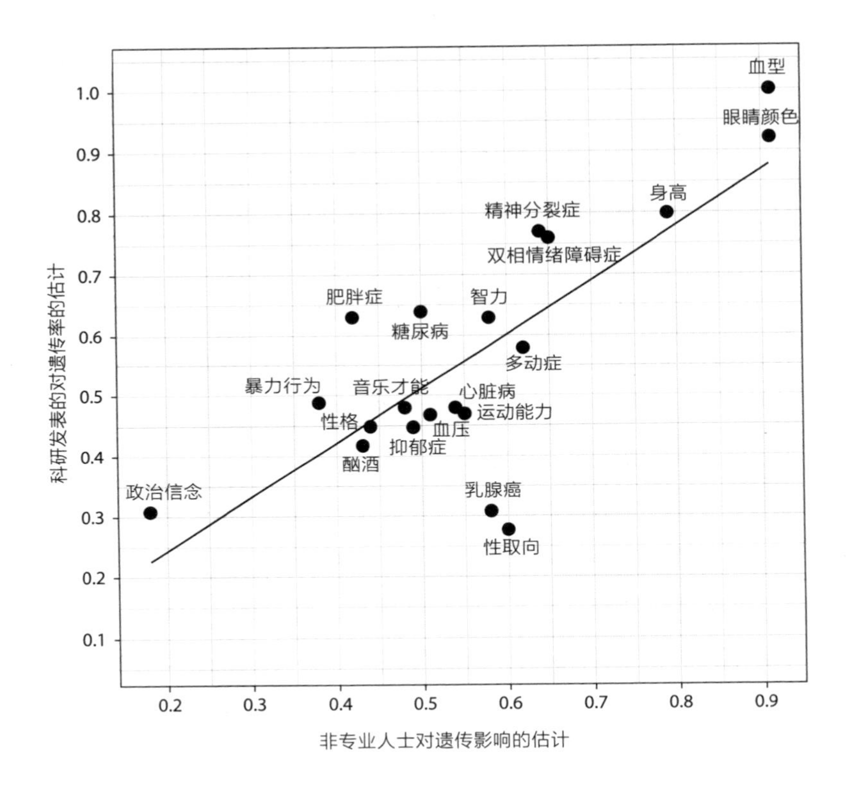

图 2.1 人们对遗传因素之于人类差异的贡献程度的估计（横轴）与来自双生子研究的遗传率的科学估计（纵轴）。非专业人士的估计与科学估计之间的对应关系为 r=0.77。Figure reprinted by permission of Springer Nature from Emily A. Willoughby et al., “Free Will, Determinism, and Intuitive Judgments about the Heritability of Behavior,” *Behavior Genetics* 49, no. 2（March 2019）: 136–53, https://doi.org/10.1007/s10519-018-9931-1.

们的第二个孩子来到人世的那一刻起，他们就会体验到，第二个孩子的每一个发展里程碑都与第一个孩子大不相同。每个孩子都具有令人惊讶的独特性。

在我们的孩子之间的差异中，我们看到了隐藏在我们的细胞和我们伴侣的细胞中的遗传变异（genetic variation）的迹象（我所说的遗传变异是指人与人之间在DNA序列上的差异）。我们很容易接受，遗传变异对于我们的孩子是高还是矮，是蓝色眼睛还是棕色眼睛，甚至是否会出现自闭症，都很重要。那么，遗传变异对于我们的孩子是否会在学校取得成功、是否会有经济保障、是否会犯罪、是否会对他们的生活结果感到满意，也有影响吗？这个问题更为复杂。而社会应该如何处理这种与基因有关的不平等，就是一个更加复杂的问题了。但在开始解答这些复杂问题之前，我们首先需要明确一些基本的概念。

在本章的开始，我首先介绍一些生物学和统计学概念，如基因重组、多基因遗传和正态分布。要理解基因彩票的比喻，我们就必须充分掌握这些概念。有了这些概念，接下来我将介绍一些研究，它们向我们展示了基因彩票塑造人生的力量。这些研究引出了关于其方法的科学问题和关于如何阐释其结论的道德问题，而这些问题就是本书余下部分关注的对象。

我们的身体蕴含千千万万的可能性

细菌没有真正意义上的有性生殖。它们繁殖的方式是通过自我复制形成子细胞，这些子细胞互相之间完全相同，与它们的母体也完全相同。而人类需要将自己的DNA与其他人的DNA混合，以产生女儿（或儿子），为此我们需要配子（gametes），即精子和卵细胞。制造精子或卵子的过程叫作减数分裂（meiosis）。在受精过程中，我们将从母亲那里继承的DNA和从父亲那里继承的DNA重新混合，创造出史无前例、将来也不会再有的新的DNA排列。

一个女婴出生时，她小小的卵巢里大约有200万个未成熟的卵子。在她的一生中，大约有400个卵子会成熟并在排卵期间释放。男孩直到青春期才开始产生精子，然后在他们的一生中平均产生5250亿个精子。[7]对于每个精子或卵细胞，DNA的减数分裂都要重新开始。由此产生的来自任何一对父母的儿童基因型（genotype）的潜在组合数量之多，令人难以置信：每对父母可以产生超过70万亿个具有独特基因排列的后代。[8]这还没有考虑到发生新的基因突变（genetic mutation）的可能性，即在配子生产过程中出现的全新的遗传变异。就像强力球彩票中的特定6球组合一样，在你的父母结合后可能产生的所有DNA序列中，你之所以拥有这种（而不是别的）DNA序列，纯粹是因为运气。所以我说，你的基因型（也就是你独特的DNA序列）是基因彩票的结果。

例如，*CFH*基因有一个遗传变异（我说的变异是指该基因有不止一个版本），它编码的东西叫作“补体因子H蛋白”（complement factor H protein）。我从父母那里分别遗传了不同版本的*CFH*变异。在我的*CFH*基因的一个版本中，我的DNA序列（核苷酸，nucleotides）含有一个胞嘧啶（cytosine，缩写为C）。在另一个版本中，在相应位置包含一个胸腺嘧啶（thymine，缩写为T）。当我作为胎儿的小小身体在制造更小的卵子时，我的*CFH*基因的T版本和C版本被分离出来，并被包装进不同的卵子。所以我的一半卵子有*CFH*基因的T版本，一半有C版本。我的卵巢中包含了千千万万个卵子。因此，我的后代可能彼此不同，比如，我的儿子继承了我的T版本，我的女儿则继承了我的C版本。我进行了生殖，潜伏在我身体里的遗传差异被表现为我的后代之间的遗传差异。

生活在高收入、低生育率国家的现代人很容易低估同一家庭的孩子会有多大差异。我们的家庭规模往往很小，甚至可能没有孩子。大约四分之一的美国家庭只有一个孩子。[9]旧金山的狗和孩子一样多。[10]家庭的缩小，削弱了我们对生殖的极多可能性的想象力（并使疾病的家族史较难反映我们基因组中潜伏的危险）。

为了理解兄弟姐妹之间遗传差异的力量，我们可以把目光投向人类家庭以外的拥有庞大家庭规模的物种。[11]以奶牛为例：仅一只黑白相间的荷尔斯泰因公牛（名为“玩具总动员”），通过人工授精，可拥有超过50万个后代。几十年来，奶牛一直是密集的人工选择育种计划的对象，这使得单一奶牛的产奶量发生了巨大的变化。一头在1957年产奶量排名达到前千分之一的奶牛，如今只能算是普通的奶牛。重要的是，奶牛的选择性育种是通过利用每个家族中存在的巨大的遗传多样性来实现的。“玩具总动员”的50万个后代代表了其基因组的50万个随机样本，我们可以在这些后代中选择（产奶量）最优者作为下一代父母，所以能够在如此短的时间内极大地提升牛奶的产量。

除了能够展现家族内遗传变异的极大多样性和强大力量之外，选择性育种计划还凸显了遗传变异的组合（而不是单一基因）的重要性。自 1950 年代以来，奶牛产奶量的快速增长并非主要归功于引入了新的遗传变异。实际上，导致 2019 年牛奶产量大增的所有基因力量在 1957 年就已经在奶牛的基因库中漂浮了。选择性育种所做的，是让能够增加产奶量的遗传变异在奶牛群体中更加普遍，这就增加了以组合形式集中于任一奶牛身上的增奶遗传变异的数量。[12]

想象许多遗传变异的组合（这些变异可以在不同程度上集中于单一动物）可能不太直观。如果你像我一样，是在高中生物课上第一次接触到遗传学，那么你对遗传学的入门肯定是孟德尔和他的豌豆。孟德尔研究的豌豆特征（高与矮、皱与光滑、绿与黄）是由一个单一的遗传变异决定的。相比之下，我们最关心的人类特征（如性格、精神疾病、性行为、寿命、智力测试分数和受教育程度）受到许多（非常、非常、非常多）遗传变异的影响，其中每一个变异都仅仅对造成差异的基因池贡献一小滴水。并没有单一的基因能够决定一个人是否聪明、外向或抑郁。这些结果是多基因造成的。

此外，孟德尔研究的植物通常是“纯育”（breed true）的，也就是说绿豌豆总会产生更多绿豌豆。纯育植物的后代的多样性很有限。我们很容易将我们关于“继承”和“遗传”的概念嫁接到我们朦胧的高中遗传学知识上，从而产生这样的想法：人类也是纯育的，也就是说孩子总是像父母。孟德尔关于豌豆植株的故事，就像我们对自己说的关于我们如何与父母相似的故事，讲的是连续性、相似性和可预测性。

但是孟德尔关于豌豆植株的故事、关于纯育植物的故事、关于连续性和相似性的故事,并不适用于放养的（free-range）人类。我们在自己身上重视的东西，我们担心的东西，以及我们在孩子身上欣赏的东西，都不是豌豆是光滑还是皱巴巴那么简单。这些东西不受单一遗传变异的影响，并且人类不是纯育的。

正态分布

除了奶牛之外，还有很多物种的繁殖被新技术革命化了。以肖恩和他的丈夫丹尼尔为例。为了拥有自己的亲生孩子，他们一直在努力攒钱，以支付卵子捐赠者、体外人工授精和代孕的费用。[13]2019 年夏天，他们选择了一个卵子捐赠者，一个他们通过 Zoom 软件交谈过但从未谋面的女人。

选择生殖伴侣从来都不是随机的。现代人的交配与婚姻，被浪漫和性吸引的无意识与难以捉摸的力量支配着。选择卵子捐赠者的过程，则可以免除这种支配。不过在某些方面，选择卵子捐赠者其实更难。你应当如何选择？肖恩和丹尼尔的卵子捐赠者喜欢骑摩托车。当肖恩谈到科学，谈到在唱诗班唱歌，谈到小时候做逻辑题，以及谈到骑摩托车的卵子捐赠者时，他的眼睛亮了起来。

从捐赠者那里获得的一半卵子将由丹尼尔授精，另一半由肖恩授精。他们希望总共获得20个受精胚胎。这20个潜在的全兄弟姐妹和半兄弟姐妹，是以一种在人类历史大部分时间里都无法想象的方式创造出来的。肖恩有六个兄弟姐妹，有将近20个侄子侄女或外甥外甥女，还有许多表堂亲，其中有的人他都叫不出名字。肖恩也许会满足于没有自己的亲生孩子，但丹尼尔是独生子。拥有一个与你骨肉相连、与你血脉相通的孩子的愿望，是不可能轻易被打败的。因此，他们打算使用辅助生殖技术来建立一个家庭。

就像在奶牛身上一样，应用于人类的辅助生殖技术让我们能够更清晰地理解基因彩票的运作，以及家族内部的遗传差异有多大。每个男人（肖恩和丹尼尔）的10个精子将为10个卵子授精，这只是他一生中产生的数十亿个精子中的一个小样本。卵子捐赠者产生的20个卵子则是她的成熟卵子库中一个稍大的样本。由此产生的20个胚胎在基因上将彼此不同。但是有多大的不同呢？

我在一个遗传学统计方法研讨会上见到了肖恩。经济学、社会学和心理学领域的几十名聪明绝顶的博士生聚集在一起，听取关于如何对大型遗传数据集（data set）进行新分析的讲座。肖恩的讲座之一是关于创建多基因指数的。多基因指数是农业中“估计育种价值”（EBV）的人类版本。“玩具总动员”因为其EBV而被选中，所以才能拥有50万个后代。如果一头公牛或母牛拥有高产奶量的EBV，说明它的后代的平均产奶量更高。如果你拥有高的身高多基因指数，这说明，在其他所有环境条件相同的情况下，你的后代会更高。

当遗传学领域之外的人第一次听到多基因指数时，他们立即想到，它是否能帮助肖恩和丹尼尔那样的人做生殖方面的决定。应当使用哪个卵子捐赠者？对哪一个卵子授精？植入哪个胚胎？然而，尽管肖恩本人是多基因指数方法的世界顶级专家，但他并没有计划用该方法来选择他们的卵子捐赠者或胚胎。在这里，我们要谈论的是20个胚胎可以“落入尾部”（into the tails）多远。

我所说的“尾部”，是指遗传分布的尾部。19世纪末，弗朗西斯·高尔顿认为他的远房表亲查尔斯·达尔文的观点也可用来理解人类行为的演化，于是高尔顿做出了或许是他最正面的一项科学贡献。他发明了一个装置，以说明正态分布（我们熟悉的钟形曲线）是如何通过随机事件的积累产生的。[14]

高尔顿板（Galton boar），或称梅花机（quincunx），是一块垂直的板子，上面有几排交错排列的钉子（图2.2）。小珠子从板子的顶部掉下来，在各排钉子当中打转，在每一排随机向左或向右弹跳，最后落入板子底部的多个槽之一。

大多数珠子最后都落到中间的槽里，因为如果一个珠子向右弹跳的次数和向左弹跳的次数一样多，它就会落在中间的槽里。珠子只有每次都向左或向右弹跳，才会落入最左边或最右边的槽里（即“尾部”）。珠子在每一行都向右而不是向左弹，如同硬币连续掷十几次，每次都是正面。这种情况很少发生，但它有可能发生。

落到梅花机底部的珠子呈现的形状就是钟形曲线，大部分珠子堆积在中心周围，从中心向左尾部或右尾部看，珠子逐渐减少。许多不同的人类特征的分布形状都是钟形曲线。例如，如果我测量 1000 个人的身高，并制图来表示有多少人的身高是 1.52 米、1.55 米、1.57 米等，一直到 1.95 米，这个图看起来就是钟形曲线。用统计学的术语来说，它是正态分布的。

高尔顿不知道 DNA 是什么，因为那时它还没有被发现。但他对人类特征的统计分布的观察，乍看上去似乎不符合孟德尔发现的遗传定律。孟德尔的豌豆植株有两种高度：矮和高。高矮植株杂交并没有产生一个大多数植株都是中等高度的植株群。相反，高植株与矮植株杂交产生的后代都是高植株；第二代杂交产生的高植株和矮植株的比例为 3：1。当时新兴的遗传学很难解释在新兴的统计学中观察到的模式。

罗纳德·费希尔解决了这个表面上的悖论。他是现代统计学、群体遗传学（population genetics）和实验设计方面的开创性人物，也是主张对“精神缺陷者”进行绝育的优生主义者[15]（就像我在本章开头介绍的凯尔和埃兹拉一样，费希尔也有他的“如果……”情境：他的双胞胎兄长先出生，却是死胎）[16]。在发表于 1918 年的著名论文《孟德尔遗传假定下的亲戚之间的相关性》中，费希尔指出，孟德尔遗传确实会导致结果的钟形曲线分布，但条件是结果受到许多不同的“孟德尔因素”的影响，我们今天称之为遗传变异。[17]

让我们重温一下我向肖恩提出的问题：在他即将进行的一轮体外人工授精中，20 个胚胎能“落入尾部”多远？我们假

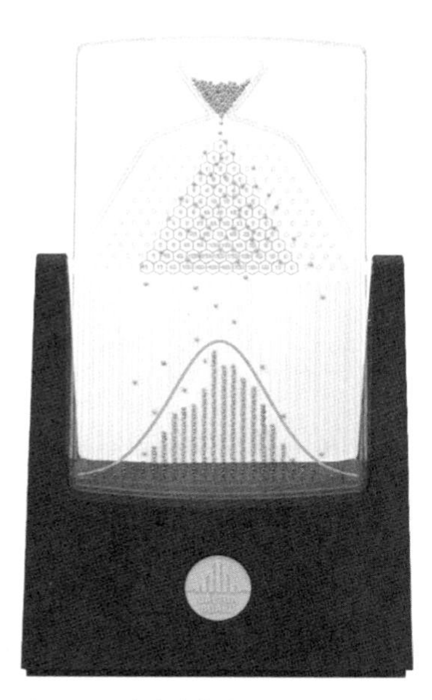

图 2.2　一个高尔顿板，显示了正态分布是如何从许多随机事件的积累中产生的。照片由 Mark Hebner 拍摄。

设，每一个潜在的胚胎都是一个珠子，摆在高尔顿板的顶端。而每一排钉子代表一个遗传变异，由于丹尼尔或肖恩是杂合子(heterozygous)，这意味着他的一个基因有两个不同版本。也就是说，正如珠子可能向左或向右跳动，胚胎有可能继承 A 或 a 基因。假设向左跳，你得到的是使你更矮的版本的基因；向右跳，你得到的是使你更高的版本的基因。大多数潜在的后代会落到高尔顿板底部中间的一个槽里，因为向右跳的次数和向左跳的次数差不多。他们最终会拥有大约平均数量的可增加身高的遗传变异。但是，基因仍然有变异，所以身高也会有差异。亲兄弟的身高往往是不一样的，而且偶尔也会有人最终比他们的父母矮很多或高很多。这样的人就是最终落入了分布的尾部。

幸运比优秀更重要

鉴于肖恩和丹尼尔以及他们的卵子捐赠者都是相对平均的身高，他们的孩子不太可能像肖恩·布拉德利一样高。布拉德利身高约 2.29 米，是有史以来在 NBA 打球的最高的篮球运动员之一。有一次乘飞机的时候，他坐在一位遗传学家旁边，[18] 遗传学家告诉他，他在增加身高的遗传变异的遗传分布中处于非常、非常、非常遥远的尾部（图 2.3）。在布拉德利有可能继承的所有增高遗传变异中，他恰好得到了比平均水平多得多的遗传变异。[19] 打个比方，布拉德利的基因组在梅花机上摇晃，一直向右弹跳，而不是向左弹跳。

一个数字比平均水平高多少，可以用一种叫*标准差*（standard deviation）的单位来表示。一个在增高遗传方面高于平均水平 1 个标准差的人，其增高遗传变异数量多于 84% 的人。一个身高高于平均水平 2 个标准差的人，拥有比 98% 的人更多的增高遗传变异。肖恩·布拉德利的增高遗传变异的数量比平均水平高 4.2 个标准差，这比 99.999% 的人都要高。也就是说，他不是最高的 1%，不是最高的 0.1%，不是最高的 0.01%，而是最高的 0.001%。

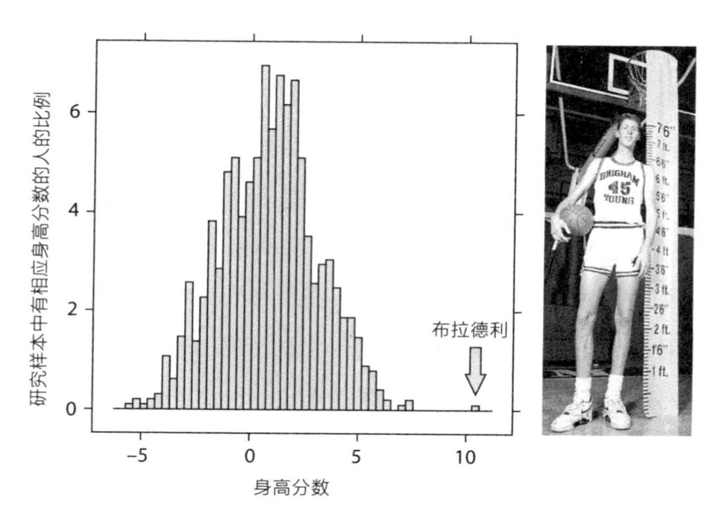

图 2.3　一个身高极高的人的增高遗传变异。右侧是肖恩 · 布拉德利的照片，他旁边的尺子显示他有 7 英尺 6 英寸高（约 2.29 米）。左侧是由 2910 个与人类身高有关的遗传变异构建的“遗传分数”（即多基因指数）的分布。布拉德利的分数是 10.32，而研究对象的平均分数是 0.98，标准差是 2.22。布拉德利的得分比平均值高出 4.2 个标准差。Figure adapted from Corinne E. Sexton et al., “Common DNA Variants Accurately Rank an Individual of Extreme Height,” *International Journal of Genomics* 2018（September 4, 2018）: 5121540, https://doi.org/10.1155/2018/5121540.

安东尼奥 · 雷加拉多在为《麻省理工科技评论》撰稿时调侃说，布拉德利“赢得了遗传运气的争球（jump ball）……[这使] 他比 99.99999% 的人更高”。[20] 布拉德利本人在思考对他的篮球生涯至关重要的遗传基因时告诉《华尔街日报》，他的净资产估计达到了 2700 万美元：“我能有今天，感到非常幸运，非常有福气。”[21]

运气的比喻很恰当，也是对“我们生活中哪类运气更重要”这个问题的一种新的思考方式。我们通常认为运气是我们身体之外的东西，比如你和一个貌美的熟人来到同一座城市，你会觉得自己幸运。或者你开车出城，因为找房子失败而感到沮丧，这时你看到有人在前院挥锤敲一块“出租”的招牌,你会觉得自己幸运。或者，一辆出租车在曼哈顿的人行横道上停了下来，只差几英寸就能撞到你，你会觉得自己幸运。当我们能清楚地想象到本来可能发生的事情（却并没有发生）时,我们感到最幸运（或最不幸）。

但运气不仅仅是降临到我们身上的外部事物。它也被“缝”在我们体内。我们每个人都是百万分之一，或者更确切地说，是70万亿分之一，因为任何一对父母可能产生的独特基因组合是70万亿种。而我们父母的每一个基因组，又是他们父母的DNA所有可能组合中的70万亿分之一，以此类推，一直到人类历史的最早期。我们的每一个基因组都是一代又一代随机事件的最终结果，这些事件完全可能会以另一种方式发展。我们的基因组中没有任何部分可以归功于我们自己，我们的DNA中没有任何部分可以由我们自己控制。

所以，我们的所有基因组都可以被认为是我们生活中的一种运气。不过，在努力了解遗传运气对行为结果和社会结果（如教育或收入）的影响时，科学家往往关注基因组的特定部分，即在生物家庭中变化的部分,这里的“家庭”是指仅隔一代的亲缘关系。也就是说，正如我将在第六章中详细描述的，科学家通常对兄弟姐妹之间的差异（一个人继承了哪些DNA，而他们的兄弟姐妹没有继承？）或父母与子女之间的差异（子女继承了父母的哪些DNA，又没有继承哪些？）特别感兴趣。[22]

科学家之所以着重研究仅在一代人身上发生的基因抽彩（人们如何与他们的父母和兄弟姐妹不同），是因为一旦考虑多代人的遗传差异，这些遗传差异就会与地理和文化的差异以及人类历史的所有其他线索纠缠在一起。那样的话，要理解人与人之间的差异是由基因造成的还是由与这些基因共同出现的环境因素造成的，就会变得很困难，有时甚至几乎不可能。

不同人群之间的遗传差异，与不同人群之间的环境和文化差异的纠葛，被称为“群体分层”（population stratification）。不同人群之间存在遗传差异：例如，具有东亚遗传血统的人，比具有欧洲遗传血统的人更有可能拥有某种形式的 *ALDH2* 基因。[23] 不同人群在文化上也有差异：例如，在东亚文化中长大的人，比在欧洲文化中长大的人更可能使用筷子。但是，特定基因型和饮食习惯的共同出现，并不是 *ALDH2* 基因对使用筷子的因果效应所致。[24] 甚至那些乍看起来相当同质的人群（例如“英国白人”）内部也可能出现形式微妙的群体分层。[25]

相比之下，我们专注于一代人身上发生的基因抽彩时，在科学上就更易处理。例如，我和我哥哥之间的遗传差异，独立于我们的地理、阶级或文化而存在。我所有的 DNA 都是运气。但是只有研究我的 DNA 中与我的直系亲属不同的部分，才能让科学家更清楚地看到遗传运气的影响。

基因彩票与财富

基因彩票的比喻抓住了有性繁殖中固有的随机性，但人们玩彩票并不只是为了近距离欣赏随机性的运作。玩彩票是为了挣钱。

2020年，丹尼尔·巴思、尼古拉斯·帕帕乔治和凯文·托姆等三位经济学家，在《政治经济学期刊》上发表了一篇论文，题为《遗传禀赋与财富不平等》。[26] 他们认为，遗传差异不仅与身高等身体特征的个体差异有关，还与财富的个体差异有关。

财富的定义是资产总值（房子、汽车、现金、退休储蓄、投资和股票）减去债务。衡量一个人退休时的财富是特别有趣的事情。到退休时，一个人拥有的财富反映了几十年来的晋升、加薪、裁员、股市繁荣、房地产泡沫、遗产、离婚协议、助学贷款债务支付、赡养费支付、供孩子上大学、信用卡消费和医疗账单的历史。财富反映了“命运的暴虐的毒箭”* 的后果。事实证明，一个人的财富也包括他的遗传财富。

巴思、帕帕乔治和托姆在这篇论文中专注于一个非常特殊的美国人群体：有一个或两个成年人的家庭，家中每个人都是白人，年龄在65岁至75岁之间，不是同一性别，退休或不为报酬工作。这是美国社会的一个相当狭窄的切片，很多美国家庭不是这样的。但是，即便在这个相对同质的群体中，有些美国人也比其他人富裕得多。在该论文的样本中，底层10%的人平均拥有约5.1万美

---

* 出自《哈姆雷特》第三幕第一场。

元；前 10% 的人拥有超过 130 万美元。

为了衡量一个人的“遗传禀赋”，巴思、帕帕乔治和托姆使用了一个多基因指数。[27] 在下一章，我将更详细地讨论多基因指数是如何构建的。这里我们暂时只对多基因指数做一个简单的定义：它是一个单一的数字，根据以前的研究（估计某遗传变异与测量结果的关系有多大）将一个人有多少遗传变异加在一起。因此，身高的多基因指数，如用于研究 NBA 球员肖恩 · 布拉德利的指数，从以前的研究中获取了关于哪些遗传变异与身高相关的信息，并使用这些信息来计算一个人拥有多少“增高”的遗传变异。而在上述关于财富的研究中，调查人员集中关注的是一个特定的多基因指数（下面简称为“教育多基因指数”），它总结了已知与受教育程度（即在学校读书的时间有多长）相关的遗传变异信息，并比较了该多基因指数水平不同的人们拥有的财富多寡。

在这项研究针对的白人退休老人当中，教育多基因指数低的人（后四分之一）的财富平均比教育多基因指数高的人（前四分之一）少 47.5 万美元。同一个结果的另一种表达方式是，教育多基因指数比平均水平高 1 个标准差的人的财富，比多基因指数处于平均水平的人的财富多出近 25%。虽然这个多基因指数是根据与受教育程度有关的遗传变异构建的，但多基因指数高的人不一定拥有更多的学校教育，他们的生活结果不能仅仅用“受教育程度更高的人挣钱更多”来解释。即使在比较受教育程度相同的人时，教育多基因指数增加 1 个标准差，财富也能增加 8%。

不过，巴思、帕帕乔治和托姆的分析，比较的不是兄弟姐妹，而是不同的家庭。这一点很重要，因为正如我之前提到的，有些基因运气是与不同家庭之间的其他差异交织在一起的。基因和财富之间的关系，会不会是由群体分层的问题造成的？例如，教育多基因指数较高的人也更有可能拥有受过高等教育的父母。这样的话，拥有“更幸运”基因的人也赢得了社会彩票，因为他们是更优越的童年环境的受益者，而且他们有可能继承了丰厚的遗产。由于这些原因，仅从这项研究来看，尚不清楚遗传和财富不平等之间的关联是否真的能说明遗传有多重要。他们的分析可能只是发现了群体分层，即来自不同社会阶层的人们在生物学上并不重要的差异。

为了解决这个问题，由哥伦比亚大学教授丹尼尔·贝尔斯基领导的另一项研究考察了兄弟姐妹之间的差异。[28] 贝尔斯基和他的同事对社会流动性特别感兴趣。所谓社会流动性，是指人们在教育、职业声望和金钱方面超过或逊于父母的程度。贝尔斯基等人的研究观察了来自世界各地的五个数据集，其中一个包括近2000对兄弟姐妹。他们发现，拥有较高的教育多基因指数的人（他们在基因抽彩中“得奖”，也就是说他们比自己的兄弟姐妹继承了更多与教育有关的遗传变异）在退休时也更富有。

这些结果表明，如果人们生来就有不同的基因，如果基因“强力球”落在不同的多基因组合上，那么他们不仅在身高上有差异，在财富上也有差异。正如雷加拉多对肖恩·布拉德利所说的，有些人“赢得了遗传运气的争球”。赢了基因彩票是有回报的。

然后呢？

像这样的结果提出了一系列科学问题：多基因指数是如何构建的？为什么这些研究只使用美国白人或北欧人的样本？这些结果对理解不同种族间的财富差距（这种差距大得惊人）有什么帮助？（简短的回答：没有帮助。）我们真的可以说，基因会导致某些人更富有吗？（简短的回答：会。）

这样的结果也提出了一系列道德和政治问题：这是否意味着，财富的差异是天生的或不可避免的？旨在促进平等或再分配财富的社会和经济政策是否注定要失败？第一项关于收入的双生子研究就得到了这样的阐释。1977 年，心理学家汉斯·艾森克（Hans Eysenck）告诉伦敦的《泰晤士报》，关于收入遗传率的研究结果是一个信号，它告诉我们，负责再分配财富的政府机构干脆“关门算了”。[29] 艾森克的观点是不正确的，我将在本书中详细解释为什么。但几十年来，也有人一直坚持认为，关于收入和财富等结果的遗传学研究与社会政策“毫无关联”。如果这是真的，那为什么基因和财富之间的联系如此困扰我们？

在接下来的篇幅中，我将试图解答我在上面两段列出的一连串问题。像任何研究项目一样，关于基因彩票如何塑造我们生活的研究也有缺陷和漏洞。它做出了不可能真实的简化假设；它不得不与不完整的数据作斗争。但是，我们仍然需要认真对待这个研究项目。正如统计学家乔治·博克斯所说：“所有的模型都是错的，但有些模型是有用的。”[30] 继承了不同基因的孩子在生活中的表现不同（可以用金钱来衡量），这是我们无法否认的事实。在下一章中，我将深入探讨多基因指数是如何构建的，比如在巴思、帕帕乔治和托姆的财富研究中使用的指数。

第三章

食谱和大学

当我儿子还是个婴儿时，儿科医生向我们推荐了一位神经科医生，因为她怀疑我儿子患有 1 型神经纤维瘤病（谢天谢地，只是虚惊一场）。神经纤维瘤病是一种罕见的遗传疾病，会在大脑、脊髓和神经末端产生无数的肿瘤。[1] 它是由 *NF1* 基因的突变引起的，作为一种负责编码蛋白质的基因，*NF1* 通常可以防止细胞像常春藤缠结在一起那样过度生长。神经纤维瘤病的主要症状之一是皮肤上出现咖啡牛奶斑，即加奶咖啡颜色的斑点。我儿子身上有两个这样的斑点。

我的新宝宝可能患有严重的遗传病，这当然是很可怕的。我当时的丈夫花了一个下午的时间来检查儿子的皮肤，翻来覆去，一遍又一遍，生怕有更多的咖啡牛奶斑被我们漏掉了。而我一整天都异常平静，然后在入睡之后陷入逼真的噩梦。在一个噩梦中，一个沉默的、像天使一样的生物给了我一把镊子，并告诉我，我可以治愈我孩子的神经纤维瘤病。但要做到这一点，我必须在天亮之前从他身体的每个细胞中一个一个地拔出 *NF1* 基因的突变。我开始了这项不可能完成的任务。我知道我不可能及时处理每一个细胞，但还是疯狂地用神奇的镊子戳着他小小的身体。

那是一个可怕的噩梦。它彰显了我们在思考基因时可能想到的东西的本质：基因具有我们无法逃避的强大力量，一个扭曲的分子可能决定一个人的整个命运。如果你有 *NF1* 基因的某种突变，你将不可避免地患上神经纤维瘤病。希腊的命运女神阿特洛波斯负责用“可恶的剪子”剪断生命线，[2] 而 *NF1* 基因突变意味着，某种医学上的命运是不可逆转的。

2013 年，《科学》杂志发表了一项涉及超过 12 万人的研究结果，发现有三个遗传变异与受教育程度（即一个人完成了多少年的学业）有关。[3] 按照科学惯例给这三个变异取的名字仿佛是从斯塔西（Stasi）的档案系统中借来的：rs9320913、rs11584700 和 rs4851266。

这个结果（事实上，这项研究本身）看起来就像我被赋予一套神奇的基因编辑镊子一样可怕。总的来说，我们大多可以接受这样的观点：我们的基因决定了我们眼睛的颜色，或者我们会不会罹患像神经纤维瘤这样的罕见疾病。但获得良好的受教育程度是一种成就，是人生的一种成绩。而且，正如我在第一章中描述的，受教育程度与生活结果中几乎所有其他的不平等都有关联。但现在有人说，受教育程度是命中注定的，一个名为 rs11584700 的遗传阿特洛波斯可以消灭你的成就，可以剥夺你的成绩。这种想法难道会是真的吗？

我将在本章（乃至全书）中论证，把 rs11584700 和受教育程度之间的关系，看作像 *NF1* 基因和神经纤维瘤病之间的关系，是一个错误。一个人的基因并不能决定他的教育结果或经济命运。但与此同时，如果把基因和教育之间的关系视为微不足道或不重要，也是错的。正如我们在上一章看到的，一个人的基因可能不会决定他的生活结果，但仍然关系到他在退休时能否比别人多拥有数十万美元的财富。为了理解应当如何认真对待基因与教育的关联，而不误解这些关联，我们需要更详细地了解这类研究究竟在做什么(以及它们没有做什么)。因此,让我们来探讨一下《科学》刊登的这项研究。研究者究竟是如何得出结论，认为 rs9320913、rs11584700、rs4851266 是与受教育程度相关的遗传变异，而我们又如何解释这一结果？

遗传食谱，基因组烹饪书

2013 年《科学》刊登的这篇论文的主要作者之一是经济学家菲利普·科林格(Philipp Koellinger)。科林格身材瘦高,四十多岁，笑起来很爽朗，打破了人们对德国人和经济学家的刻板印象。他坚持认为，他参与创立的社会科学遗传学协会联盟（SSGAC）并不真正指望在他们的这篇论文中发现什么。毋宁说，他们是对之前的一系列心理学研究感到恼火，这些研究声称发现了与智力测试分数相关的基因，但研究样本太少，所以从统计学上看，其结论不可能是正确的。

（有人会把几年的时间投到一个项目中，收集 12 万人的数据集，以明确证明别人是错的。如果你对此感到惊讶，只能说明你不了解经济学家这个群体。）

科林格最喜欢吃柠檬鸡，而且是整只鸡，它依偎在洋葱和土豆之上，用等量的柠檬汁和橄榄油烘烤。他第一次访问得克萨斯州时为我做了柠檬鸡，并对做出来的效果与他在荷兰家中做的不同感到惊讶。得克萨斯 H-E-B 超市里的特大号酸柠檬产自加利福尼亚而不是西班牙。得克萨斯的土豆没有明确标明是适合软烘还是硬烘，所以他买的土豆解体成了美味的、适合婴儿的土豆泥。我那台陈旧的小烤箱，充其量只能粗略地设置温度。而且在得克萨斯州，什么都是大号的，家禽也是如此。我们这顿饭是在一个温暖的三月夜晚的户外吃的，很美味，但口味肯定与他在阿姆斯特丹的厨房里按照自己的食谱做的柠檬鸡不同。

所有关于基因的比喻都是错误的，但食谱的比喻是有用的：基因就像一个蛋白质的食谱。有些基因是编码基因，意思是它们直接给出了制造蛋白质的指令。其他的 DNA 片段的作用更像是在食谱正文周围用笔写下的注释，相当于说明书的说明书，仿佛是提醒你把黄油从冰箱里拿出来，以便它能达到室温。

任何一位家庭大厨都可以证明，完全相同的食谱可以产生截然不同的菜肴，这取决于可用的原材料和变幻无常的环境。奥斯汀的烤鸡和阿姆斯特丹的烤鸡是不同的。同样，基因在蛋白质中的表达，也会因组织、人和环境而异。也许最重要的是，在厨房抽屉里有一本食谱，并不代表你就能吃到东西。为了创造最终的产品，必须发生一些事情。

不过，最终产品是什么，确实受到食谱的限制。你拿着柠檬鸡的食谱，不会做出巧克力片曲奇。食谱如果有错，可能导致你做出一道稍微不那么合胃口的菜（比如盐不够）或实在太难吃，完全不能入口的菜（放了一杯盐而不是一杯糖）。同样，DNA 序列的突变可以导致蛋白质的轻微改变或完全丧失功能。而且，有些食谱比其他食谱更能容忍错误、偏差和替代。正如制作意大利肉酱面不需要像制作巧克力蛋奶酥那样严格注意重量、温度和时间，有些基因比其他基因更不能容忍变异。

所有的比喻都有缺陷，但食谱是一个说得过去的比喻，可以帮助我们理解单一基因和单一蛋白质之间的关系。例如，*LRRN2* 是富含亮氨酸重复神经元蛋白的基因“食谱”，重复神经元蛋白分子有助于使细胞粘在一起。但本书的主题不是蛋白质，而是人。*LRRN2* 序列的一个小变化与大学能否毕业有关（关系非常、非常、非常弱），但 *LRRN2* 并不是上大学的“食谱”。我们需要将食谱的比喻延伸到一个新的方向，去理解大量基因的集体作用，从而建立一种关于“基因如何与距离分子生物学层面很远的结果相关”的新认识。

如果一个基因是一个食谱，那么你的基因组（包含在你所有细胞的 23 对染色体中的所有 DNA）就是一个庞大的食谱集，一本巨大的烹饪书。当我写作本书时，我正在看我书架上的食谱书《丰饶》(*Plenty*)，这本素食食谱集来自名厨尤坦·奥图兰吉（Yotam Ottolenghi）开在伦敦的餐厅。假设你和朋友在奥图兰吉餐厅举行一个小型午餐派对。你的朋友刚刚升职，或者她宣布她终于怀孕了。你正在享用石榴籽烤茄子和山羊奶酪焦糖茴香。餐厅的服务很周到。伙伴们欢快而活泼。《丰饶》是你正在享用的食物的食谱（recipe),但它并不是你正在享受的这场派对的“诀窍”(recipe)。

为什么不是呢？最明显的是，除了食物之外，还有很多因素会影响你的小午餐派对，从物理环境（灯光太亮或音乐太响，或椅子太让人腰酸背痛）到社会环境（你的朋友是情绪糟糕还是活泼愉快？）和文化层面（烤茄子是你熟悉的、让你想到家庭温暖的疗愈美食，还是令人激动的新鲜菜肴？）。总体的体验是由这么多相互作用的维度共同决定的，以至于有些问题完全是无稽之谈。“对于你今天的就餐满意度来说，哪一个更重要：在食物中加盐还是有一把椅子可以坐？”这就是一个愚蠢的问题。

同样，人类的生活是由基因和环境的相互作用共同决定的。经典的“先天与后天”(nature versus nurture）之争试图决出其中哪一个更重要。但如果我们记住，基因就像一个食谱，它会指示厨师在食物中放盐，而环境就像有一把椅子可坐，我们就可以看到，所谓的“先天与后天”辩论也是在问一个愚蠢的问题，因为基因和环境总是都很重要。

同时，即使我们始终牢记环境的重要性，我们也可以看到，基因组的差异对于我们理解人与人之间的差异关系重大，正如食谱的差异关系到我们与餐厅之间的差异的理解。不可否认，在奥图兰吉餐厅用餐的体验是由具体选择哪本食谱集塑造的。如果餐厅突然改成只提供安东尼·伯尔顿（Anthony Bourdain）的《传统法式料理》食谱中的菜肴，你的午餐派对就会变得大不一样。这是我们从几十年来人类行为遗传学研究中得到的基本的、无可争议的道理。如果你的基因组换了一种样子，你的认知能力、个性、教育、心理健康、社会关系都会有所改变。换言之，你的整个生活也会随之不同。

并非所有的差异都同等重要。基因组之间的一些差异类似于在一本食谱中用“糖”取代“盐”，或将每份食谱中的盐量增加一倍或两倍。亨廷顿舞蹈症就是一个很好的例子。*HTT* 基因是亨廷顿蛋白的“食谱”，它在特定位点包含一段连续重复序列（如同重复“加入 1/4 茶匙孜然，加入 1/4 茶匙孜然，加入 1/4 茶匙孜然”）。导致亨廷顿舞蹈症的 *HTT* 基因版本在这个位点包含了太多次的重复，导致 *HTT* 基因异常长。然后这种蛋白质被剪成小的黏性碎片，在一个人的神经元内聚在一起。亨廷顿舞蹈症的所有可怕症状（抑郁和愤怒、抽搐的动作，最终丧失走路、说话和吃饭的基本能力）都可以追溯到单独一个蛋白质“食谱”的变化。

不过，人类之间的大多数遗传差异并不像用糖代替盐，也不像大幅度改变一种重要成分的数量，而像把“洋葱”这个词换成“韭葱”。科学家面临的挑战，是了解基因组中这种微小的变化对于理解人类生活之间的差异是否真的有意义，以及如果有意义，又是为什么。

一次一个成分

让我们暂时把关于人生的问题放一边，重新拾起餐厅的比喻。如何确定微小的食谱变化是否会对人们的用餐体验产生影响？一种办法是，从你已知的关于烹饪和饮食的知识开始，然后将范围缩小到你认为可能很重要的一种成分。比如……香菜？有些人认为香菜的味道像肥皂，所以小心翼翼地把每片香菜小叶子从塔可上刮下来。掌握了“有些人不喜欢香菜”的知识，你就可以在城里挑选 20 家餐厅，看看他们提供的菜肴中是否包含香菜。

是的，只有 20 家餐厅，这确实不算多。但为了弥补样本太少的缺陷，你可以非常仔细地衡量人们的用餐体验。你不单单是问大家有多么喜欢他们的饭菜。你应当派一个训练有素的调查员，去数人们在吃饭时笑了多少次；你应当看看顾客的信用卡账单，看他们一年中在那家餐厅花了多少钱。到一天结束时，你只有关于一种成分的数据，只在几家餐厅测量过，但你对你试图测量的结果非常非常了解。然后，你可以继续测试你的假设是否正确：不提供香菜的餐厅，是否拥有更快乐的顾客？

这是许多心理学家和遗传学家在 21 世纪初采取的策略，即从一些关于生物学的先验（a priori）知识出发，将注意力集中在一个遗传成分上，并在相对较少的人群中非常密集地测量一个结果。这种方法被称为候选基因（candidate gene）研究。最著名的候选遗传变异被称为5HTTLPR，即血清素（被缩写为5HT，这有点让人糊涂）转运体基因连锁多态区域。[4]研究者的想法相对简单。我们已经认为血清素与抑郁症有关，因为如果你给患者服用针对血清素的抗抑郁药（如百忧解），他们的抑郁症（有时）会减轻。5HTTLPR是某个特定基因组的一个微小部分，该基因组会影响血清素在人的大脑神经元之间的穿梭。所以，也许拥有不同版本5HTTLPR的人，受抑郁症的影响程度会有所不同。

再进一步说，我们还知道，压力大的人更容易得抑郁症。离婚、失业、贫困、受虐待的童年，诸如此类的压力是抑郁症的最有力的预测器。因此，也许5HTTLPR变异并不会导致你变得抑郁，除非你已经在某种程度上受到了压力。

为了验证这一假设，研究者花费了数千万美元，不仅测量人们的DNA（这在过去和现在都变得越来越便宜），还仔细测量人们的大脑和思想的一切，比如他们是否符合医生对抑郁症的临床定义，也包括他们唤起悲伤记忆的速度，他们的眼睛在看令人悲伤的图片时花了多少毫秒，以及他们在听悲伤的音乐时大脑的哪些部分亮了起来。在数以百计甚至千计的科学研究中，同样的结果不断出现，即5HTTLPR变异会导致压力大的人变得抑郁。

问题是，所有这些结果都是错误的。到2019年，经过多年的礼貌警告、统计学上的抱怨，以及对似乎无穷无尽的5HTTLPR研究的不断升级的恼怒，心理学家马特·凯勒（Matt

Keller）发表了一项研究，其标题丝毫不拐弯抹角——《在多个大样本中，无证据表明历史上的候选基因或基因互作与严重抑郁症有关联》。[5]精神病学家、博客作者斯科特·西斯金德没有遵守科学期刊的礼貌惯例，而是对凯勒论文的结论作了更生动的总结。西斯金德谴责那些报告5HTTLPR“结果”的研究者，认为他们是在编造独角兽的故事，只不过更糟糕：“这不仅仅是一个探险家从东方回来，声称那里有独角兽。这是探险家在描述独角兽的生命周期，独角兽吃什么，独角兽的所有不同亚种，独角兽身上的哪种肉最好吃，以及详细描述独角兽和大脚怪之间的摔跤比赛。”[6]

从今天的角度来看，候选基因方法的主要问题是显而易见的，那就是没有单一的基因可以导致抑郁症，就像没有单一的食谱成分可以让餐厅成功一样。甚至十个基因也做不到。抑郁症、体型、大学毕业、冲动、甚至身高，这些都是复杂的特征，也就是说，在一个关键方面，它们根本不像亨廷顿舞蹈症。它们不是由单一基因引起的。它们受到成千上万个遗传变异的影响，每个变异都产生了微小的影响。由于影响如此之小，我们需要研究的人比早期候选遗传学研究中包括的样本要多得多。

2003年发表的一项早期的、高调的5HTTLPR研究的样本包括847人。2019年发表的对该研究的权威反驳的样本量为44.3264万人，约为前者的500倍。[7]第一项报告某些基因与抑郁症有可靠关联的研究（使用我将在本章下文描述的方法）的样本量为48.0359万人。[8]你没有足够的数据（事实上，对于你真正需要的数据，你只掌握了不到1%）就试图找到微小模式（tiny patterns）的一个残酷后果是：你不仅有可能错过真正存在的模式，还有可能采信那些看似真实但实际上只是噪声的假“模式”。

全食谱关联分析*

好吧，所以候选基因方法失败了。但你仍然想弄清楚哪些遗传变异（如果有的话）对人们的生活有影响，就好比你想找出对用餐体验有影响的微小食谱变化。A计划（从你的烹饪知识开始，提出看似合理的假设，并以此为基础进行研究）最初看起来很聪明，结果却完全没有产生有价值的知识。为了证明科学家在预测未来方面的成绩有多么糟糕，B计划（宣布你以前的烹饪知识是无用的，并不再尝试提出看似合理的假设）最初看起来不那么聪明，甚至很可笑。不过，正是这种方法最终开始产生结果。

这次，我们不是从在几家餐厅测量单一成分开始，而是把得克萨斯州奥斯汀市的每家餐厅提供的每道菜的食谱都拿出来，并把它们分解成微小的元素。每家餐厅产生的数据集都将是巨大的。会有几千甚至几十万行数据，代表数量、成分、时间、温度、仪器和说明，例如：切细，在300摄氏度下烘烤，一汤匙，孜然，煸炒，呈金褐色。

* 戏仿“全基因组关联分析”。

而且，就像基因组一样，这些数据在绝大多数餐厅都完全一样。所有人的 99% 以上的 DNA 都是相同的，就好比每家餐厅都使用盐。

因此，让我们过滤掉各家餐厅完全相同的食谱元素，只保留不同的东西。我家附近的一家餐厅提供油炸博洛尼亚香肠三明治，配上意大利辣腌菜。你不可能在任何地方都能找到意大利辣腌菜。

现在，我们已经把每家餐厅提供的食物分解成一点一滴的数据，我们还需要对餐厅本身进行测量。但我们不再使用仅有 20 家餐厅的小样本，所以我们没有时间或金钱去做顾客满意度的精细测量。我们需要一些快速和“粗糙”的东西，一些容易在数千家餐厅当中汇编的东西。也许……可以用 Yelp 评分？

在过去十年里上过网的人都知道，Yelp 是一个众包本地企业信息的网站。用户可以在 Yelp 上写评论，对企业进行一星到五星的评分。一家餐厅要在 Yelp 上得到高分评价，需要有很多人喜欢在那里吃饭，并留下评论和好评，而且这家餐厅不能有太多差评。截至我写作本书的时候，得克萨斯州奥斯汀市 Yelp 评分第一的餐厅是一家名为“咸猪”（Salty Sow）的美食酒吧。正如其名字所示，它是所有猪肉菜肴的圣殿，比如糖渍猪肚、宽叶羽衣甘蓝配猪肘、培根魔鬼蛋。评分第二的是一家以炸鸡排闻名的南方风格咖啡馆，评分第三的是富兰克林烤肉店，人们为了吃到有完美焦皮的牛腩片，甘愿在那里排队等候几个小时。

现在，我们需要做的，是把我们在第一步编制的食谱元素数据，与 Yelp 上的餐厅评分数据结合起来，然后就可以了！我们就有了一个统计分析的雏形。不知提供意大利辣腌菜的餐厅的评分是否更高？

但是，等等！反对之声十分热闹。糖渍猪肚？炸鸡排？牛腩？纯素主义者提醒我们，Yelp 的评分并不能反映某些我们也许应该接受的饮食价值观，比如在伦理层面反对吃肉。戴眼镜的时髦人士抱怨说，优先考虑大众市场的满意度与创新精神是对立的。社会学家提醒我们，花大量时间在互联网上匿名发帖的人，并不是真正有代表性的顾客样本。

因此，我们要考虑替代方案。与 Yelp 评分相比，也许餐厅收入是一个更好的衡量标准？相对于奥斯汀其他提供食物和酒水的商家，“完美 10 人俱乐部”的生意非常兴隆，但我怀疑那里的顾客不是为了食物来的*。也许专家的意见是衡量餐厅质量的更好的标准？毕竟《康泰纳仕旅行者》杂志的前 20 名名单中，包括了我个人最喜欢的几家餐厅。但话又说回来，也许中年教授的饮食偏好并不具有最广泛的代表性。

反对的声音是正确的。衡量标准确实很重要。食谱上的哪些词与“最佳”餐厅相关，取决于你如何定义“最佳”。专家意见可能会重视具有异域风情的成分（磨碎的海胆，有人想吃吗？），而某家餐厅的利润高，可能是因为食物只需要几乎没有技能或培训的工人就可以廉价而可靠地烹饪，或者服务员是衣着清凉的舞者。

---

* “完美 10 人俱乐部”餐厅（Perfect 10 Men’s Club）的特色是有脱衣舞表演，并且女服务员衣着性感。

在心理学中，我们花了很多时间来思考这类测量问题。你找到了一个你有兴趣研究的理论实体，或*建构*（例如，人们对一家餐厅的喜爱程度如何？），然后你需要想出一种方法，将数字有意义地附加到该建构上。什么样的测量方法是最好的？有些测量问题很简单，比如身高可以用英寸来衡量。但是，我们感兴趣的建构往往是难以描述的，而且是有争议的。比如，幸福感的单位是什么？聪明是指什么？什么是好的餐厅？

有些人可能会对试图量化餐厅质量的想法感到反感，不管你怎么去量化。食物的变化是无穷无尽的，怎么能把一座城市的餐厅场景的感官体验和文化体验的织锦浓缩为一个单一的数字呢？在遗传学研究的语境里，人们经常以类似的理由反对测量智力或个性：人也是变化无穷的，怎么能把他们所有的怪癖和才能浓缩为一个单一的数字呢？

简短的回答是：不能。幸运的是，对实体（无论是人还是餐厅）进行“浓缩”，并不是测量的目标。测量是将数字分配给事件或特征的过程，测量对所有的科学学科都至关重要。除非你能测量一样东西，否则你无法科学地研究它。一家餐厅的 Yelp 评分并不是它的终极衡量标准，而且使一家餐厅成为某人最喜爱的本地餐厅的特质，可能并不反映在匿名网民给它多少颗星上。但是，即使我们全心全意地拒绝“一家餐厅的一切有价值或有趣的东西都可以‘浓缩’为 Yelp 评分”的想法，我们也可以认为，Yelp 评分是一个虽然粗略但仍然有用的衡量人们多么喜欢某家餐厅的标准。

不过，为了使 Yelp 评分有用，我们需要清楚地了解它的缺陷和局限性。利用 Yelp 评分来衡量餐厅的研究，给出的是一个不完美的衡量标准，即有多少人说他们喜欢在某家餐厅吃饭。但由此产生的按顺序排列的“好”餐厅名单，可能无法反映一个人对于什么是“好”食物的价值观。

当我教授心理学概论时，我让学生练习用下面的语言来谈论心理学研究：“这项研究是关于建构 X 的，通过 Y 来衡量。”例如，这项研究是关于幸福的，通过人们对某事物的评分来衡量，提问就是该事物使得他们今天感觉有多幸福。或者，这项研究是关于社会焦虑的，通过人们被要求在不苟言笑的评委面前做简短演讲时，唾液中的皮质醇（Cortisol）增加多少来衡量。我希望，这种语言练习能帮助学生学会关注“研究者如何测量像幸福和焦虑这样的抽象概念”，并对这些测量可能存在的缺陷感到好奇。

说到底，为了科学地研究一些东西，我们必须测量它们，而测量受到时间和金钱的限制。让我们回到对餐厅质量的研究，以 Yelp 的平均评分来衡量。我们分析数以百万计的相关关系：在不同餐厅之间，哪些不同的食谱元素与餐厅的 Yelp 评分相关？

这样运算的结果，可能是一个看起来像疯狂购物清单的东西。清单中的每个条目都会有一个小数字，代表它与一家餐厅的 Yelp 评分有多大关联。具有真正重大影响的严重的食谱错误，如用糖代替盐，将是罕见的，几乎不存在。如果一家餐厅提供没有盐的食物，它可能过不了多久就会关门，所以不会在我们的数据库中停留足够长的时间。

这种分析会发现一些微小但一致的模式。也许这些模式能证实你之前的一些预感。也许，正如厨师马里奥·巴塔利（Mario Batali）声称的，“酥脆”是卖出最多食物的广告词。也许分析结果会揭示出以前从来没有人想到的模式。无论是否出人意料，由此产生的关联性将非常弱。“我的堡”(Whataburger)快餐店和“昔客堡”（Shake Shack）之间的差异，或许不能归因为一份食谱中的一个词。

不过，无论我们的全食谱关联分析的结果如何，有几件事是显而易见的。首先,这些结果并不意味着餐厅的环境（座位、音乐、灯光、地段和装潢）对人们的体验而言不重要。其次，该分析不会告诉你，允许陌生人对本地企业写匿名评论的网站是不是一个好东西，不会告诉你这种评分是否公平，也不会告诉你，这些评分是否符合你的道德观和审美观，或者是否符合你对一家餐厅应该如何经营的理解。最后，这些结果绝对不会教你如何做饭。它能告诉你的，非常简单，就是在你根据某种衡量标准归类为“高”与“低”的餐厅中，哪些食谱元素更常见。

从全食谱关联分析到全基因组关联分析

全基因组关联分析（GWAS）的工作方式，基本上和我刚才描述的“全食谱关联分析”是一样的。就像把食谱上的个别字词与餐厅的一些可测量特征关联起来一样，GWAS 把基因组的个别元素与人类的一些可测量特征关联起来。基因组“食谱”中最常被分析的个别元素，被称为单核苷酸多态性（SNP）。

一个DNA分子是由两条含糖的链组成的，由四种不同类型的核苷酸——鸟嘌呤（G）、胞嘧啶（C）、腺嘌呤（A）和胸腺嘧啶（T）互相配对、紧密结合而成。SNP是人与人之间的遗传差异，有些人的基因组中的一个特定点（基因座）有一个核苷酸，而另一些人有一个不同的核苷酸。你可能有一个G，而我有一个T。SNP的不同版本被称为等位基因（alleles）。通常情况下，一个等位基因比另一个更常见。在人群中不太常见的等位基因被称为次等位基因。每个人的每个基因都有两个拷贝（一个来自母亲，一个来自父亲），所以你可以计算一个人对每个SNP拥有的次等位基因的数量（0，1或2）。GWAS在成千上万的人中测量数百万个SNP，并将每个SNP与表型（phenotypes）相关联。表型就是一个人身上可以测量的东西，如身高、身体质量指数（body mass index）或受教育程度。

即使是数以百万计的SNP，也只是人与人之间存在的遗传差异的总量的一小部分。但是GWAS通常可以忽略基因组的一部分数据，因为每个被测量的SNP都“标记”了其他许多人人有别的遗传变异。打个比方，当你读到一份包含“黑胡椒”字样的食谱时，你可以合理地猜测（即“推断”），该食谱可能也包含“盐”。同样，当人们有一种形式的SNP时，你通常可以合理地推断出其他附近的遗传变异的信息：如果某人在某一特定位置有一个“C”，你通常可以合理地推断他们在另一位置有一个“T”（罕见的变异，即只发生在少数人或少数家庭中的变异，基本上不会被标记）。

我们之所以能够通过测量一个变异来标记多个变异，是卵子和精子细胞的产生方式的结果。让我们回顾一下人类与细菌的区别：人类不是简单地复制自己的DNA，而是进行有性繁殖。也就是说，我们产生精子或卵细胞，每个精子或卵细胞都包含我们一半的DNA，而创造一个完整的人所需的另一半基因组来自有性繁殖的另一方。但在产生精子或卵细胞时，我们的身体并没有将整个染色体的一个完整拷贝打包。相反，在减数分裂的过程中，发生了重组(recombination)。对于我的23对染色体中的每一对，我从母亲那里继承的染色体和我从父亲那里继承的染色体排成一排，互相交换。这种重组过程将遗传变异重组成全新的组合，这些组合都是彼此不同的。

重组过程是孟德尔在数学观察的基础上推导出的独立分配律(law of independent assortment）的生物学基础。继承基因A的某个版本的概率，与继承基因B的某个版本的概率是相互独立的。

除非，基因A和基因B在基因组内彼此非常接近，那样的话，重组会将父系和母系染色体“洗牌”，但它洗得很糟，让许多张牌粘在一起。当两个基因在物理上比较接近时，在它们之间的某个空间发生重组的机会就比较小。物理上非常接近的基因有可能被一起遗传，而不是被重组“洗”开。由于物理上相互接近而有可能被一起遗传的基因，被称为处于连锁（linkage）中。连锁导致基因相互关联，即处于连锁不平衡状态（linkage disequilibrium，缩写为LD）。

了解人类基因组的LD结构，对于许多目的来说都是非常有用的，包括在全基因组关联分析（GWAS）中使基因组的测量更加高效。但是，如果GWAS发现一个特定的单核苷酸多态性（SNP）与（比方说）受教育程度有关，那么我们就不清楚这种关联是由这个特定的SNP本身驱动的，还是因为我们测量的SNP与一个我们没有测量的变异一起遗传了下来。

那么，我们可以把GWAS结果看作一张基因藏宝图。X标记了藏宝地点，现在你知道海盗的黄金位于某个荒岛的西南部。但是，你登陆荒岛之后发现，那里有一片由藤蔓和密密麻麻的树木组成的丛林，而且你没有办法翻遍丛林的每一寸土地，也就是没有办法对该岛进行“精细测绘”。

我在本章开始时告诉你的2013年的研究就是一个GWAS，它发现了三个与人能否从大学毕业有关的遗传变异。如果你把GWAS看成阅读人们的基因组“食谱”的一种极其粗略的方式，就更容易对其结果产生直观的认识。关于教育的遗传学研究和我们打比方的全食谱关联分析之间有重要的相似之处，这很值得思考。

第一，受教育程度被定义为一个人完成的正规学校教育的时长。这很像餐厅的Yelp评分。一方面，两者都会对真实生活造成影响。Yelp评分低的餐厅可能开不了多久，没有文凭的人找到工作的可能性较小。另一方面，这两个指标都不能完全代表我们可能珍视和重视的所有特征，高分者甚至可能有我们非常讨厌的特征。一家餐厅在Yelp上有很好的评分，可能是因为它在愉快的氛围中提供美味的食物。但它也可能是一家全国性的连锁店，提供工厂化养殖的肉类，并迎合游客的需求，把那些更有特色的本地餐厅排挤掉。一个人在教育领域有很好的成绩，可能是因为他们聪明、求知欲强和勤奋，也可能是因为他们循规蹈矩、规避风险和有强迫症，或者因为他们的其他一些特征（漂亮、高挑、苗条、肤色浅），使他们在一个难免有偏见的社会中享有特权。对在教育体制中取得成功的相关因素的研究，并不能告诉我们这个体制是否良好、公平或公正。

第二，谁能在教育体制中名列前茅，与文化和历史背景有关。在奥斯汀进行的全食谱关联分析的结果（高分餐厅的相关因素），可能与在曼哈顿（更不用说在德里或上海）进行同样的研究的结果大相径庭。同样，对 1970 年后出生的美国男性进行受教育程度的全基因组关联分析（GWAS），会发现与该人群受教育程度更高相关的遗传变异，但这些遗传变异是否与在高等教育中的性别歧视被取缔之前成年的美国女性的受教育程度相关，就很难说了。这种在不同语境中发现的不一致，并不意味着 Yelp 评分是衡量餐厅受喜爱程度的一个有严重缺陷的标准，也不意味着 GWAS 的结果是无用的。不过，这确实意味着，一时一地的测量结果，不一定能代表所有时间和地点。

第三，GWAS 的结果并没有以任何方式表明环境对教育不重要。GWAS 甚至没有测量关于环境的任何东西。

第四，GWAS 本身并不表明我们在“DNA 的层面”理解教育，就像对食谱的自动化分析并不表明我们在“食材的层面”理解餐厅的社交活动。

第五，GWAS 检测到的相关性是非常、非常、非常、非常弱的。它们也理应如此。“我的堡”快餐店和“昔客堡”之间的差异不能归因为食谱中的一个词，完成博士学业的人和高中辍学的人之间的差异也不能归因为单一的 SNP。与受教育程度相关的每个 SNP 最多只相当于几周的教育，而且大多数 SNP 的价值比这还要小得多。

第六，GWAS 的结果不会告诉你如何烹饪。也就是说，基因组成分（SNPs）的清单并不能帮助我们了解其机制，也就是这些成分如何组合成一个复杂的结果。

噩梦般的，还是可忽略不计的？

当我们考虑到受教育程度与单个单核苷酸多态性（SNP）的关联是多么微不足道，再加上我们无法轻易分辨一个“显著”的关联是由被测量的 SNP 本身还是由该 SNP“标记”的另一个变异所驱动，关于受教育程度的遗传学研究就不再显得仿佛噩梦了。相反，我们开始感觉，它就像将食谱中的词语与餐厅的 Yelp 评分相关联的研究一样微不足道。SNP rs11584700 并不能决定你的命运。它甚至不能让你通过大一的第一次期中考试。所以很多人想知道：那么，为什么还要做 GWAS 呢？如果你专注于每个 SNP 对教育的影响程度，就很容易将整个 GWAS 事业视为浪费时间和金钱。

这就是一些人对 GWAS 的看法：它并不可怕，也不是优生主义的，而是微不足道和浪费资源的。例如，我的博士生导师埃里克·特克海默就因对GWAS的价值持怀疑态度而闻名。2013年，作为即将离任的行为遗传学协会主席，他在协会年会晚宴上发表了一次如今已经臭名昭著的演讲。晚宴在马赛举办，天空是粉红色和金色的，人们穿着西装外套和晚会长裙出席，气氛很融洽，直到埃里克上台说，做 GWAS 就像通过研究音乐 CD 上的凹点(pit) 来了解一首歌曲是否好听。听众是为 GWAS 研究投入了数百万美元和多年心血的科学界同仁，所以埃里克的演讲很不受欢迎。

我当时并不感到震惊，因为我曾多次听到他的这一观点。而且截至 2013 年，我可能会（暗地里）同意他的观点。年复一年，我听了一个又一个关于努力寻找与美好人生相关的基因的科学讲座。所有这些讲座都以差不多相同的方式结束："我们目前尚未发现任何东西，但我们只是差更多的样本！"

一连串代价昂贵的失败，再加上，说实话，我对基因组学方法似乎篡夺了传统的行为遗传学工具（双生子研究和家庭研究）的位置感到不满，而我刚刚花了十年时间掌握这些传统工具，因此我很容易同意埃里克的观点。人类的行为实在太复杂。我们不可能通过研究一张 CD 的凹点来了解德彪西，不可能通过做一项全食谱关联分析来了解一家好餐厅究竟好在哪里，不可能通过将真实的人类生活与 SNP 相关联来了解到任何有用的东西。

但我们错了。

多基因指数和生活结果的（不）可预测性

要想理解全基因组关联分析（GWAS）为什么有价值，不妨回到我已经告诉过你的东西：任何单个单核苷酸多态性（SNP）和受教育程度之间的关联都是非常、非常、非常、非常弱的。这个结论可能看起来是废话，甚至是理所当然的。但这一结论与全球数以千计科学家的预测相左。在21世纪初，当GWAS方法刚被开发出来时，许多科学家预测，像精神分裂症或自闭症这样的现象可能是由十几个不同的遗传变异引起的。

如果这是真的，那么只要对几千人进行研究，我们就能轻易地了解到基因组的秘密，而且每个基因的影响力也会相对较大。但事实证明，这些早期的预测天真得可笑。精神分裂症、自闭症、抑郁症、肥胖症和受教育程度都与任何单一基因无关。它们甚至与十几个不同的SNP都没有关系。它们是由多基因决定的，也就是说与分散在一个人的基因组中的成千上万个SNP相关。

大规模多基因性（polygenicity）的最明显的例子也许是身高。正如我们在上一章讨论的，非常高的人，如篮球运动员肖恩·布拉德利，之所以这么高，是因为他们继承了非常多的增加身高的遗传变异。身高听起来可能是一个有点无聊的性状，但统计遗传学对身高的研究很多，因为身高很容易准确测量，而且具有高遗传率。几乎每一项生物医学研究都会收集身高的数据，因此研究者可以使用极多的样本。而且基因会影响人的身高这一事实没有争议，这使得科学家们有相对多的空间来建立他们的数学模型。

一个这样的数学模型计算出，有超过 10 万个 SNP 可能与人的身高有小的关联。[9] 在这些计算的基础上，研究者提出了他们所谓的“全基因”（omnigenic）模型。当然，“全”（omni）的意思是所有，即所有的基因。准确地说，是所有这样的基因：它体现在身体组织中，而这些组织与研究者所研究的东西有关。例如，如果你在研究身高，那么相关的身体组织包括脑垂体（产生生长激素）和骨骼系统，以及其他的。如果你研究的是教育，相关的身体组织就是大脑。[10]

随着研究结果变得更加多基因化，为了区分信号和噪声，需要研究的样本量也相应增加。如果连身高这样看起来很简单的性状都是由多基因决定的，那么社会和行为结果也同样是由多基因决定的。我在本章开头介绍的第一项关于受教育程度的研究认真考虑了多基因性的影响，所以样本量达到在当时看起来数量惊人的 12.6559 万人，最后发现了 3 个与受教育程度有关的 SNP。这个研究小组坚持不懈，他们的第二项研究在三年后的 2016 年发表，样本量为 29.3723 万人，在基因组中找到了 74 个与受教育程度有显著关联的 SNP。而 2018 年发表的第三项后续研究，样本量为 110 万人，发现了 1271 个与受教育程度有显著关联的 SNP。[11] 之前有人预测，只要有足够多的样本（也就是人），GWAS 可以找到与受教育程度等复杂结果可靠地相关的 SNP。事实证明这个预测是正确的。

当一个性状涉及成千上万个遗传变异时，每个变异的微小关联加总起来，就会形成人与人之间有意义的差异。研究者正是这样做的:将所有 SNP 的信息加总成一个单一的数字。更具体地说，在你做了 GWAS 之后，你会得到一个长长的数字列表，你测量的每个 SNP 都有一个数字，代表每个 SNP 和你的目标表型（在这个案例中是受教育程度）之间的关系强度。然后，你可以根据这一串数字，对新的一组人的 DNA 序列打分。每个人有多少个与教育相关的遗传变异的拷贝？是 0 个、1 个还是 2 个？（记住，你的每个基因都有两个拷贝，一个来自你的母亲，一个来自你的父亲）每个 SNP 的拷贝数乘以它与受教育程度的关系强度，然后将你的基因组中所有被测量的 SNP 的结果加起来（图 3.1)。这个综合指数就是多基因指数（polygenic index)。

上述的受教育程度 GWAS 的研究者随后在一个新的参与者样本中计算了受教育程度的多基因指数。这些参与者都是在 1990 年代读高中的美国白人。在那些教育多基因指数最低的人中，大学毕业生的比例是 11%。相比之下，在多基因指数最高的人中，大学毕业率为 55%。这种差距（高 4 倍）绝非微不足道。

我已经用教育多基因指数低的人和高的人之间的大学毕业率的差异来描述教育多基因指数和受教育程度之间的关系强度。表达这种关系强度（统计学家称之为“效应值”）的另一种方式是用所谓的决定系数（R^2)，它衡量的是人们在一个特征上的差异能被我们测量的东西反映的程度。例如，人们的体重不同，而一般来讲高个子的人更重，那么知道人们的身高后，可以在多大程度上解释人们体重的差异？

R^2 表示为一个百分比，可以在 0% 和 100% 之间变化。在身

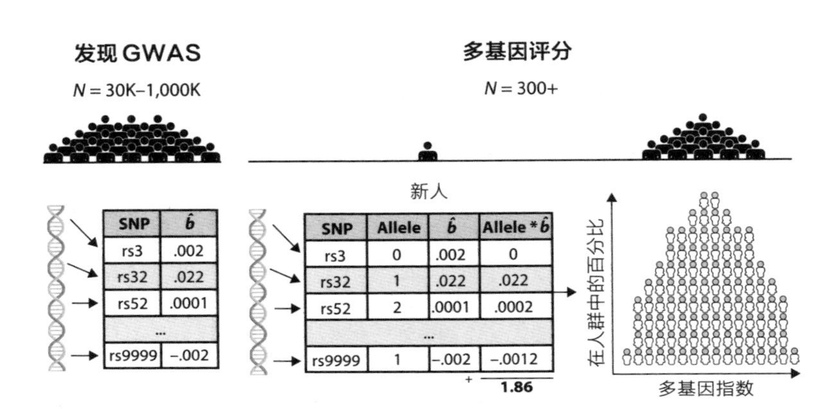

图 3.1 创建一个多基因指数。图表转载自 Daniel W. Belsky and K. Paige Harden, "Phenotypic Annotation:Using Polygenic Scores to Translate Discoveries from Genome-Wide Association Studies from the Top Down," *Current Directions in Psychological Science* 28, no. 1（February 2019）: 82 · 90, https://doi.org/10.1177/0963721418807729。个别 SNP 和表型之间的相关性是在具有大样本量的"发现 GWAS"中估计的。许多 GWAS 的样本量多达数百万人。然后，对一个新人的 DNA 进行测量。这个人的基因组中的次等位基因（0、1 或 2）的数量被计算为每个 SNP，得出的数字被 GWAS 对 SNP 和表型之间相关性的估计加权，产生一个多基因指数。这个多基因指数将呈正态分布：大多数人的多基因指数在平均水平，少数人的分数会非常低或非常高。经 SAGE Publications, Inc. 许可转载。

高和体重的例子中，如果 R^2 是 100%，那就意味着人们的体重差异单纯是因为他们比别人高或矮，而且我们只需知道一个人的身高就能知道他的体重。如果 R^2 是 0%，那就意味着人与人之间的体重差异与他们的身高无关，而且知道一个人的身高无助于了解其体重。在现实中，R^2 值通常在这两个极端之间。在美国，身高差异大约能解释人们体重差异的 20%。换句话说，人的体重差异的大约五分之一可以通过了解他们的身高而得到，但同样高的人之间体重仍然存在差异。

研究者在谈论 R^2 值时使用的措辞可能会引起混淆和误导。有两个词特别容易造成麻烦。一个词是“解释”。R^2 值经常被称为“可解释方差”（variance explained），但在我看来，“解释”意味着对两件事情的关系有更深的理解。R^2 值并没有给出任何科学解释。它只是一个数学表达，表明一个变量与另一个变量共同出现的程度。

第二个制造麻烦的词是“预测”。在日常谈话过程中，当我们谈论“预测”天气、选举结果或股市活动的能力时，我们通常暗示这些对未来事件的预测是高度准确的。但研究者对未来事件的预测高度不确定且经常不准确时，他们也经常使用“预测”（predict）和“预测器”（predictor）这些词。在刚才举的身高和体重的例子中，我可以利用人们的身高信息，从统计层面说明人们体重的差异，也就是说，身高是体重的一个“预测器”。但实际上对于具体的人的体重，我仍然只能猜测。如果我知道他的身高，我的最佳猜测会比我没有掌握这个信息时更好。但即便如此，我的最佳猜测仍然会很糟糕，因为身高相同的人在体重上仍然会有很大的差异。

考虑到这些信息，多基因指数和教育结果的 R^2 是多少？在生活在高收入国家的白人样本中，从受教育程度 GWAS 中创建的多基因指数，通常能捕捉到受教育年限、标准化学业考试成绩或智力测试分数等结果中 10%—15% 的差异。[12]

10%—15% 听起来是很多还是很少，在很大程度上取决于你的视角。根据我的经验，人们往往轻视 10% 的 R^2，认为它微不足道、可以忽略不计。当然，10% 的 R^2 值告诉我们，多基因指数不能“算命”，不能准确预测任何个体的未来。[13] 在图 3.2 中，我绘制了多基因指数和生活结果之间的假设关系图，其中前者捕获到了后者的大约 10% 的差异。如果你在横轴上选取任何一点，即选取多基因指数的任何给定值，然后向上和向下看，你会发现人们的生活结果仍有很大差异。这与我们在现实中看到的情况相吻合：在具有平均水平的教育多基因指数的人当中，有些人拥有博士学位，有些人没有从高中毕业，还有介于这两者之间的各种情况。

虽然多基因指数并非个人生活的完美“算命先生”，但我们也不能将其视为微不足道或可忽略不计。正如心理学家大卫 · 芬德和丹尼尔 · 奥泽认为的，我们可以通过将 R^2 值与我们在日常生活中遇到的一些关系强度相比较，来直觉地判断 R^2 值是“大”还是“小”，[14] 比如抗组胺药缓解过敏症状的趋势（R^2=1%），男性比女性更重的趋势（R^2=7%），海拔高的地方更冷的趋势（R^2=12%），以及如前所述，高个子的人更重的趋势（R^2=19%）。在这个清单中，我们可以添加一个与社会不平等研究特别相关的基准：出生在富裕家庭的孩子从大学毕业的比例更高（R^2 = 11%）。[15]

对收入的比较尤其令人感慨，因为我们太习惯于思考金钱能给学生带来的好处。更富有的父母可以买更多的玩具和书，把孩子送到更好的学校，为孩子报名参加艺术课程和智能机器人课后项目。更富有的父母可以负担得起私人家教和 SAT 预科课程。

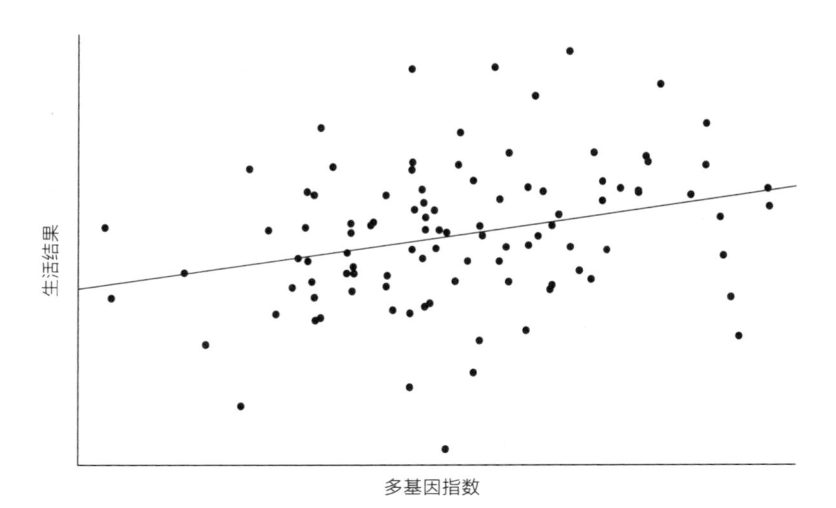

图 3.2　假设的多基因指数可以捕捉到生活结果中 10% 的差异。横轴为多基因指数；纵轴为假设的生活结果，如受教育程度。每个点代表一个人。对于多基因指数的每个值，人们的生活结果都有相当大的差异。

来自富裕家庭的学生不必通过勤工俭学来完成大学学业，有更多时间可专注于学习。当然，在富裕家庭长大的孩子并不是注定（destined）会获得大学学位的。你的家庭经济状况并不能完全决定（determine）你成年后的社会阶层。但是，对于了解在美国谁最有可能获得大学教育，谁最不可能获得大学教育，金钱是很重要的。

这些基准比较得出的数字可能比你想象的要小。芬德和奥泽在论文中指出了三个原因，以解释为什么 R^2 值通常比我们预期的要低。首先，也是最简单的原因：人类彼此之间非常不同。有很多差异性需要解释。

第二，人类生活的因果关系很复杂，是多种因素相互作用的结果。鉴于潜在相关因素的数量之多，期望任何一个变量（即使是像收入或遗传这样重要的因素）能够解释结果中较大的差异，是不现实的。用芬德和奥泽的话说，“也许所有研究者都应该稍微（或大幅）降低他们的期望”。[16]

最近一项名为“脆弱家庭挑战”(Fragile Families Challenge)的研究强调，研究者需要降低他们对任何变量的期望，无论是环境变量还是遗传变量。“脆弱家庭和儿童福祉研究”是一项正在进行的研究，研究对象是4000多个家庭，他们在孩子出生时被征集参加儿童发展研究。此后，这些孩子在1岁、3岁、5岁、9岁和15岁时接受了一系列变量的测量。他们的父母、老师，以及孩子们自己，都接受了调查，调查项目包括“儿童健康和发展、父亲和母亲的关系、父亲在养育中发挥的作用、婚姻态度、与大家族的关系、环境因素和政府项目、健康和健康行为、人口统计学特征、教育和就业及收入、父母的监督和亲子关系、父母对孩子施加的纪律、兄弟姐妹之间的关系、生活常规、学校、青少年犯罪、任务完成和行为，以及健康和安全”。[17] 换句话说，就是研究者能想象得到的关于儿童环境和发展的一切。

就在研究者公布孩子们15岁时的测量数据之前，他们设计了一项挑战任务：让多个科学家团队使用尽可能多的变量和统计方法（只要他们想得到），来预测孩子们15岁时的结果。最终，超过160个科学家团队参与了这项挑战，每个团队都获得了关于一个孩子及其家庭的1.2万多个变量。结果很能令人清醒。最好的模型（它有可能包含自孩子出生以来被测量的成千上万个变量）只能预测学生15岁时成绩差异的20%。在描述这些结果时，“脆弱家庭挑战”的组织者附和了芬德和奥泽的呼吁，即在研究复杂的人类生活时，研究者应当保持谦逊：“如果用我们的预测能力来衡量我们的理解程度，那么研究结果……表明，我们对儿童发展和生命过程的理解实际上是相当贫乏的。”[18]

那么，任何关于遗传与人类生活结果的关联是“强”还是“弱”的讨论，都必须面对这样一个事实：当研究者在研究像儿童学业成绩这样复杂的东西时，即使研究者测量了他们能想象得到的环境的每一个方面，仍然没有一个变量或一组变量的 R^2 值看起来令人印象深刻。

不过，即使是一个小的 R^2 值，也可能是相当有意义的。芬德和奥泽解释为什么 R^2 值往往比我们想象的要小的第三个理由是，当小的影响一次又一次地重复，在一个又一个人身上重复时，这些小的影响就会累积起来。我们习惯于考虑收入的微小但系统性的影响是如何累积的：在教育轨迹的每一点上，富裕的家庭都可以“作弊”，使他们的孩子更有可能获得某种结果，比如考试获得某个分数，或被分到“快班”，或被精英学校录取。这个过程乘以数以百万计的家庭，就形成了不可忽视的教育不平等的社会模式。因此，DNA也可能是儿童生活中的一种系统性力量，在教育轨迹的每一个点上都会有它的影响。而拥有某种遗传变异组合所赋予的优势，会在数百万人中累积，同样会导致不可忽视的教育不平等的模式。从长远来看，那些看起来很小的影响可能是有意义的。

在统计学层面，多基因评分能够同我们已经确信对研究社会不平等很重要的其他变量（如家庭收入）“竞争”，这改变了我对GWAS的价值的看法。知道一个名为rs11584700的SNP与在学校能够多待两天相关，可能并不特别有价值。但如果一个多基因指数对受教育程度的影响大到这种程度——多基因得分最高的学生和得分最低的学生之间在受教育程度上的差距跟最富有的学生和最贫穷的学生之间的差距一样大，那么这个多基因指数就是有价值的。正如我们在接下来的篇幅中将会看到的，这一进展为研究的可能性开辟了新的前景，并且势如雪崩地带来了大量新的阐释性问题。

在接下来的章节中，我将逐一处理这些阐释性问题。我将考虑这些多基因关联是否是因果关系（第五章和第六章），基因影响像教育这样复杂的事物的机制是什么（第七章），以及这些结果对我们改变人们教育轨迹的能力有什么影响（第八章）。

不过，在我们深入探讨这些问题之前，读者可能已经注意到，我描述的这些研究都是用那些被认定为白人的样本进行的。这些遗传学研究告诉我们的，是在种族同质化的人群内部的个体差异状况。与此同时，在教育结果或收入方面的一些最大差异，是在不同种族群体之间出现的。正如我在导言中提到的，如果认为我描述的遗传学结论为我们提供了关于群体间差异原因的任何信息，那将是一个严重的错误。但是为什么？在下一章，我们将考虑这个问题。

第四章

血统与种族

在我给本科生开设的“心理学入门”课程当中，有一堂课是关于记忆的，我要求学生们记住一串单词，其中包括像“梦”“床”和“休息”这样的词。然后我要求他们写下他们记得的单词。无一例外，他们（错误地）记得听到了“睡眠”这个词，但我并未说过“睡眠”这个词。“睡眠”的概念之所以在大脑中被激活，是因为同一语义网络中的其他词语，即与睡眠相关的词语，通过一再重复也被激活了。“睡眠”这个词因此被检索出来，仿佛他们真的听到了这个词，尽管我并未提起它。

当人们听到“床”时，他们会自动听到“睡眠”。当人们听到“基因”或“智力”时（特别是在美国），他们会自动听到“种族”。因此，刚接触这个话题的读者可能会惊讶地发现，没有任何证据表明基因可以解释不同种族群体之间在教育等结果方面的差异。目前，关于各个种族在现代工业化经济体中跟社会不平等相关的复杂人类特征（如持久性、自觉性、创造性和抽象推理等）方面存在遗传差异的故事，都只是故事而已。

不过，在一本关于遗传学的书中很有必要讨论一下种族和种族主义。从遗传科学发展的早期开始，遗传学研究就被纳入种族主义的观念中，从而为种族主义的行动辩护。种族主义者对遗传学的侵吞和滥用一直持续到 21 世纪。[1] 如果我们避免提及种族，就会留下一个真空，而这个真空会被错误填满，会被解释为对科学种族主义的默许。同时，关于遗传学与阶级结构和资源再分配之关系的讨论，已经被几十年间形成且植根的种族“科学”所毒害，所以用心良好的人们常常觉得，他们必须直截了当地拒绝接受关于遗传学如何影响社会和经济结果的论点及信息，以维护他们的反种族主义立场。因此，关键是要把“遗传对个人的社会经济成就有影响”这样一个经验现实，与关于人类群体间差异的种族主义言论加以分别。

在本章中，我会澄清为什么今天的科学种族主义的遗传学理念在经验上是错误的，在道德上是盲目的。我将首先解释遗传学家所说的血统（ancestry）的具体定义，以及将血统的概念与种族相联系为什么是错误的。然后我将描述，遗传学研究是如何由以白人为主的科学家使用以白人为主的样本完成的，这种情况为种族群体之间的错误比较创造了条件，并有可能加剧种族群体之间的不平等。我还将解释为什么这种想法是错误的——对人群中个体差异的遗传原因的研究，能让我们了解群体间差异的深层源头。这种统计上的谬误通常受到白人至上的种族主义思想的支持。最后，我将展望即将投入研究的海量的多民族基因组数据，并解释为何我们无需担心任何统计结果会危害我们的立场——反种族主义和追求种族平等。

我们都是世界上每个人的后代

我的祖父母是五旬节派基督徒，他们背诵了基督教《圣经》的大部分内容，并鼓励他们的儿孙也这样做。我一直觉得《圣经》中最难背诵的部分是族谱：约兰生乌西亚，约西亚生耶哥尼雅。我小的时候经常想问，这些长长的人名清单的意义何在？

我现在发觉，《圣经》族谱的作者和使用 Ancestry 或 FamilyTree 或 MyHeritage 等服务的 21 世纪客户，受到了同一种冲动的驱使。这些服务将基因测试与档案记录相结合，构建人们的族谱。也就是这种冲动，促使摩门教会记录死者姓名，并将其储存在犹他州一个可以抵御核弹攻击的储存库内。[2] 知道谁生了谁，就可以掌握身份信息，并将身份合法化。族谱可以促进团结和归属感："我们是一家人。"

当你想到家庭时，你会想到谁？我想到的是我的孩子和他们的父亲、我的兄弟和母亲、父亲和继母、同父异母的兄弟和继姐妹、我兄弟的妻子和他们将来可能有的孩子、我父亲的三个兄弟姐妹和我在他那边的四个堂兄弟姐妹及其子女、我母亲的三个兄弟姐妹和我在她那边的四个表兄弟姐妹及其子女。我与这些人的情感纽带和遗传关系各不相同,从强有力到不存在。但他们都是我的家人。

随着我们把时间往前追溯，我们的家庭成员名单很快就会变得庞大，因为我们的祖先人数每一代都会增加一倍，如两个父母、四个祖父母、八个曾祖父母，等等。往前追溯三十三代，或大约1000年，得出 2^{33}=85.89934592亿。

那时地球上甚至没有80亿人同时活着，但有些人是我们多重的祖先。例如，我的叔叔肖恩和婶婶克里斯汀属于“亲上加亲”，因为他们有两个祖辈是兄弟。因此，我的堂兄斯特林并没有 2^4=16个高祖父母，而只有14个，其中一对高祖父母在他的族谱中出现了两次。就这样，我们的血统、我们的族谱树形图中的树冠，开始坍塌了。

人类有时会近亲繁殖，这只是使人类交配变得复杂的众多过程之一。人类在历史上或多或少是保持原地不动的，在离他们父母生儿育女的地方不远的地方求偶生子。在整个人类历史上，迁徙，尤其是长距离的迁徙很少。即使在今天，有了喷气式飞机和州际公路，典型的美国人生活的地方离他/她母亲的住处只有29公里远。[3] 人们通常在地理上临近的邻居当中，与拥有相同语言、文化且处于相同社会阶层的人交配。

因为性很复杂，所以需要运用一点复杂的数学手段来估计当前所有人类最近的共同祖先（即出现在今天活着的每个人的族谱上的人）生活在多久以前。答案是，并没有那么久远：在过去几千年内。[4] 一个保守的估计是公元前1500年左右，那时赫梯人正在学习如何锻造铁制武器。但也可能晚至公元50年左右，也就是尼禄在罗马燃起大火时弹琴的时候。再往前追溯，在公元前5000年到前2000年之间的某个时候，苏美尔人正在发明一种字母，埃及的第一个王朝正在建立。你会发现一个更显著的问题：当时活着的每个人如果留下后代，那么他们都是今天活着的每个人的共同祖先。而如果我们把自己的族谱追溯到足够古早的时代，我们的族谱会变成同一部族谱。

这看上去似乎不可能，因为我们的大多数近期祖先都生活和死亡在同一个地方，与地球上其他大部分地区都相隔万水千山。为了理解这一发现，我们需要了解，当我们在谈论你一千年前的祖先的数量时，我们在谈论多少人。即使是罕见的事件，如长途迁徙，或语言、文化和阶级不同的人们之间的交配，也必然会在每部族谱中偶尔发生。

而这些罕见的事件，将你与全球其他地区联系在一起。归根结底，你的家庭就是我的家庭，我的家庭就是你的家庭。正如群体遗传学家格雷厄姆·库普总结的，“你的族谱是巨大而极其混乱的；没有人纯粹是单一人群的后代”。我们都是人类共同家庭的一部分。“我们都是世界上每个人的后代。”[5]

族谱祖先与遗传祖先

让我们把事情再复杂化一点。我刚才描述的是你的族谱祖先。

但你的族谱祖先不一定是你的**遗传祖先**，特别是当我们追溯到很多代以前时。撇去性染色体（X 或 Y）不谈，你从你父亲那里继承了 22 条染色体。在制造后来成为你的精子细胞时，你父亲从他的母亲和父亲那里得到的染色体交换了大块的遗传物质，以产生一个新的 DNA 序列，也就是独一无二的你。平均而言，每当一个基因组被传递给下一代时，就会发生 33 次这样的重组事件。因此，你继承的 22 条染色体可以分解成 22+33=55 个不同的块，每一块都可以追溯到你的祖父母中的一个。

当然，同样的过程也发生在再上一代，所以你也可以把你继承的染色体分解成 22+33 × 2=88 块，每一块都可以追溯到你四个父系曾祖之一。在你家族历史的早期，块的数量（88）远远大于族谱上的祖先数量（4），所以你几乎肯定从这些人那里继承了 DNA。

但数字很快就开始快速转变了。追溯到 42 代之前，就像从耶稣追溯到亚伯拉罕，意味着你的 DNA 可以分解成 2 ×（22+33 × 41）=2750 块，每块可以追溯到 $2^{41} \geqslant 2$ 万亿个祖先中的一个。很明显，你没有 2 万亿个祖先，因为你的一些祖先（由于近亲结婚）在族谱中可以出现好几次。但是你仍然有很多祖先，比你的 DNA 块要多。因此，来自九代之前的任何一个特定族谱祖先的 DNA 仍然潜伏在你的基因组中的可能性非常小。

我们没有从绝大多数遥远的族谱祖先那里继承任何 DNA，这一事实可以帮助我们理解下面两个事实，否则这两个事实可能看起来很矛盾。首先，追溯到几千年前，每个人的族谱都是相同的，无论他们生活在世界的哪一地区；我们都是世界上每一个人的后代。其次，生活在世界不同地区的人在基因上是不同的，这些遗传差异可能非常古老，比几千年还要古老许多。

你的一位族谱祖先可能是占领军，他对你的另一位族谱祖先的强奸，将你的族谱与现在生活在地球另一端的人的族谱联系起来。但有可能的是，那个强奸犯的 DNA 没有一个仍然潜伏在你的基因组中（同样，Y 染色体在这里是一个例外）。这是因为我们任何一个上古的族谱祖先同时也是遗传祖先的概率很小。族谱祖先经常从你的 DNA 中消失，而你与远方民族的遗传联系也随之消失。

你只继承了你的大量族谱祖先当中一小部分人的 DNA。而你的大多数祖先都是在地理上相互接近的情况下生活、繁殖和死亡的。大多数的交配机会不仅受限于地理亲近性，还受限于关于谁可以与谁发生性关系的复杂文化规则。这一过程的净结果是，人类的遗传变异存在着结构（structure）。也就是说，任何一个人的基因构成跟其他任何人的基因构成的相似性和差异性，都有一定的模式。这些模式——这种结构——反映了地理和文化的影响。

血统与种族

人类之间遗传相似性和差异性的最重要模式，反映了最显著的地理障碍和边界，如海洋、沙漠和大陆分水岭。与遗传祖先居住在欧洲的人相比，遗传祖先居住在东亚的人彼此之间的遗传相似性更高。因此，遗传相似性和差异性的统计学模式可以通过这样的手段来总结：根据人们的遗传相似性对其分组，然后给这些分组贴上大陆地理的标签（非洲、亚洲与欧洲）。这种操作是很合理的。“非洲血统”这个短语作为一种科学的速记方法，被用来描述一群在遗传上相似的人，因为他们有许多共同的遗传祖先，而这些遗传祖先生活在非洲大陆。

但是，随着科学家学会了更好地分析人类种群的遗传相似性和差异性模式，并开始为具有共同遗传祖先的人群贴上地理标签，其他人开始发出警告。遗传学家是否在重新创造种族，将其视为生物现实，而不是社会建构？这种可能性令人震惊，因为种族的生物学概念长期以来一直被用来为压迫辩护。多萝西·罗伯茨在《致命的发明：科学、政治和大企业如何在21世纪重新创造种族》一书中指出，“使种族成为一个生物学概念”一直“具有重要的意识形态功能”。“在一个声称平等乃其最珍视的理想的社会中，将种族视为生物学概念，构成了对奴隶制唯一合适的‘道德辩护’。”[6]罗伯茨和她的三位同行认为，种族的生物学概念“在其最好的情况下也仍然值得商榷，在其较坏的情况下则是有害的”。他们继续呼吁科学家使用“血统”（ancestry）和“种群”（population）等术语，而不是“种族”。[7]

血统和种族之间的这种区别有时被认为是一种诡辩，它使科学家能够在谈论种族之间的生物差异时避免使用“种族”一词。例如，在一次播客采访中，《钟形曲线》的作者查尔斯·默里说：

“现在遗传学家喜欢用‘种群’这个词来代替‘种族’，我不怪他们。”[8] 像这样的评论把种族和遗传血统混为一谈，使“种族不平等的结果肯定是由于先天的生物学差异”的思想得以延续。因此，关键是要理解，为什么把种族和遗传血统混为一谈是错误的。

在1995年的电影《独领风骚》中，主角雪儿·霍洛维茨把她的一个竞争对手称为“彻头彻尾的莫奈”：“这就像一幅画，看到了吗？远看还行，近看就是一塌糊涂。”对人类种群的遗传结构的分析，就是这样一幅彻头彻尾的莫奈画作。镜头拉远之后，图案（pattern）看起来足够清晰，超群（super-population）与地球上的主要大洲相对应。

将镜头拉近，你仍然可以看到模式，但它们模糊了起来。一项关于欧洲的“基因反映地理”的研究确实发现，祖辈都居住在现今的法国的人，比祖辈都居住在现今的瑞典的人在基因上更相似。但是一些意大利人在基因上与其他意大利人差距较大，而与祖辈都是瑞士人的人重合。样本中没有犹太人，也没有祖辈不都来自同一地点的人。

把镜头拉近到一个人，我们从远处看到的清晰图景就会烟消云散。凡是有边界的地方，就有其历史跨越这些边界的人。特别是当人们的家族史受到了殖民主义、奴役、占领、移民或战争的塑造，是由“以前分离的民族被迫聚集在一起”这种现象塑造的时候，我们就很难将他们归类为从远处看来很分明的类别。

不过，正如我们可能将莫奈画作的一部分称为“天空”一样，我们可以将人类的一部分称为“欧洲血统”的人。或者更狭义地说，

“北欧血统”。甚至更狭义的话，可以说“英国白人血统”。

如果人类的遗传祖先图是“彻头彻尾的莫奈画作”，那么我们的种族区分更像是蒙德里安的画作：由清晰的边界分开的对比强烈的原色。种族类别是不连续的、相互排斥的：美国人口普查始于 1790 年，直到 2000 年才允许人们选择一个以上的种族来定义。而这些类别本质上是有等级的，因为种族分类的过程是为了限制谁能获得权力、财富和物理空间。奥黛丽·斯梅德利和布莱恩·斯梅德利在总结人类学和历史学对于种族的观点时写道：“种族将人及其社会地位、社会行为、社会等级本质化（essentialize）和刻板印象化。”[9]

不过我要明确一点，我并不是说种族和血统是完全独立的。不同的种族群体在遗传血统上当然不同，而这种对应关系是由种族分类的社会史和法律史塑造的。例如，在美国，强制实行种族隔离的法律（例如，“仅限白人”的学校、饮水机、火车车厢、游泳池和其他空间）需要明确界定谁是白人，谁不是。20 世纪初，美国南方的几个州通过了“一滴血”种族分类法：任何数量的非白人血统，都足以否定某人在美国种族等级制度中的地位。弗吉尼亚州 1924 年的《种族完整性法案》是这样规定的：如果一个人“没有任何高加索人种以外的血统”，他就是白人。“一滴血”规则是“降格继嗣”（hypodescent）规则的极端版本。在“降格继嗣”规则中，混血儿被算作父母双方中社会地位较低一方的种族。

由于种族分类“降格继嗣”规则的社会史和法律史，目前在美国被认定为白人的人极不可能有任何数量的非欧洲的遗传血统。一项研究估计，只有 0.3% 自认为白人的人有任何数量的非洲血统。同时，非洲人被强行带到美国并被奴役，他们的后代被归类为“黑人”，因此，几乎所有（根据一项研究，99.7%）被社会归类为黑人的人，都至少有一些“非洲”遗传血统。[10]

尽管在“只有欧洲遗传血统”与“被归类为白人”之间存在着接近 1:1 的对应关系，或者说在“具有一些非洲遗传血统”与“被归类为黑人”之间存在着接近 1 ∶ 1 的对应关系，但将种族概念视为血统的同义词，仍然是一个错误。原因有四：

第一，当我们把人划分为种族时，我们突出了人与人之间的某些区别，而忽略了其他区别。这些种族区别是由文化和历史决定的。如果你回顾一下 20 世纪早期信奉优生学的思想家的作品，他们痴迷的“种族”问题可能会让你觉得很怪诞。阅读普林斯顿大学心理学教授、智力测试的早期倡导者卡尔·布里格姆关于“种族问题”的文章，我们会发现他试图弄清楚来自每个欧洲国家的移民有多少北欧、阿尔卑斯和地中海“血统”。[11] 一波又一波的欧洲移民，如意大利人、爱尔兰人、犹太人，起初并不被视为美国“白人”统治阶级的一部分。[12] 对种族的界定不可避免地带有社会层面的偶然性，因为种族（与血统不同）是一个固有的等级概念，用于安排（structure）谁可以获得空间和社会权力。

第二，人们在社会层面是否被归类为不同的种族，并不直接对应他们的遗传差异程度。特别是非洲血统的人口，其遗传多样性非常突出，有些非洲人群之间的遗传差异比欧洲人和东亚人之间的差异更大。但每一个非洲裔美国人都被划入同一个“黑人”类别。同样，在遗传血统方面，南亚裔与东亚裔是有区别的，以至于南亚人通常被算作一个单独的大陆超群（super-population）。[13] 但美国人口普查局将亚裔的种族类别定义为“起源于远东、东南亚或印度次大陆的任何原初民族的人”。[14]

第三，在任何一个具有自我认同的种族群体中，人们可能有一系列迥异的大陆祖先背景，所以如果我们只掌握了种族信息，几乎不可能有把握地确定一个人的血统。正如我们所看到的，自我认同的美国黑人几乎都有部分非洲血统（这本身就是一个非常异质的超范畴），但与此同时，90% 以上的美国黑人也有部分欧洲血统。[15] 虽然我们可以相当有把握地认为，在美国被认定为白人的人有欧洲遗传血统，但反过来就不对了，因为有一定量欧洲血统的人几乎可以被认定为任何其他种族类别。

第四，血统可以被非常精细地量化，而这些精细的区别不可能用我们熟悉的种族术语来描述。正如我前面提到的，“一滴血”的社会规则保证了，被认定为白人的美国人不太可能有任何非欧洲的遗传血统，所以在这种情况下，自我报告的（self-reported）种族和遗传血统似乎趋同。但是，即使在完全是欧洲血统的人群中，仍然有反映更精细的地理渐变的遗传结构，以及所有潜在的语言、文化和阶级差异，这些差异使交配变得非随机。

为了捕捉这种遗传结构（它可能是“隐秘的”或隐藏的），遗传学家通常使用一种叫作“主成分分析”（PCA）的方法。PCA 分析人与人之间的遗传相似性（这反映了他们有共同的祖先）的模式，并产生一组有关血统信息的主成分，即“PC”。[16] 这些变量中的每一个都是连续的（意味着人们可以是高的，矮的，或介于两者之间的任何位置），而不是非黑即白的。研究者在研究中考虑了 40 个或更多的血统信息 PC，这并不罕见，即使他们只关注一个在纸面上看起来已经相当同质的群体（例如，所有被认定为“英国白人”的人）。[17] 这种方法精细地描述了一群人的特征，否则这些人都会被归为单一的种族类别，而每一个血统信息 PC 都不可能用种族术语来解释。

把所有这些情况放在一起，罗伯茨和她的同行这样总结了种族和血统之间的区别：“血统是一个基于*过程*（process）的概念，是关于一个人在其族谱历史中与其他人的关系的声明；因此，它是对一个人的基因组遗产的非常个人化的理解。而种族是一个基于*模式*（pattern）的概念，它使科学家和普通人都得出了关于人类等级制组织的结论，该组织将一个人与一个更大的、预设的、有明确地理范围或社会构建的群体联系起来。”（强调是我加的）[18]

为什么血统对GWAS很重要？

历史上的科学种族主义者会指出被划归不同种族的人的头骨差异。现代的科学种族主义者更倾向于谈论遗传血统的模式，以说明先天的种族差异。但是，正如我在本章迄今为止描述的，仔细研究一下遗传血统的科学，就会发现，“种族在科学上是站不住脚的”。[19] 遗传数据并没有“证明”种族的生物学现实。相反，很有讽刺意味的是，了解社会定义的种族群体在其遗传血统方面的差异，有助于我们理解为什么现代“种族科学”实际上是伪科学。有些人（往往）心术不正地企图利用全基因组关联分析（GWAS）发现的人间群内（within）的个体差异，得出关于人群 between 差异来源的结论。在下一节中，我将解释为什么不同人群之间的遗传差异会让上述企图必然失败。

人群间差异的第一个方面是，遗传变异的呈现及其常见程度不同。在某一人群中罕见的遗传变异，在另一个人群中可能很常见。[20] 大约四分之三的遗传变异只在一个大陆群体中发现，甚至只在一个次大陆群体中发现，而非洲血统的人群显示出最大的遗传多样性。因此，在一个人群中对表型最重要的遗传变异，在另一人群中不一定是最重要的：例如，*CFTR* 基因的一个特定突变在欧洲血统的人群中造成超过 70% 的囊性纤维化病例，但在非洲血统的人群中只造成了不到 30% 的病例。[21] 因此，关注世界上更多遗传多样性的研究具有非凡的潜力，可以发现新的遗传变异，而只关注欧洲血统人群的研究永远不会发现这些变异。例如，对生活在埃塞俄比亚、坦桑尼亚和博茨瓦纳的非洲人的研究发现了影响皮肤色素的新的遗传变异。皮肤色素在整个非洲大陆的差异很大，有浅色皮肤的桑人（San），也有东非的皮肤很深的尼罗－撒哈拉人。[22]

人群间差异的第二个方面是，在基因组中看到的连锁不平衡（LD）的模式不同，如哪些遗传变异与哪些其他变异相关联。同样，非洲血统的人群在这里特别值得注意，因为他们的LD比非非洲血统的人群低，而且LD在不同的非洲人群中是异质的。[23]我们回顾一下，GWAS通常不测量每一个DNA序列，而是测量一小部分SNP。因此，GWAS的结果可能是由“与被测SNP的关联”或“与被测SNP的LD中的任何遗传变异的关联”所驱动的。魔鬼就在这个技术细节中：同一个遗传变异可能与不同人群的结果相关，但仅在一个人群中进行的GWAS的结果仍可能无法移植到别的人群，因为实际测量的SNP在一个人群中“标记”的因果变异（causal variant）与另一个人群的不同。

那么，最重要的一点是，我们不能，也不应该期望GWAS的结果可以在遗传血统或社会定义的种族之间“移植”。你在一个人群中发现的东西，不能期望它会适用于另一个人群；如果你研究一个不同的人群，你可能会发现不同的基因。这种期望在数据中得到了明确的证实。纵观从高密度脂蛋白胆固醇到精神分裂症的各种表型，基于欧洲血统人群分析的多基因指数，与在其他人群（特别是非洲血统人群）中测量到的表型的关系并不紧密。[24]当研究者在英国、美国威斯康星州或新西兰的被识别为白人、欧洲血统的样本中使用受教育程度GWAS来构建一个多基因指数时，那么这个分数就“奏效”了：它捕获了这些样本中受教育程度的10%以上的差异。但是，当研究者在非裔美国人（这些人都被认为至少有部分非洲血统）样本中测试这个多基因指数时，它与受教育程度的联系就不那么紧密了。[25]正如我们在囊肿性纤维化或肤色等在遗传上比较简单的表型研究中看到的，未来对非洲和非洲裔人群的受教育程度或其他社会和行为表型的遗传学研究，可能会发现与欧洲人群不同的相关基因。

GWAS研究的欧洲中心主义偏见

不过，就目前而言，几乎所有的 GWAS 研究都集中在遗传血统完全为欧洲的人身上。截至 2019 年，欧洲血统的人只占全球人口的 16%，却占 GWAS 参与者的近 80%。尽管基因型分型（genotyping）的成本在下降，但上述情况并没有改善。在过去的五年里，尽管基因型分型的总人数继续爆炸性增长，但专注于欧洲血统者的遗传学研究的比例一直保持稳定。[26]

由于在一个血统群体中进行的遗传学研究的结果不可能移植到另一个血统群体的人身上，目前遗传学研究的欧洲中心主义有可能加剧现有的健康差距。[27] 医学遗传学方面的工作正在开发多基因风险评分，以预测未来癌症、肥胖症、心脏病和糖尿病的发病情况。这些工作的目标是更早地发现高风险人群，并使他们更快地得到有效治疗。不过，这些慢性疾病对美国的有色人种造成了不成比例的影响。因此，多基因指数的使用有可能进一步扩大不同人群间的健康差距，因为它只改善了那些完全是欧洲血统的人的健康。

解决这个问题的唯一办法是，优先投资于对全球其他人群的遗传学研究。但是，遗传学研究不仅仅是不成比例地研究白种人，它也是不成比例地由白种人进行的。因此，从非欧血统的人群中收集和分析基因数据，处于进退两难的困境。如果不对整个全球人群进行遗传学研究，就有可能使遗传学知识只对原本就处于优势的人有益。但也有一些合理的、根深蒂固的担忧，即DNA会成为白人为了白人的利益从边缘人群中提取的又一宝贵资源，同时使参与者容易受到更多的监视、歧视和其他伤害。这样看来，遗传学研究的欧洲中心主义是一个很好的例子，说明不同的种族主义体系如何相互作用、相互加强，使得任何一个体系都难以孤立地发生改变。

生态谬误和种族主义先验

说到这里，希望大家能明白，为什么任何关于智力、受教育程度、犯罪或任何行为特征的“遗传”种族差异的说法，在科学上都是毫无根据的。因为现有的大规模GWAS是基于欧洲血统人群的，在谈到遗传如何与生活结果的不平等相关时，我们的知识纯粹是关于血统完全是欧洲的、自我认定的种族很可能是白人的人们之间的个体差异。我们之所以不能假设这些基因关联在具有不同遗传血统的人身上会以同样的方式发挥作用，部分是由于有关基因组测量和分析的技术性很强。我们不能用不同血统群体的多基因指数来“比较”其遗传信息。我们不能假设种族相同的人都有相同的遗传祖先。无论我们谈论的是像教育这样复杂的社会表型，还是像身高这样相对没有争议的体质表型，现代分子遗传学研究，像较早的双生子研究一样，都完全不能解释种族不平等的原因。

但是，即使在遗传的种族差异没有任何“证据”的情况下，人们通常会提出一个貌似合理的论点。如果（1）白人群体中教育的个体差异是由遗传差异造成的，并且（2）美国黑人的平均教育水平较低，那么（3）群体间差异也是由遗传造成的，或者至少有一点点是由遗传造成的，这难道不是很直观的道理吗？

从“X 导致群体内的个体差异”到“X 的平均水平差异导致群体间的平均差异”的跳跃似乎很简单。但从统计学的角度来看，假设一个群体内的相关关系能告诉你群体间差异的原因，是一个只有傻瓜才会做的跳跃。这是一个生态谬误（ecological fallacy）。

为了解释生态谬误，不妨举一个与遗传学无关的例子。但愿这能更清楚地表明，我反对将个体差异与群体间差异联系起来，不仅仅是因为我认为种族群体间差异由“遗传造成”这一结论令人不适。我不是在试图表现得“政治正确”。我提出的是一个统计学观点，它适用于我们试图从一个层次的集合跳到另一个层次的任何时候，而不仅仅是我们在谈论遗传和种族这个争议性话题的时候。

1950 年，社会学家 W. S. 罗宾逊写了一篇关于生态谬误的开创性论文，在其中提出了两组相关关系。[28] 第一组是在国外出生或在（美国）本土出生与英语文盲之间的个体相关性（individual correlation）。这是一个正数（~.12），说明在美国以外出生的成年人比在美国出生的成年人更难用英语流利地阅读和书写。接下来，罗宾逊计算了一个州的境外出生居民的百分比和该州文盲率之间的“生态”相关性。它不仅与个体相关性不同，而且实际上转换了方向（~-.5）。对这一明显悖论的解释是，外来移民到了美国之后，往往定居在本土出生的居民更有可能识字的州。也就是说，各州的识字率之所以不同，除了我们在计算个体相关性时测量的变量之外，还有其他很多原因。

现在想象一下，如果我们只拥有罗宾逊掌握的信息的一部分。在这种情况下，我们可以观察到境外出生和英语文盲之间正的个体相关关系，但我们只能在美国的部分州观察到这种个体相关关系。我们可以合理地猜测，其他州的个体相关性也是一样的，但这只是猜测而已。而且，在这种情况下，我们可以观察到美国各州的文盲率不同。但是，由于测量问题，我们没有任何关于各州境外出生居民比例的数据。我们可以看到结果中的群体间差异，但我们无法测量假设的解释变量（explanatory variable）中的群体间差异。

在只掌握了部分信息的情况下，我们可以（不正确地）推测生态相关性（ecological correlation）与个体相关性是相同的，或者至少是同方向的。因此，你看到那些文盲率较高的州，然后得出结论，那些州有更多的出生于境外的居民。你可能会对冲一下。“好吧，我不是说密西西比州的文盲率比加州高的唯一原因是密西西比州的移民多。也许这只是原因的一半。”

但是你完全搞错了，真相是：你观察到的文盲率较高的州，出生于境外的居民实际上较少。

这种以不完整的信息和错误的假设为特征的情况，正是我们在几乎任何性状的人群间差异（无论是身高、智力测试分数，还是受教育程度）中发现的。例如，在一个群体（欧洲血统的人）中，我们可以观察到遗传变异和受教育程度之间的正相关关系。我们可以观察到不同血统群体之间教育结果的差异。但我们不能可靠地测量假设的解释变量——遗传的群体间差异。在一个群体中，我们可以观察到遗传和受教育程度之间的个人层面的相关性。似乎可以合理地认为，这意味着某个血统群体的教育结果更差是因为导致更好教育结果的遗传变异更少。

但现实可能恰恰相反。对教育有正面影响的基因可能在受教育程度较差的血统群体中更常见。个体相关性和生态相关性不仅仅是不同的东西，而且其中一个并不能提供关于另一个的信息。半个多世纪后，罗宾逊在他的论文中扼要地写下的结论仍然很有意义："唯一合理的假设是，生态相关性几乎肯定不等于其相应的个体相关性。"

那么，对于这种谬论——"科学表明"生活结果中的种族差异是由于种族之间的遗传差异，我们能做什么？的确，社会构建的种族差异与遗传血统有系统性的关系。而且，确实，在欧洲血统的人群内部，人们之间的遗传差异与他们在社会层面重要的生活成果的差异相关。但是，这些信息中的任何一个，都不能提供关于种族间差异来源的任何信息。

在贝叶斯统计中,有一种叫先验（a prior）的东西,它指的是,在考虑任何证据之前，你相信什么以及你对这些信念的不确定性的数学表达。当没有信息可用时，你知道什么，或相信你知道什么？在观察教育等复杂的生活结果中的人群间遗传差异时，我们所处的局面就是这样。我们不妨更进一步。“生活结果中的种族差异是由于种族之间的遗传差异”是一种先验的信念，如果它没有科学证据，那么它的基础是什么?

白人因其基因而享有更好的生活结果这一先验的信念，是一种有害的顽固观念。1960 年代，教育心理学家阿瑟 · 詹森推测，由于遗传的限制，黑人学童的教育进步不会超越某一程度，当然也无法达到白人学童的水平。[29]1990 年代，赫恩斯坦和默里轻率地提出了他们的假设，即美国黑人和西班牙裔的平均智商测试分数之所以低于白人，至少有一部分原因是不同种族之间的遗传差异。[30] 今天，“种族现实主义者”和“人类生物多样性”团体张贴了《自然—遗传学》的文章，他们认为这些文章证明了种族之间存在遗传差异，进而导致智力测试分数、冲动行为和经济成功方面的差异。

这些团体坚持认为，他们“只是在问”一个经验性的问题：遗传血统群体之间是否存在能够导致平均生活结果差异的遗传差异？然而，一旦我们认识到他们的假设没有任何正当的科学根据，我们就可以认识到，这个问题建立在关于某些种族群体至高无上的种族主义的先验信念之上。

后基因组世界中的反种族主义和责任

我已经解释了为什么关于基于遗传的种族差异的猜测在今天没有科学依据，但明天呢？毕竟，人类遗传学领域正在以非凡的速度发展。目前，群体遗传学领域的研究者已经在使用GWAS的结果，试图了解人类之间的差异是否可能随着时间的推移而演变。[31]2018年，遗传学家大卫·赖克在《纽约时报》发表评论，敦促人们考虑："我们应当如何准备应对如下情况，即在未来若干年里，遗传学研究将证明许多性状受到遗传变异的影响，而这些性状在人类不同种群之间存在差异？否认这些差异将是不可能的，事实上，是反科学的、愚蠢的和荒谬的。"[32]

2020年夏天，当我参加作家萨姆·哈里斯的播客节目时，他也提出了类似的论点。在解释了我为什么认为种族群体的智力存在"遗传"差异的想法没有科学根据（原因我在本章中已经介绍过）之后，哈里斯发动了反击，认为我的立场"会被遗传学和其他科学的未来发展推翻"。他预测："如果你能列出人类最关心的100件事物，智力将是其中之一……如果我们关心的100件事物的平均值对每一个可以想象的人类群体都是一样的，那将是一个奇迹……因此，在政治上，我的观点是，我们需要能够消化这个事实。"[33]

我对赖克和哈里斯的前提持怀疑态度，有多方面的原因。我怀疑群体之间在社会和行为特征（如教育）方面的差异能否在遗传学的分析层次（level of analysis）得到最好的理解（我会在第八章再探讨分析层次的问题）。我不相信科学结论会恰好与白人为了给奴隶制和压迫提供“道德辩护”而编造的故事相一致。我对任何自称洞悉了人类遗传学将向我们揭示什么的人持怀疑态度，因为迄今为止，人类遗传学的发展经常出乎研究者的预料。

不过，虽然我对赖克和哈里斯关于“未来的基因组数据分析会发现什么”的先验立场持怀疑态度，但我确实同意他们的一个观点：如果人们对种族平等的道德承诺依赖于整个人类种群的精确的基因同一性，那么这些承诺的基础就是不稳固的。例如，考虑一下伊布拉姆·肯迪的畅销书《如何成为反种族主义者》。[34] 在“生物学”一章中，肯迪坚持认为“生物学上的反种族主义者”是这样的人：他“相信各种族在生物学上的意义是相同的，*不存在遗传层面的种族差异*”（强调是我加的）。

正如我在上文讨论的，种族不是一个有效的生物学范畴。但是，认为被认定为不同种族的人群之间不存在任何遗传差异，是完全不正确的：正如我在本章前面所描述的，种族群体在遗传血统上是不同的，因此在哪些遗传变异存在以及这些变异的常见程度上也是不同的。我们对反种族主义和种族平等的承诺，难道必须建立在“不同种族之间不存在遗传差异”这种摇摇欲坠的基础之上吗？正如我告诉哈里斯的，“将公平、包容或正义的主张……建立在不存在遗传差异的基础上，是一个严重的错误”。这样做会使我们的道德承诺从根本上不稳定，有可能被《自然–遗传学》的下一篇论文推翻。

如果我们要使我们的反种族主义立场在后基因组世界中保持

稳定,我认为有必要考虑赖克的问题（尽管这么做可能令人不快),即我们应该如何为将来的科学发现做准备，无论它们是什么。我们不应当害怕去考虑看似最坏的情况：如果明年突然出现了科学证据，表明欧洲血统人群的演化方式使他们在遗传上更容易发展出在学校获得高分的那种认知能力,那该怎么办？我们将如何“消化”这一事实？

赖克在回答自己的问题时，呼吁“把每个人当作一个个体”,“给予[每个人]同等的自由和机会,无论他们之间的差异如何”。虽然我同意应当避免基于群体身份的成见并提供平等机会，但我认为这些还不足以解答他的问题。很多时候，“机会均等”的想法是一种修辞上的回避，是为了避免考虑人类生活结果的严重不平等。现在对每个人都一视同仁，只会复制过去的不平等现象。

而如果我们有兴趣使我们对种族平等的承诺“得到遗传学的证明”(genetics-proof)，我认为我们必须消除“社会有责任解决的不平等”和“生物学差异造成的不平等”之间的错误区分。[35]

萨姆·哈里斯在我们的播客谈话快结束时的评论中，提出了“遗传原因是社会责任的边界”这种明显错误的想法。我们谈话的时候，正值乔治·弗洛伊德和布伦娜·泰勒被警察谋杀的夏天,世界各地的城市都爆发了“黑人的命也是命”的抗议活动,而《白人的脆弱性》和《你想谈谈种族》这两本书在《纽约时报》的畅销书排行榜上名列前茅。[36]这些迹象表明,美国正在发生关于警政、住房、医疗保健、教育、财富和政治权力等方面的种族差异的全国性对话。关于这一点，哈里斯问道：

> 真正的问题是，造成所有这些差异的原因是什么？目前政治上的问题是，当你谈论美国社会中的白人—黑人差异时……在许多方面，唯一可以接受的解释是白人种族主义，或系统性的种族主义、制度性的种族主义，奴隶制和“吉姆·克劳法”的遗留影响……这是非常不可靠的，因为我们会发现一些关于群体间差异的东西。

这些评论提出了一个非此即彼的观点：要么是系统性的种族主义，白人有道德责任来解决这个问题；要么是遗传，它被假定为生物学的一个固定的、决定论的方面，所以不应该让任何人感到自己对其负有责任。正如女权主义哲学家凯特·曼恩在其关于性别歧视的著作中所说的：“这里未说明的前提是‘应该蕴含能够’(ought implies can）原则的一个版本……可能被弱化为‘不能够甚至蕴含懒得管’（can’t even implies don’t bother)。”[37] 将遗传而非种族主义定位为种族差异的原因，其未点明的前提是要暗示人们，特别是处于种族等级制顶端的白人，他们不必在道德上感受到压力，要去为改变差异做任何事情，因为种族差异是遗传造成的。

这种思维的关键缺陷并不是它假设种族群体之间存在遗传差异。正如我们看到的，种族并不能代表遗传血统，但种族与遗传血统并非毫无关系。上述思维的关键缺陷也不在于它将遗传差异与生活结果的差异联系起来。正如我将在本书中解释的，有大量的科学证据表明，我们的基因对塑造自我很重要，而且不仅限于我们身体特征的塑造。

上述思维的关键缺陷在于，它认为，遗传造成的人类差异的存在，意味着我们无需承担解决不平等问题的社会责任。正如我在接下来的章节将会描述的，遗传影响的存在（无论它如何在社会定义的群体中分布）并没有对通过社会机制进行社会变革的前景施加一个硬性界限，也不是我们逃避社会责任的“免罪金牌”。

最终，我认为学界即将获得的来自多血统人群的海量基因组数据很可能会显示，与心理特征（比如我们目前的一系列智力测试所测试的认知能力）有关的遗传变异在各人群中的分布占比相当，差异很小（如果有差异的话）。但是，无论人们的遗传差异如何，无论人们的遗传差异如何在社会定义的种族群体中分布，无论这些遗传差异多么强烈地影响人类特征的发展，无论这些特征是生理的还是心理的，我们仍然不能逃避为所有人谋福利的责任，而不能仅仅服务于全球遗传多样性中以欧洲血统为主的那一小群人。这一责任必须在我们的社会政策中得到体现。也就是说，我们的社会政策应该反映这样一个事实：正如演化生物学杜布赞斯基所写的，“遗传多样性是人类最宝贵的资源，而非对单调的同一性这一理想状态的令人遗憾的偏差……不充分实现人类的潜力，是对人力资源的浪费”。[38]

总结并展望未来

在这里，让我重述一下本章提出的观点：遗传血统是一个基于过程的概念，将人们与他们个人的族谱历史联系起来；而种族是一个基于模式的概念，将人们与社会构建的群体联系起来，以维持等级权力关系。GWAS 研究要考察的是单纯具有“欧洲”血统的人在智力、行为和成就上的个体差异。由于美国社会构建“白人”这一群体的方式，这些人都可能被认定为白人。GWAS 的这些结果不一定能推广到其他的血统人群，也不能用来在不同的血统人群之间进行比较。没有科学证据表明不同的种族群体或血统人群之间的智力测试分数表现差异是遗传差异造成的。美国黑人因为基因不好而获得更糟糕的社会结果的想法，不是基于科学证据，而是基于许多世纪以来的种族主义思想。种族主义思想以种族化的等级制度来看待人与人之间的差异，而白人处于等级制度的顶端。而且，最关键的是，我们有责任妥善地改造社会，使其惠及所有人，而不仅仅是具有某种遗传特征的人。任何遗传学的发现都不能免除我们的这种社会责任。

当我们讨论遗传和社会不平等之间的关系时，要清楚地记住上述观点可能非常困难。这种困难不是偶然的，而是几十年来种族主义思想的结果，这种思想一直将生物学作为其意识形态工具的一部分，对种族等级制度进行正当化。那么，在接下来的章节中，当我论证为什么我们应当认真对待“作为个体差异之原因的基因”时，读者诸君不妨回过头来看看本章，提醒自己，为什么个体差异和种族差异不是一回事，以及为什么遗传差异的存在并不能免除我们的社会责任。

同时，本章已经开始触及一些需要慢慢解释的重要问题，如遗传原因可能具有社会机制（第七章），以及遗传影响并不对社会变革的可能性施加硬性界限（第八章和第九章）。但在这之前，我们必须解答一个更基本的问题。什么是遗传原因？正如我在上一章所描述的，GWAS将一小部分DNA与某种结果相关联。但是，正如人们常说的，相关不代表因果。我们如何从GWAS的相关结果，推进到理解基因如何在特定的历史文化背景下成为社会不平等的原因之一？要回答这个问题，就要求我们对“原因”这个词有准确的定义。在下一章，我们会集中探讨这个话题。

第五章

生活机遇的抽彩

每个学过心理学入门课程的学生都知道，“相关不代表因果”。在每道菜中加入更多磨碎海胆的餐厅可能在Yelp上得到更高的评分，但这种相关性并不意味着在每份菜单中都加入海胆，就会让人们更喜欢这家餐厅。同样，全基因组关联分析发现，具有某些遗传变异的欧洲血统的儿童在学校表现更好，但这是否意味着这些遗传变异导致了相应的教育结果？

这个问题比乍看之下更为复杂，因为要回答这个问题，我们必须先解决一个更大的问题：什么是“原因”？正如我将在本章描述的，“原因”这个词从来就没有一个单一的定义。当探讨“遗传是否可以成为原因”时，人们对“原因”一词的定义尤其五花八门。它的定义会根据需要而伸缩，从而使其囊括他们想要接受的因果关系，同时回避其他因素。为了论证遗传确实能导致收入、教育、健康和福利方面的社会不平等，我们需要具体说明什么是原因，什么不是。

一个收养实验

1966年，罗马尼亚立法禁止45岁以下或子女少于5个的女性堕胎和避孕。[1]很多女性被迫生下她们不想要也无力养活的孩子，于是纷纷把孩子交给国营孤儿院。超过50万名儿童在国营孤儿院长大，他们是在“灵魂的屠宰场”中长大的“迷失的一代”。[2]当罗马尼亚向西方开放之后，参观罗马尼亚孤儿院的人们对他们目睹的情况感到震惊。数以百计的儿童被关在光秃秃的金属围栏婴儿床里，坐在一片诡异的静谧之中。这些孩子缺乏对照顾者的持续依恋，每天都要遭受暴力和羞辱，并且对自己的情感需求和智力需求得到满足不抱任何希望，所以已经退缩到沉默之中。

看到罗马尼亚孤儿在国营孤儿院遭受极端的疏于照料之后，一群美国科学家觉得这是解答一个人类心理学问题的绝佳机会：是否存在一个关键窗口期，在这个窗口期里，足够好的环境对正常的心理发展是绝对必要的？20世纪中期，心理学家哈里·哈洛为了解答这个问题，进行了残酷而不道德的实验，将小猴子与其母亲分离。哈洛的野蛮实验得出了一个令人不安的结论，即年幼的灵长类动物不仅需要食物和哺乳，还需要来自照顾者的身体上的亲近，才能茁壮成长。[3] 在接下来的几十年里，英国精神分析学家约翰·鲍尔比和他的学生、心理学家玛丽·安斯沃思，将哈洛的见解扩展为一种他们称之为“依恋”(attachment)的理论。[4] 年幼的灵长类动物不仅仅需要身体上的亲近，还需要与照料者建立一种温暖的互动关系，才能在认知和情感上成熟。

现在，罗马尼亚有一群被剥夺了依恋关系的儿童。鲍尔比和安斯沃思的理论是正确的吗？如果把儿童从被剥夺依恋关系的环境中解救出来，他们能恢复吗？能否恢复与多早介入有关系吗？

为了解决这个问题，科学家们在罗马尼亚建立了一个寄养制度（罗马尼亚没有这样的制度）。然后他们抽签决定哪些孩子将留在孤儿院，哪些孩子将与寄养家庭一起生活。这是一项为了提出科学问题而设立的生活机遇（life chances）的抽彩。[5] 哪些孩子在寄养家庭长大，哪些留在孤儿院，纯粹是随机决定的（研究者获得了进行这项实验的批准，并在至少一篇论文中讨论了他们的研究存在的伦理问题。不过，对弱势人群进行实验的伦理可接受性仍有争议[6]）。

研究者继续跟踪这两组儿童（在寄养家庭长大的和留在孤儿院的），并以多种方式测试他们，看他们的身体、大脑、情感、思想和生活有什么不同。2007 年，该研究的一篇里程碑式的论文发表在《科学》上。[7] 在 54 个月大时，被随机分配到寄养家庭的儿童的平均智商为 81，而被随机安排留在孤儿院的儿童的平均智商为 73（智商分数的设计是，人群的平均分数为 100 分，标准差为 15 分。根据这些标准，81 分的智商低于大约 90% 的人，而

73 分的智商低于 96% 的人)。这种差异是“重大的”，意味着它不可能是偶然发生的。

这项研究的结论很简单和直接：比起在一个光秃秃的金属围栏婴儿床中长大，没有人抱你、和你说话、给你读书或让你出去，在家庭中长大会使你更聪明。时机也很重要。在最年幼时被从孤儿院解救出来的孩子，平均来说智商最高。相比之下，那些在 30 个月后才被随机送到寄养家庭的孩子，其平均智商与整个儿童期留在孤儿院的孩子没有区别（30 个月仍然是非常年幼的。这个月龄的许多孩子还在用尿布)。

你可能认为，我介绍这项研究是为了证明环境的质量，特别是早期环境的质量，会影响儿童早期认知能力的发展。早期环境肯定会影响认知能力，但这不是我要谈的重点。我想把你的注意力引向一个不同的问题：从孤儿院里解救出来并安置在一个寄养家庭里，是否会*导致*儿童的智商提高？

研究者自己当然是这么认为的。他们在论文中写道：“我们相信，寄养干预所产生的 [智商] 差异反映了*真正的干预效果*。”(强调是我加的) 他们并不是说寄养与更高智商*有关* (associated)，也不是说寄养与更高智商*相关* (correlated)。他们的观点是，与孤儿院的照料相比，寄养*导致*了智商的提高。

也就是说，他们声称发现了一个因果效应。这在社会科学家当中并没有特别大的争议。我们中的大多数人都会把这样一个适当进行的实验的结果解释为存在因果关系的证据。而我们在这里对“原因”这个词的欣然接受，意味着我们对因果关系有一种具体的定义：原因是指造成了变化的东西。

原因和反事实

1748年，苏格兰哲学家大卫·休谟[8]对“原因”提出了一个定义，不过实际上是将两个定义合二为一：

> 我们将“原因”恰当地定义为：原因是一种有另一种对象随之而来的对象，并且在所有类似于第一种对象的地方，都有类似于第二种的对象随之而来。换句话说，如果第一个对象不存在，第二个对象也一定不存在。

休谟定义的前半部分是关于规律性（regularity）的：如果你看到一件事，你是否总是看到某种其他的东西？如果我按下电灯开关，灯就会有规律地、几乎毫无例外地亮起来。从这里开始，我将我们认为是原因的东西（如按动电灯开关）称为X，而将它的结果（灯亮了）称为Y。

在接下来的两个世纪里，对因果关系的规律性描述吸引了哲学家们的注意力，而休谟定义的后半部分（如果第一个对象不存在，第二个对象也一定不存在）则相对被忽视了。到了1970年代，哲学家大卫·刘易斯[9]提出了一个更接近休谟定义后半部分的“原因”的定义。刘易斯将原因描述为“能够产生差异的东西，而它所产生的差异必须是与**没有它就会发生的事情**的差异”（强调是我加的）。

刘易斯对原因的定义聚焦于“反事实”：X 发生了，但如果 X 没有发生呢？如果被寄养的孩子没有被送去寄养，会怎样？根据“原因”一词的反事实定义，说 X 导致 Y，意味着，如果 X 没有发生，那么 Y 发生的概率会不同。据此，说寄养会导致智商提高，意味着说如果一个孩子没有被收养到寄养家庭，那么他的智商有可能会更低。

刘易斯的论文可能被誉为哲学界的新事物，但“原因是差异制造者”的想法已经在多个场合或多或少地独立演变出来了。例如，约翰·斯图亚特·密尔曾写道（1843 年）：

> 如果一个人吃了某道菜，并因此而死亡，也就是说，**如果他没有吃这道菜他就不会死**，人们就会说吃这道菜是他死亡的原因（强调是我加的）。[10]

而就在刘易斯发表 1973 年论文的一年后，统计学家唐纳德·鲁宾[11]用与之惊人类似的术语定义了因果关系：

> 直观地说，对于一个特定的单位和一个从 t1 到 t2 的时间间隔来说，一种治疗方法（E）与另一种疗法（C）的因果效应是，“如果该单位在 t1 开始接触 E，在 t2 时间会发生什么”，与“如果该单位在 t1 开始接触 C，在 t2 时间会发生什么”

的*差别*。如果一小时前我吃了两片阿司匹林，而不是只喝了一杯水，我的头痛现在就会消失（强调是我加的）。

观察原本可能发生的事情

1998 年的电影《双面情人》正是以这个问题开始的："你是否曾想过，原本可能发生什么？"在电影开始不久后的一个场景中，由 GOOP 丑闻*之前的格温妮丝·帕特洛扮演的主角勉强赶上火车，回到家后发现她的男友和另一个女人在床上。在下一个场景中，格温妮丝·帕特洛错过了同一列火车，结果就没发现男友的不忠，并继续在一段令人深感失望的关系中蹒跚前行，用她的话说，这个男人是一个"可悲的，可悲的窝囊废"。电影在两条不同的情节线、两种潜在的结果之间来回跳动：如果格温妮丝赶上或没赶上火车，会发生什么？

一般来说，反事实就是这样：它们是关于一个实际上不存在的世界的条件性陈述。这就是所谓的"因果推断（causal inference）的基本问题"：[12] 我们几乎永远没有机会观察一个人

---

* 格温妮丝·帕特洛于 2008 年创办的电子商务公司和生活方式品牌"古普"(GOOP) 销售一种售价六十六美元的玉蛋。根据公司网站上的广告，将它塞进阴道后，能够"有助于聚集性能量，清理体内的灵气通道，提升女性气质，复苏我们的生命力"。这种玉蛋引发了冷嘲热讽，有人指控帕特洛在兜售健康效果可疑或者根本没有效果的虚假保健品。

身上可能发生的另一种情况。我没有机会看到我的生活的“双面情人”式的替代现实：如果我接受了另一份工作机会呢？如果我接受了另一个人的求婚呢？

我们作为科学家，也没有机会看到我们想要了解的情况的反事实。研究者不能把一个孩子留在孤儿院，同时把他送去寄养，然后比较同一个孩子的另一种生活。人只能活一次。人不可能把同一个蛋糕烤两次。人不可能既经历 X，又经历非 X。

要解决因果推断的基本问题，通常的方法是比较经历过 X 的人和经历过非 X 的人的结果。你从孤儿院地狱里被救出来后的生活告诉我，如果我也被救出来，我的生活可能是什么样子。

这里很明显的困难是，即使你我都被送去寄养，你的生活也会与我的生活不同。你是你，我是我。那么，如何将我们生活中的差异归结为一个你经历过而我不曾经历的事件？

像罗马尼亚孤儿院研究这样的实验，通过研究多个群体并比较其平均结果，而不是任何一个个体的结果，来克服这个困难。在这个案例中，68 个孩子被送到寄养家庭，68 个孩子留在孤儿院。我们的想法是，对 68 个人（他们都有一个共同点，被寄养或被孤儿院照料）进行平均，能够平均掉他们各自生活结果的所有“噪声”。剩下的，就是由他们的共同点驱动的“信号”。

但这只有在人们的共同点恰好是研究者感兴趣的东西时才有效。例如，如果研究者选择让所有的男孩留在孤儿院，所有的女孩被寄养，那么就没有办法判断检测到的统计信号是由“寄养”还是由“女性”驱动的。每个大一学生都会在某个时候被告知“相关不代表因果”，部分原因就在这。例如，一个县的冰激凌销售量与谋杀率呈正相关，但吃很多冰激凌并不是多个县的唯一共同点，它们还共同处于温暖的气候中。只有当你能把 X 从人们之间的其他差异中分离出来时，为了窥视反事实的世界而对多个人群进行比较才会有效。

我们需要将假定的因果变量与其他一切隔离开来，这就是为什么**随机性**对实验设计至关重要。通常情况下，我们的生活经历是交织在一起的。随机分配（也就是研究者干预宇宙，决定谁经历什么，完全独立于人们其他所有的生活特征）就解开了交织在一起的东西。有些孩子之所以被送去寄养，并不是因为他们应得这样的待遇，也不是因为他们最高、最漂亮、最乖巧或者最需要有爱的家。他们被送去寄养，仅仅是因为他们的名字被随机抽中了。运气闯入了他们的生活，而这种运气（由于它是运气）是与他们生活结果的所有其他原因相隔离的。

罗马尼亚孤儿院研究进行的统计分析，实际上非常简单。被收养的儿童与留在孤儿院的儿童的平均智商是多少，这些平均数之间的差异比预期的要大是否完全出于偶然？两组之间的差异有多大，以及我们是否可能错误地得出结论，认为寄养“有效”地提高了智商，而实际上却没有；或者错误地得出结论，认为寄养没有作用，而实际上它有作用？这些都是科学家要着重考虑的。但这些问题在这里都是无关紧要的。重要的一点是：将参与者**随机分配**到不同的 X 值（在本案例中，是寄养家庭与孤儿院）的实验被普遍接受为一种恰当的方法，它允许科学家测试 X 是否导致

Y（在本案例中，是智商的提高），因为群体间比较被视为观察X时发生的情况与非X时发生的情况之间差异的有效方法。[13]

你也许有相关的科研背景，所以这些对你来说，可能是显而易见的。事实上，到目前为止，我解释的内容放在心理学概论课上都不会有什么不妥。如果它看起来理所当然，那是因为反事实或潜在结果的因果关系分析已经被深深地嵌入科学实践中。计算机科学家朱迪亚·珀尔（Judea Pearl）是《因果推断期刊》（*Journal of Causal Inference*）的创刊编辑，他甚至说反事实推理是"科学思想的基石"。[14]当我们问一项干预措施是否导致儿童在学校的表现更好，或一种药物是否导致症状减轻，或一个广告是否增加了销售额时，我们通常会问："这些东西对世界造成的平均差异是什么？"

原因不是什么

鉴于对因果关系的反事实分析在医学和社会科学的每个分支中都很普遍，将这种对因果关系的理解应用于遗传原因似乎也很合理。用大卫·刘易斯的话说，遗传原因是一种"产生差异的东西，而它产生的后果必须是与没有它就会发生的后果不同的"。

这一点值得反复强调。称一个基因为原因（事实上，称任何东西为原因），意味着与该原因没有发生的另一种现实进行比较（X与非X）。说一个基因有影响，就是说这个基因产生了差异。[15]

但是，在我们沿着这条思路走下去之前，有必要提前列出这个反事实框架对我们理解因果关系所施加的界限。罗马尼亚孤儿院的研究是一个从随机实验中推断因果关系的相对简单的例子。通过在这项研究的背景下考虑这些界限，我们将能够更清楚地看到“原因”这个词是如何被应用于对遗传原因的审视的。

首先，被分配到寄养家庭导致儿童智商提高的结论，并不意味着研究者洞悉其中的作用机制。例如，寄养对儿童产生影响的一个潜在机制是这样的：亲近那些温暖和富有同情心的照顾者，可以降低儿童的生理反应，从而防止糖皮质激素干扰学习和记忆所需的突触连接（synaptic connection）的发育。另一种可能性是这样的：寄养家庭更有可能给儿童提供有足够碘含量的饮食。还有一种可能性是这样的：儿童大脑是一个“期待着经验”的器官，如果儿童在发展早期没有充分接触到语言，其大脑皮层的突触就不会充分扩散。

这些潜在机制中的每一个，都可以被分解为一组子机制，仿佛一个“如何？”的俄罗斯套娃：这是大脑如何编码关于照顾者接近的信息，这是糖皮质激素如何影响前脑的神经元，这是身体如何代谢碘，等等。要了解寄养对认知发展的影响，需要弄清这些机制。

但是，理解机制是一套单独的科学活动，与确立因果关系的科学活动不同。在普通的科学话语中，即使我们几乎完全不了解某原因发生作用的机制，我们也完全可以认定它是一个“原因”。

离开孤儿院会导致儿童智商提高，但为什么会提高？没有人真正知道。

其次，在反事实框架中把某事物确定为原因，并不意味着这个原因决定了结果，而只是说，这个原因提高了结果发生的概率。在通常的科学实践中，以及在日常生活中，我们一直在提出非决定性的原因。而这些说法超出了“事物仅仅具有相关性”的主张：非决定性的原因是基于实验结果的，在这些实验中，随机分配到的经历提高了一个人经历特定结果的概率，但并不必然会产生这个结果。心理治疗与抗抑郁药相结合，提高了患抑郁症的青少年停止考虑自杀的概率（但不是对所有人都有效）。[16] 锻炼可以降低体重增加的概率（但有些人即使锻炼，仍然难以维持体重）。[17] 怀孕时服用足够的叶酸可以降低新生儿神经管畸形的概率（但并不能完全消除这种可能性）。[18] 自杀念头、体重增加和神经管畸形都是偶然事件，但这并不妨碍我们使用因果关系的措辞。我们用因果的措辞来谈论我们改变生活机会的能力。

我们回顾一下罗马尼亚孤儿的智商问题。留在孤儿院的孤儿的平均智商为 73，但仍有差异。有些留在孤儿院的孩子的智商比被寄养的孩子高。让我们规定一个任意的分界线，比如我们规定“正常”智商是 70 或更高（这个分界线虽然是任意选定的，但也是有意义的：例如，它是决定一个人在美国是否会因犯罪而被处决的分界线）。被分配到寄养家庭会导致个别儿童发展“正常”认知能力的概率增加，但没有什么东西是百分之百确定的。即使是像彻底改变孩子的环境（他吃什么、在哪里睡觉、如何学习、受什么人照顾，以及他们多么爱护他和坚持爱护他的程度）这样激进的干预，也不足以决定某种水平的认知能力。但这种普通的非决定性并不会使某些东西丧失成为原因的资格。

再次，在缺乏决定性因果关系的情况下，我们无法对“特定个体的结果是由什么造成的”做出任何有把握的主张。让我们考虑一个从罗马尼亚孤儿院收养的孩子，他的智商为 82。这个孩子的智商有多少是由收养造成的？我们不知道。我们可以说，平均而言，被收养的孩子的智商比没被收养的孩子的智商高 8 分。但我们不能说，某个被收养的孩子的智商比某个留在孤儿院的孩子高，是因为前者是被收养的；我们也不能说一个孩子的 82 分智商中有 8 分是由于他被收养了。

最后，一个原因的可移植性（portability）可能是有限的，或未知的。我们可以描述罗马尼亚孤儿院的研究结果，它似乎让我们了解到寄养相对于孤儿院的好处，但这些结果是否适用于所有时间和所有地点的所有孤儿院或所有寄养家庭？如果这项研究是在 2019 年的新泽西州进行的呢？如果这项研究是在 16 世纪的法国进行的，又会怎样？

发展心理学家尤里·布朗芬布伦纳提到了人们生活的“生物生态学”（bioecological）背景。[19] 每个人都被嵌入同心圆的环境中，每一个圆圈都是相互影响的。离一个人最近的圆圈是他所处的微观环境，包括他的直接关系和周围环境：家庭、朋友、学校、社区、日常机构。你每天看到谁，和谁说话？你呼吸的是什么空气，你喝的是什么水，你吃什么食物？这些微观背景存在于政治体制、经济和文化的宏观背景中，而各种机构（如学校和工作场所）是宏观系统和一个人的日常关系之间的中介。

我发现布朗芬布伦纳的生物生态学模型是一个有益的框架，可以帮助我们思考人类行为原因的可移植性。这些圆圈中的哪些必须改变，以及改变多少，才会使因果关系的主张不再成立？在这里，对机制的了解也有助于我们了解可移植性，因为对机制的良好理解使我们能够预测因果关系将如何发展，哪怕在从未被观察到的条件下。“钠钾泵的作用导致神经元有电势”是一个因果断言，无论布朗芬布伦纳的圆圈发生什么变化，它都是高度可移植的。它在古代的狩猎采集者身上和21世纪初的朝鲜人身上同样真实。“领养一个孩子会导致他的智商更高”这种因果关系的主张在生物生态环境的不同变化中，很可能不那么容易移植。

确切地说，遗传关联在不同时间和地点的可移植性如何，是科学界刚刚开始用数据处理的一个经验问题。例如，研究者发现，在最近几代女性中，教育多基因指数与受教育程度的关联性更强，因为她们有更多的受教育机会，而前几代女性在上学方面面临着更多的社会障碍。[20] 我们将在第八章中讨论更多类似的例子。这里我们可以简单地说，有限的可移植性本身并不排斥因果关系。

对行为遗传学的一些最持久的批评，就是基于这样一种立场：认为完美的可移植性是因果关系的必要条件。演化生物学家理查德·陆文顿是人类行为遗传学研究的激烈批评者，他认为那些具有“历史（即时空）限制”和不能提供“功能关系”（即机制）信息的科学成果“根本没有用”。[21]

与这种立场相对，我们不妨考虑一下，假设科学家测试认知行为疗法能否减少暴食症症状，或公立学校的性健康课程能否降低梅毒发病率，或苹果手机是否会增加青少年自杀率。所有这些当然都是社会和历史上的具体现象。如果我们从关注“作为原因的基因”后退一步，改为使用广角镜头来考虑所有不同类型的原因（这些原因通常由历史学、经济学、社会学、政治学和心理学研究，也就是所有的社会科学来研究），那么坚持认为原因必须具有完美的可移植性就开始显得怪诞了。根据一个渐变的尺度给可移植性打分要有用得多，从“这只发生在星期二下雨的实验室里”到“这是一条自然法则，我们可以期望它在任何时间和地点对人类都是成立的”。

强与弱的因果关系

在普通的社会科学和医学领域，即便是在下面的情况当中，我们也会称某物为原因：(a) 我们不了解该原因发生作用的机制，(b) 该原因与后果有概率上的联系，但不是决定性的，以及 (c) 该原因在时间和空间上的可移植性不确定。要断言你已经找到了一个原因，你“只需要”证明，如果一群人经历了 X 而不是非 X，他们的平均结果会有所不同。而你知道可能原本会发生什么的最有说服力的证据，是将人们随机分配到 X 或非 X(此处的“只需要”这个词要打引号，因为任何研究人类行为和社会的科学家都知道，将你感兴趣的变量从潜在的混杂物中分离出来，以便对因果关系做出推断，是一个非常困难和微妙的操作）。我把这称为“弱”(thin)的因果关系。[22]

我们可以将这种“弱”的因果关系与我们在单基因遗传病或染色体异常中看到的那种“强”的因果关系进行对比。以唐氏综合征为例。唐氏综合征是由一个单一的、决定性的、可移植的原因造成的。21 号染色体有三个拷贝，而不是两个，是唐氏综合征的必要、充分和唯一的原因。21 号染色体有三个拷贝和唐氏综合征之间的因果关系是一对一的，所以正向和反向的推论同样有效：唐氏综合征的原因是 21 号染色体三体化；21 号染色体三体化的结果是唐氏综合征。21 号染色体有三个拷贝并不会提高你患唐氏综合征的概率，它是该病的决定性因素。这种因果关系是作为一种“自然法则”运作的，也就是说，不管一个人出生在什么样的社会环境中，21 号染色体三体化与唐氏综合征的关系或多或少是以同样的方式运作的。

关于复杂的人类结果（如受教育程度）是否存在遗传原因的争论，很大程度上是由于人们（科学家和非专业人士）认为基因始终必须是“强”（thick）原因。也就是说，人们认为基因总是要像在唐氏综合征中那样运作。作为一名社会科学家，当我说基因导致某行为时，我是在做一个关于反事实的概率声明：如果你的基因（与实际状况）不同，那么你的生活就有一个非零概率。我没有说任何特定的 DNA 序列是一个人的生活结果的必要原因或充分原因，没有说 DNA 决定了你生活中的任何事情，没有说这种反事实在不同的时间和地点是完全可以移植的，没有说我可以追溯性地推断你的生活之所以如此的原因就是你的基因，更没有说我知道任何一段 DNA 是如何运作的。

随机的基因？

我希望我已经说服了你，如果 X 与非 X 是随机分配的，那么观察到与 X 和非 X 有概率性联系的结果存在差异，就是令人满意的证据，足以证明 X 是这些结果的一个“弱”原因。但是，遗传学家（目前）没有对人类进行这样的遗传实验，即随机地将他们分配到一种基因型或另一种基因型。那么，我们如何理解作为原因的基因呢？下一章将集中考虑这个问题。

第六章

大自然的随机分配

在《圣经·创世记》中，世界起源的故事刚刚开始，我们就遇到了一对选择不同职业的兄弟："亚伯是牧羊的，该隐是种地的……耶和华看中了亚伯和他的供物，只是看不中该隐和他的供物。"（《创世记》第 4 章第 2—5 节）我们都知道这个故事的结局是什么。从上帝创造人类到亚伯和该隐只有一代人的时间，兄弟俩的劳动得到了不平等的回报，这种不平等所激起的愤怒导致了人类的第一次谋杀。

为什么这兄弟俩会有不同的生活——耕种土地和饲养羊群，实施暴力和成为暴力的受害者？正如我在上一章解释的，如果我们对职业选择或攻击性倾向的环境原因感兴趣，我们可能会做一个实验。比方说，我们随机分配一组家庭的孩子进入高质量的学前班，而对照组则任其自生自灭。第一组的孩子长大后是否会在劳动力市场上做出与第二组不同的选择？他们长大后是否不太可能犯下暴力罪行？但即便我们的实验做得正确，我们仍然不知道学前教育经历对攻击性产生影响的机制是什么。我们仍然不知道这种影响在社会政治和历史背景下的可移植性如何。但我们有信心说，平均而言，高质量的学前教育是否会导致暴力的减少。

上面说的是环境原因，那么遗传原因呢？目前，这样的实验是不可能的，当然也是不道德的：随机选择一组胎儿，在他们还在子宫内的时候编辑他们的基因组，以测试这些基因变化是否对他们的生活结果有因果影响。不过，对科学来说，幸运的是，我们不需要做一个实验来随机分配孩子的基因，因为大自然已经在为我们做这个实验。

请记住，人类的每个基因都有两个拷贝，但其中只有一个拷贝是由父母之一传给孩子的。那么，每次受孕时，孩子继承父母的两个拷贝中的哪一个，是随机分配的。这样一来，遗传的作用就像我在上一章描述的罗马尼亚孤儿院的研究一样。在罗马尼亚孤儿院的研究中，实验者通过抽签随机决定谁被送去寄养，谁留在孤儿院。在日常生活中，从父母那里继承了遗传变异 X 的孩子与没有继承变异 X 的兄弟姐妹不同，也是因为偶然。不过，运气的仲裁者现在不是实验者，而是大自然本身。

给定一对父母的基因型，他们的孩子继承哪些基因是随机的。因此，比较基因不同的兄弟姐妹，有助于我们了解基因对人们生活结果的平均影响。如果一组人都继承了变异 X，而他们的兄弟姐妹都继承了变异非 X，那么比较这两组人的受教育程度，就可以估计出变异 X 对受教育程度的平均因果效应。兄弟姐妹对照（sibling comparison）的逻辑，与任何药物的随机对照试验或任何环境干预的实验研究完全相同。

换句话说，如果基因不同的兄弟姐妹在健康、福祉或教育方面有相应的差异，这就证明基因导致了这些社会不平等。我们可以利用遗传学中兄弟姐妹差异的自然抽彩，来研究基因是否影响了人们处理抽象信息的敏捷程度，人们是多么有条不紊或者冲动，人们在学校的发展程度，人们收入的多少，以及人们多么快乐和对生活的满足程度（说到这里,请记住上一章中关于“弱因果关系”的警告：我没有说任何特定的 DNA 序列是某种生活结果的必要或充分原因，没有说 DNA 决定了人的生活中的任何事情，没有说遗传原因的运作在所有的社会和历史背景下都是一样的，没有说我可以追溯性地推断出导致你生活如此这般的原因就是你的基因，更没有说我知道任何一段 DNA 是如何工作的）。

在本章中，我将描述这样一些研究：通过比较兄弟姐妹或其他类型的生物学亲属，来测试基因彩票是否导致生活结果的差异。

每个不快乐的家庭成员不快乐的方式都是不同的

我的弟弟迈卡比我小三岁。别人一眼就能看出我们是姐弟。我们有同样的棕色头发，同样的绿眼睛，同样倾向于做我们继母所说的“哈登家的慢速眨眼”：我们对某人感到恼怒时，会闭上眼睛几秒钟。有时他给我发送他写的 R 语言代码，我感受到了他的爱。

尽管有这些相似之处，我们的生活却有不同的结果。我比他多接受了六年的正规学校教育，从未失业过，收入更多，生了两个孩子，离了婚。而他（与我不同）仍然处于已婚状态，与我们的家人和儿时的朋友住得很近，幸福地摆脱了困扰我日常生活的神经质和多动症症状，仍然可以在足球场上跑来跑去而不至于气喘吁吁。

对于每一种生活结果，我们可能会问，我们之间随机发生的遗传差异在多大程度上促使我们走上了不同的生活道路？让我们从一个简单的问题开始，即身高。迈卡身高 1.75 米，比美国男性的平均身高要矮，而我身高 1.70 米，比美国女性的平均身高要高。我们最终有不同的身高，是因为我们继承了不同的基因吗？这个问题的答案可能看起来很明显，但我们有必要了解一下科学家可能会如何回答这个问题。

许多科学家对这个问题（我和迈卡的身高不同，是因为我们继承了不同的基因吗？）的第一反应是：这是一个错误的问题。正如我在上一章所描述的，像身高这样的结果（更不用说像教育这样更复杂的社会结果）受到许多基因的影响，这些基因与表型有概率上的关系。我们通常通过研究生活在特定时间和地点的多个人群中出现某些结果的频率来观察概率。因此，我们通常不能说基因是否对个体的生活造成了某种影响。这种推论有时在极端情况下可能是合适的，比如我在第二章告诉你的那个特别高的

NBA球员肖恩·布拉德利。但是，一般来说，科学家用来将基因与复杂的人类表型联系起来的研究设计，允许我们测试基因是否导致了多个人群的平均身高的差异，而不是某个特定的人是否因为他的基因而比另一个人更高。

因此，让我们稍微修改一下问题：平均而言，基因是否会导致人们身高的差异?

检验这个问题的方法之一，是检查一种叫“血缘同源”(identity by descent) 的东西。当我母亲的身体在制造成为我的卵子时，她的父系和母系染色体交换了大块的遗传物质。因此，我从母亲那里继承的染色体有百分之百独特的DNA序列，它由可以追溯到我外祖母或外祖父的交替片段组成。当我母亲的身体在制造成为我弟弟迈卡的卵子时，同样的过程也在上演。而这整个过程又进一步加倍，因为我们还有一个父亲。

那么，如果你看一下我们从母亲那里继承的染色体上的任何一个点，迈卡有50%的机会继承了与我完全一样的DNA片段。如果是这样，那么我们在该段上就是“血缘同源”的。由于我和迈卡有一父一母，每条染色体都有两个拷贝，所以我和迈卡在任何一个DNA片段的层面都可能是彼此的克隆，也就是说，在从父亲和母亲那里继承的两个片段上，我们是“血缘同源”的。或者，我们可能在本质上是没有关系的，不是“血缘同源”的。或者，我们可能在我们父母中的一个片段上是匹配的，在另一个片段上则不是。

为了这本书，我弟弟同意接受23andMe公司的基因型分型

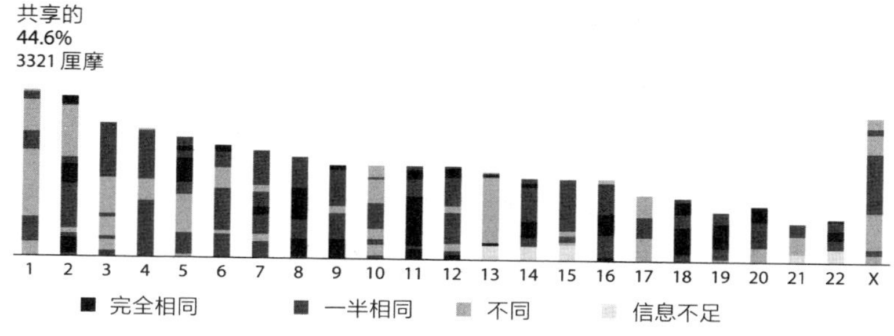

图 6.1　一对姐弟 23 条染色体片段的血缘同源。图片来自作者的 23andMe® 资料。作者和她的弟弟共享的 DNA 片段总长度为 3321 厘摩（cM），占作者基因组的 44.6%。

(真不愧是我的小弟弟，他立即要求我用 Venmo* 给他 200 美元作为报酬)。23andMe 公司会自动生成一个信息图，显示我们姐弟共享哪些 DNA 片段，又不共享哪些，这很有帮助（图 6.1）。例如，在 11 号染色体上，我们姐弟几乎是双胞胎；在 13 号染色体上，我们几乎没有关系。

平均而言，我们预计将共享 50% 的 DNA 片段。但这是平均数。如果你抛出一枚硬币 1000 次，预计它将有 50% 的时间落在正面，即 500 次。但在现实中，它可能会有 501 次落在正面。或者更奇怪的，545 次。就像掷硬币一样，繁殖是一个随机的过程。兄弟姐妹中的任何两个人预计会共享 50% 的 DNA 片段，但在现实中，他们可能会共享多一点或少一点。迈卡和我共享的比例比

* Venmo 是一种移动支付服务，让用户可以使用手机或网页转账给他人。类似于支付宝。

预期的要低一点：44.6%。

2006年，统计遗传学家彼得·维舍尔和他的同事进行了一项研究，该研究利用了兄弟姐妹之间血缘同源的程度存在随机变化的事实（有时低于50%，有时更高）。[1]对于每一对兄弟姐妹，他们将基因组划分为所谓厘摩（缩写为cM）的片段，并计算兄弟姐妹之间共享的1厘摩片段的实际数量（迈卡和我共享3321厘摩）。平均来说，维舍尔的样本中的兄弟姐妹共享49.8%的DNA片段，这与理论上的50%的预期非常接近。但是，任何一对个体都可能分享更多或更少：血缘同源的范围是37%到62%。

接下来，维舍尔和他的同事的问题是，那些血缘同源的程度较低的兄弟姐妹，是否表现出更大的身高差异。正如我在前一章所描述的，这个问题（基因是否对一个人的身高有影响）从根本上说是一个因果问题。答案是肯定的，这也许并不令人惊讶。

当然，兄弟姐妹的身高不同，也有遗传以外的原因（我弟弟在1989年的大部分时间里除了Rice Krispies香甜米花糖之外什么都不吃，这肯定会阻碍他的成长发育）。继承了更多不同基因的兄弟姐妹可能在身高上有所不同，但与使他们变高或变矮的其他因素相比，这些由基因造成的差异可能就微不足道了。那么，基因的相对影响可以表示为一个比率：兄弟姐妹因为遗传了不同的基因而在身高上体现出的差异，除以人们在身高上的一般差异。这个比率的名字，大家可能很熟悉，那就是身高的**遗传率**。在这项关于身高的研究中，研究者得出结论：身高的遗传率约为

80%。也就是说，身高的总差异中约有 80% 是由于人们继承了不同的基因。

遗传率谈的是差异

在这里，不妨回顾一下我在前面两章中提出的论点，因为（就像温水煮青蛙）我们已经从一个没有争议的前提走到了一个有高度争议的前提。从上一章开始，我从无争议的前提出发：比较两组被随机分配到 X 或非 X 的受试者的平均结果，是对 X 的平均因果效应的测试。然后，我指出，以父母的基因为条件，兄弟姐妹被随机分配到不同的遗传变异。因此，对基因不同的兄弟姐妹的比较，是对该遗传变异的因果效应的测试。这是自然界最真实的自然实验（natural experiment）。这种因果测试可以用反事实的条件依赖（counterfactual dependence）来描述：*如果一个人的基因型不同，那么他的生活结果也会不同吗？*

在本章中，我已经开始解释研究者如何去实际进行这种因果检验。维舍尔关于身高的研究利用了兄弟姐妹间基因型的差异：如果一个人的基因型与他的兄弟姐妹的基因型的差异*更大*，那么他的身高与他的兄弟姐妹的身高的差异是否也会更大？这个因果检验的结果又可以用一个大家可能很熟悉，或者至少听起来很熟悉的统计数字来表示：遗传系数（heritability coefficient）。

通过这种方式，我们得出了一个肯定会引起一些读者异议的结论：遗传率估计值，即对“生活结果的差异在多大程度上由基因型差异造成”的量化，是对遗传是否对生活结果有因果影响的检验。

在遗传学中也许找不到一个概念像遗传率（heritability）那样造成了那么多的困扰。不幸的是，这个专业术语听起来像一个普通的英语单词。“遗传率”这个词的词源比任何关于DNA的知识都要早几千年。heres在拉丁语中是“继承人”的意思，是指某人死后在法律上有权获得其财产和社会地位的（男）人。“世袭”（hereditary）贵族的社会，是财富、等级、头衔、权力和特权代代相传的社会。“遗产”（inheritance）是从父母手中转移到子女手中的资产。我们听到“遗传率”这个词时，几乎无法摆脱几千年来关于“继承”如何运作的文化包袱。继承是要忠实地复制社会等级制度，继承的关键在于从父母到子女的不间断的延续性。

但是，正如我在第二章讨论的，人类并不是“纯育”的。有人想象可遗传性状（heritable traits）就是从父母到孩子完整遗传的性状，但这是一个错误，因为这种设想忽略了一个事实，即一半的遗传变异存在于家族内部。我的每一个基因都有两个拷贝，这种家族内部的遗传多样性在我的子女之间的遗传差异中表现出来。

我们继续以身高为例。80%的遗传率意味着，在被研究的人群中（这一点很重要，我将在本章末尾再次提到），大部分的身高差异是由人与人之间的遗传差异造成的。但是这些导致身高差异的遗传差异既存在于家族内部，也存在于不同家庭之间。如果人群中成年男性身高的标准差为 3 英寸（约 8 厘米），平均值为 70 英寸（约 178 厘米），我们就会预期人群中的身高分布看起来像图 6.2 的上半部分。我们可以将这一分布与父亲身高略高于平均水平（71 英寸，约 180 厘米）的所有潜在男性后代的身高分布相比较，即图 6.2 的下半部分。潜在结果的波动范围有所缩小（身高稍高的父母的孩子不太可能非常矮小），但波动肯定不会消失。

所以，观察到高的遗传率，并不意味着人与人之间的不平等会在几代人之间完全复制：有时高大的父母会有较矮的孩子。实际上，高遗传率意味着，同一对父母的孩子在生活结果上会有差异。遗传率谈的是在遗传层面不同的人是否表现出表型差异，而兄弟姐妹在遗传层面是不同的。

七个不平等领域的遗传率

我们已经讨论了如何利用兄弟姐妹的血缘同源差异来估计身高的遗传率。这种方法依赖于测量人们的 DNA，但遗传率的概念早于测量 DNA 的技术。在过去的一个世纪里，甚至在今天，估计遗传率的最常见方法是将同卵双胞胎与异卵双胞胎相比较。

有关双胞胎或三胞胎的新闻报道经常关注那些出生时就被分开并在不同家庭长大的婴儿，[2] 如电影《孪生陌生人》中的三兄弟。[3] 但绝大多数的双生子研究都是针对那些由亲生父母在同一家庭中抚养的双胞胎。从此处开始，除非我特别提到“分开抚养”

的双胞胎，否则我说的都是在同一家庭中一起长大的双胞胎。这类双生子研究的基本逻辑，大家可能很熟悉。考虑一下那些有名的同卵双胞胎，比如《哈利·波特》中的韦斯莱双胞胎；还有挑战马克·扎克伯格对Facebook所有权的温克尔沃斯双胞胎，即卡梅伦·温克尔沃斯和泰勒·温克尔沃斯。每一对同卵双胞胎都是作为单一的受精卵开始的，但在发育的早期阶段，细胞分裂的偶然性导致了从一个受精卵变成两个受精卵。同卵双胞胎，或称单卵双胞胎，并不总是在遗传层面百分之百地相同，因为有一些事情发生。基因突变发生在受精卵发育的早期，但在受精卵分裂之后发生，这导致了一对双胞胎之间的遗传差异，甚至是同一个人身体不同部位之间的遗传差异。而同卵双胞胎在基因表达（expression）上也会有差异，也就是他们拥有的基因于何时，以及在身体的哪个部位被“打开”或“关闭”。

但即使有这些差异，同卵双胞胎在历史上一直是人们着迷的对象和极大好奇心的焦点，他们仍然是自然界里最引人入胜的自然实验之一：当别人在与你完全相同的地方开始生活，甚至在生命最初的几个小时里与你是同一个生命体的时候，会发生什么？

异卵双胞胎的开端，则更为平凡一些。他们就像非双胞胎的兄弟姐妹一样，各自由独特的精子和卵子组合形成。唯一不同的是，这些卵子是在同一个月经周期中释放的，因此在一次怀孕中产生了两个胎儿。

所有双胞胎，无论同卵还是异卵，只要不是“出生后被分离”并寄养到不同的家庭，其最初社会地位的一切都是相同的，特别

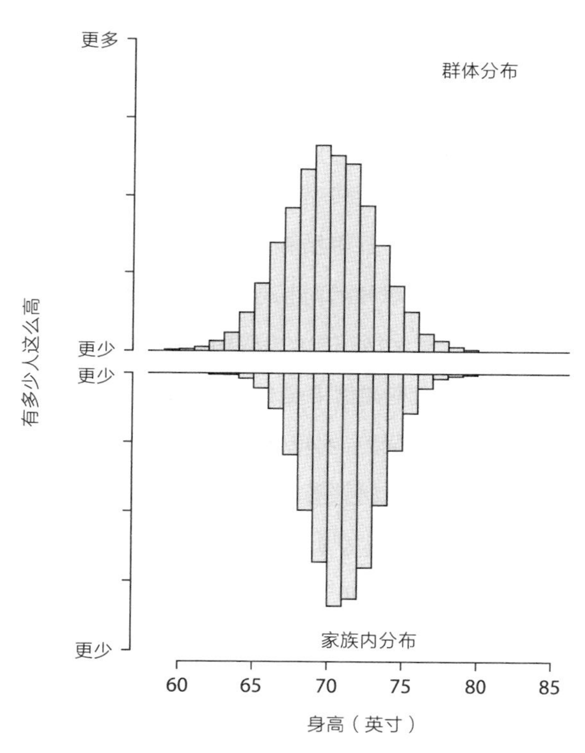

图 6.2　一般人群中的预期身高分布（上）与单对父母的潜在后代的预期身高分布（下）。人群分布基于平均数 70 英寸（约 178 厘米），标准差为 3 英寸（约 7.6 厘米）。家族内部分布，即一对父母的所有可能的后代中的身高分布，基于 0.8 的遗传率。例子和计算方法改编自 Peter M. Visscher, William G. Hill, and Naomi R. Wray, “Heritability in the Genomics Era--Concepts and Misconceptions,” *Nature Reviews Genetics* 9, no. 4（April 2008）: 255–66, https://doi.org/10.1038/nrg2322。

是由社会科学的大多数关键变量定义的指标，如家庭住址、家庭收入和学区。因此，我们预计，双胞胎长大后会彼此相似。双生子研究的关键是这个问题：同卵双胞胎的相似程度，比异卵双胞胎的相似程度多多少？

所有在同一家庭长大的双胞胎都接触到同样的父母缺陷、同样的社区条件、同样的学校。但同卵双胞胎共享的东西更多。他们还共享（几乎）所有的遗传密码。或者换句话说，异卵双胞胎共享的东西更少。与同卵双胞胎相比，异卵双胞胎在基因上有更多的不同。就像我在本章开始时描述的关于身高的兄弟姐妹对照研究一样，检验遗传对生活结果的因果影响的关键问题是这样的：遗传差异较大的人（在本案例中是异卵双胞胎与同卵双胞胎相比）是否也有更大的表型差异？与同卵双胞胎相比，异卵双胞胎在某一特定性状（如身高）上的差异越大，该性状的遗传率就越高。

2015 年，《自然–遗传学》杂志上的一篇论文总结了五十年来的双生子研究：共计 2000 多篇科学论文，对 200 多万对双胞胎的 1.7 万多个性状作了测量。[4] 从 2015 年的论文中，我提取了七个不同生活领域的数据，并绘制了这些数据的图表，见图 6.3。

前两个领域是人的心理学方面：性格特征和认知能力。这些心理特征很重要，因为它们是与第三个结果（教育成功）最密切相关的心理特征。[5] 而教育又是决定一个人在第四个领域（劳动力市场）取得成功的有力因素。失业和 / 或低收入的人往往会在第五个领域（社会对健康的危害）遇到困难，如生活在有污染和暴力事件发生率较高的贫困社区。最后两个领域是发生精神障碍的风险，如抑郁症或酗酒；以及人际关系，如是否结婚或离婚，是否感到孤独，与朋友交往，等等。

从图 6.3 中图形的大小可以看出，双生子研究多如牛毛，有

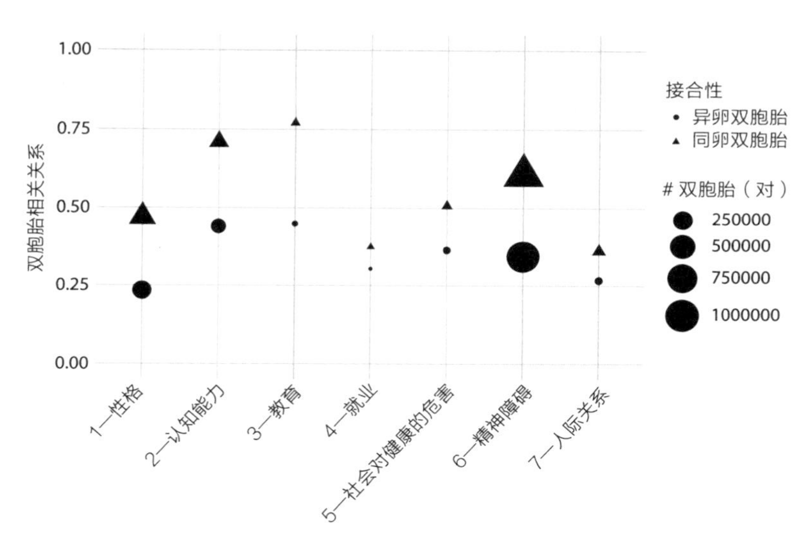

图 6.3　七个不平等领域的同卵双胞胎和异卵双胞胎的相关关系。作者分析的数据出自 Tinca J. C. Polderman et al., “Meta-Analysis of the Heritability of Human Traits Based on Fifty Years of Twin Studies,” *Nature Genetics* 47, no. 7（July 2015）: 702–9, https://doi.org/10.1038/ng.3285。

超过 100 万对双胞胎为精神障碍的双生子研究提供了数据。而且你会从圆圈和三角形之间的空隙中看到，在每个领域，异卵双胞胎都比同卵双胞胎有更大的差异。异卵双胞胎相关性和同卵双胞胎相关性之间的距离越远，遗传率就越高。

这张图向我们展示的是，所有这七个不平等的领域（性格、认知能力、教育、就业、社会对健康的危害、精神障碍和人际关系）都有很高的遗传率，有 25%—50% 的差异是由于遗传的 DNA 序列的差异。在长达五十年里对超过 100 万对双胞胎做的研究，得出了十分明确的结论：当人们继承了不同的基因，他们的生活就会变得不同。

一种常见的反对意见

甚至在我写作本书的时候，我也听到很多人异口同声地喊出了一个我很熟悉的反对意见："遗传率的估计值是特定于一个人群的。"也就是说，即使这些不平等的领域在被测量的特定人群中是可遗传的，得出的遗传率也不是在所有时间、地点和人群中都成立的固定的自然法则。与全基因组关联分析（GWAS）一样，双生子研究在研究对象上有明显的欧洲中心主义倾向。在20世纪和21世纪初，双生子研究的对象主要是生活在美国的明尼苏达州、科罗拉多州、得克萨斯州、威斯康星州、弗吉尼亚州，以及荷兰、挪威、丹麦、芬兰、瑞典、英国和澳大利亚的白人成年人。如果科学家研究的是生活在不同的时间和地点、处于不同的社会结构的人群，或者在未来研究其他人群，那么生活结果的遗传率也可能不同。仅举一个例子，作为女性，如果我出生在1782年而不是1982年，我就不会被允许上大学，更不用说攻读博士学位了。随着受教育的环境机会（environmental opportunities）的改变，我随机继承的基因的相关性也随之改变。在接下来的章节中，我将讨论多个类似的经验性例子，来说明遗传率在不同的社会和历史背景下如何不同。

遗传率有可能（而且确实）在不同人群中有所不同，这一事实一直是批评行为遗传学的人们的主要论据，这些批评者主张完全放弃遗传率的概念及对遗传率的估算。正如生物学家理查德·陆文顿在 1974 年的讲话："我建议我们停止无休止地寻找更好的方法来估计无用的量。"[6] 又如心理学家理查德·勒纳在 2004 年的哀叹："为什么我们要不断地重新埋葬行为遗传学？"[7] 再如经济学家查尔斯·曼斯基在 2011 年的疑问："为什么遗传率研究会持续存在？……这项工作继续进行，但我不知道为什么。"[8]

但是，其他一些关于不平等的人口统计数据，也是特定于具体的时间和地点的，而我们不会因此将其视为不重要。例如，基尼指数是对收入不平等的衡量。每个人的收入完全相同的国家，其基尼指数为 0；只有一个人赚得盆满钵满而其他人一无所有的国家，其基尼指数为 1。正如一个性状没有单一的遗传率，一个国家也没有单一的基尼指数，因为它随着经济和政治的变化而变化。如果有人用基尼指数来描述每个特定社会中的人们在历史的特定时刻经历的不平等，我们不会急吼吼地说这个基尼指数仅对这个特定人群有效，所以它是无价值的。

就像基尼指数一样，遗传率和多基因指数关联要看具体的历史和地理条件，这没错，但遗传率和多基因指数关联的意义和价值并不会因此而减少。[9] 即使遗传率的估计值完全是针对具体的特定人群的，它仍然是对"生活结果中的不平等在多大程度上由该人群的遗传抽彩结果造成"的一个重要总结。尽管有人主张抛弃遗传率的概念，但我预计遗传率研究将继续存在。遗传率研究之所以能够持续存在，是因为它回答了一个问题：在我们实际生活的社会中，人们的基因（一种他们无法控制的偶然）是否造成了人们在教育、收入、福祉和健康等方面的差异。[10]

遗传率缺失的问题

特别是在赫恩斯坦和默里的《钟形曲线》之后，双生子研究的假设受到了严格的审视。而且，无论是否出于政治动机，我们都有很好的理由对双生子研究的假设进行审视。双生子研究确实做了很多假设，其中许多可能不会让你觉得特别可信。首先，双生子研究假设同卵双胞胎不会单纯因为他们是同卵双胞胎而受到更相似的待遇。这就是“同等环境假设”(equal environments assumption)。如果你曾经看到双胞胎穿着完全相同的服装，就连袜子和蝴蝶结也一模一样，那么“同等环境假设”可能看起来有点牵强。[11] 更为普遍的情况是，基因和环境以复杂的方式相互关联，可能难以测量和统计，这让人们一直怀疑，也许双生子研究将实际上由环境决定的东西归于遗传了。

早期全基因组关联分析（GWAS）的结果让人们怀疑，双生子研究从根本上出了问题。正如我在第三章描述的，在对 100 多万人受教育程度的 GWAS 中，关联信号最为显著的几个位点只能解释人与人之间受教育程度差异的 1% 的零头，相当于几周的额外教育。[12] 如果你把 GWAS 确定的所有基因以多基因指数的形式放在一起，这些变异可以解释约 13% 的教育程度的差异。与我们看到的其他社会科学变量的效应值（例如，家庭收入可以解释受教育程度差异的 11%）相比，13% 是相当可观的。[13] 不过，这与双生子研究估计的“40% 的受教育程度差异是由遗传造成的”相比，仍有很大差距。[14]

GWAS 发现的遗传能够解释的差异，与双生子研究估计的遗传率之间的差距，被称为“遗传率缺失”（missing heritability）问题（图 6.4）。

图 6.4　遗传率缺失的案例。Image reproduced by permission of Springer Nature from Brendan Maher, “Personal Genomes: The Case of the Missing Heritability,” *Nature* 456, no. 7218（November 1, 2008）: 18–21, https://doi.org/10.1038/456018a.

不过，在用“遗传率缺失”现象来断然否定双生子研究的结论之前，我们要记住，我们也有理由怀疑GWAS和多基因指数研究低估了基因的影响，原因至少有两个。[15]首先，这些方法并没有测量每一个遗传变异，特别是罕见的遗传变异，它们可能有特别大的影响。其次，即使是样本量多达100多万人的GWAS，也可能没有足够的样本量去检测个别基因的非常微弱但仍然非零的影响。

如果双生子研究得出的遗传率估计值可能太高，而GWAS得出的遗传效应（genetic effects）估计值可能太低，那么遗传的DNA变异对生活结果（如教育）的影响的最佳估计值是多少？说到底，正如统计遗传学家亚历克斯·扬（Alex Young）解释的，“解决遗传率缺失问题的最深层次手段，是识别所有具有因果性的遗传变异，并测量它们能解释多少性状变异”。[16]

显然，对于任何人类表型来说，我们还没有做到这一点，更不用说像教育这样复杂的表型了。同时，获得遗传率的适中（不太大，也不太小）估计值的一种方法，是我在本章开始时说到的同胞回归法（sibling regression method），该方法使用成对的兄弟姐妹之间的随机变异来确定血缘同源的程度。这种方法可以扩展到使用其他类型的生物学亲属，这种方法被称为“亲缘关系不平衡回归”（relatedness disequilibrium regression），缩写为RDR。[17]

在图6.5中，我绘制了使用同胞回归法、RDR和双生子方法对四种结果的遗传率估计：（1）身高，（2）身体质量指数，（3）

女性的初次生育年龄，以及（4）受教育程度。就教育而言，基因是否造成了结果中40%的差异，或更接近17%的差异，仍然存在一些不确定性。但作为比较，请记住，家庭收入只造成了美国白人受教育程度差异的11%。[18]这种比较告诉我们，即使抛开双生子研究的有争议的假设，受教育程度的遗传率仍然不是零。遗传差异导致了教育结果的差异，而且遗传差异的影响在解释教育结果差异方面，至少与家庭收入这样的变量同等重要。

多基因指数的家族内研究

以双胞胎或兄弟姐妹为研究对象的遗传率研究告诉我们，整个基因组对人们的生活结果有总体影响，但这些研究并没有告诉我们，是哪些具体的遗传变异在驱动这种影响。相比之下，GWAS的目的是识别具体的遗传变异，但典型的GWAS研究是对来自不同家庭的人进行比较，因此总是有可能“捕获”环境的影响，而这些影响恰好与遗传差异相关联。合并上述两种方法的手段，是使用GWAS的结果来构建一个多基因指数，然后用家庭成员的样本来测试这个多基因指数。当我们研究基因彩票如何在一代人中发挥作用时，家庭成员之间的遗传差异是随机的，而不是与不同家庭之间的血统、地理和文化差异交织在一起。因此，多基因指数的家族内研究方法是利用自然界的实验，来测试多基因指数“捕获”的特定基因是否会导致生活结果的差异。

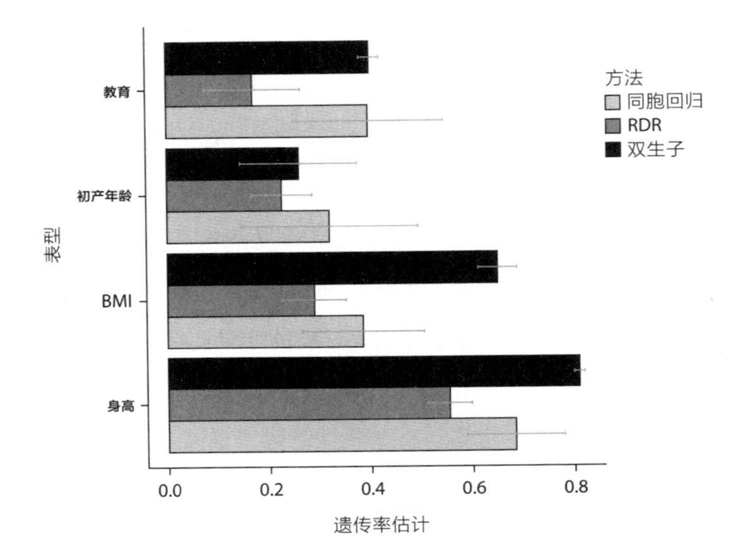

图 6.5　三种不同方法对四种人类表型的遗传率估计。“教育”= 受教育程度（接受正规学校教育的时长）。“初产年龄”= 女性第一次生育的年龄。“BMI”= 身体质量指数。“身高”= 成年后的身高。“双生子”方法通过比较一起长大的单卵双胞胎的相似性和一起长大的双卵双胞胎的相似性来估计遗传率。“同胞回归法”通过利用成对的兄弟姐妹之间的随机变异来估计遗传率，即通过血缘同源的程度来判断。“RDR”（亲缘关系不平衡回归）方法将同胞回归方法扩展到其他成对的亲属，一对亲属的亲缘关系以他们父母的亲缘关系为条件。误差棒代表标准误差。大部分遗传率估计值出自 Alexander I. Young et al., “Relatedness Disequilibrium Regression Estimates Heritability without Environmental Bias,” *Nature Genetics* 50, no. 9（September 2018）: 1304–10, https://doi.org/10.1038/s41588-018-0178-9, 只有“双生子”方法对受教育程度遗传率的估计值出自 Amelia R. Branigan, Kenneth J. McCallum, and Jeremy Freese, "Variation in the Heritability of Educational Attainment:1（2013）: 109 · 140；“双生子”方法对女性初次生育年龄的遗传率的估计值出自 Felix C. Tropf et al., “Genetic Influence on Age at First Birth of Female Twins Born in the UK, 1919–68,” Population Studies 69, no. 2（May 4, 2015）: 129–45, https://doi.org/10.1080/00324728.2015.1056823。

有三种不同类型的家族内研究，研究者用它们来调查基因彩票的影响：(1) 兄弟姐妹的比较研究，(2) 被收养者和非被收养者的比较研究，以及 (3) 父母–子女三人组的研究。

兄弟姐妹的研究也许是最简单的：多基因指数不同的兄弟姐妹，他们的生活结果是否不同？这样的一项研究跟踪了英国 2000 多对异卵双胞胎，从他们 12 岁开始一直跟踪到 21 岁。[19] 研究者测量了每个人的身高、身体质量指数、自评健康状况、多动症症状、精神病经历、神经质、智力测试分数以及由 GCSE（英国的中等教育普通证书，这是一种标准化测试，类似于美国的 SAT，在 16 岁左右进行）分数衡量的学业成就。对于每一种生活结果，研究者可以测试，多基因指数差异较大的兄弟姐妹是否在生活结果上表现出较大的差异。

的确如此。遗传差异最大的一对双胞胎的实际身高相差近 9 厘米。他们的身体质量指数相差 3 个点，这相当于一个身高 170 厘米的女性的体重增加了 20 磅。他们的 GCSE 分数相差 0.5 个标准差。

英国的这项双生子研究对受试的双胞胎进行了跟踪，直到他们年满 21 岁。当然，21 岁的时候，人生还很漫长。那么，当人们开始成为"真正的"成年人，结了婚、有抵押贷款时，他们的情况如何？

在本书第二章简要介绍过的一项研究中，哥伦比亚大学社会基因组学研究员丹尼尔·贝尔斯基和他的同事探讨了这个问题。[20] 使用基于受教育程度 GWAS 的多基因指数，贝尔斯基和他的同事发现，教育多基因指数比自己的兄弟姐妹高的人的受教育程度更高，从事更有声望的职业，并且在工作生涯结束时更富有。由于这些兄弟姐妹的遗传变异的差异是完全随机的孟德尔式抽彩的结果，这项研究提供了一些最令人信服的证据，表明一个人的基因确实会导致教育和财富的差异（当然，像社会科学领域的许多随机控制试验的因果推论一样，我们仍然不知道这些遗传效应是如何运作的，只是知道它们确实是这样的。我们将在下一章讨论这个问题）。

利用被收养者来研究基因彩票的想法，在一项巧妙的研究中得到了展示，该研究使用了英国生物样本库（UK Biobank）的数据。[21] 被收养者，顾名思义，不是由他们的亲生父母抚养长大的。这意味着被收养者的遗传特征与养父母的遗传特征没有关系，所以被收养者的遗传特征与“同其养父母的遗传特征相关的血统、地理、社会地位和文化的复杂网络”的联系较少。在对英国6000多人的研究中，罗莎·齐斯曼及其同事表明，教育多基因指数确实与被收养者的受教育程度有关，但这种关系的强度比非被收养者的要弱。因此，这项研究为一个人自己的基因对受教育程度的“直接”影响提供了证据，同时也提出了一个问题：为什么教育多基因指数与亲生父母抚养的孩子的结果有更强的关联（这个问题我们将在第九章再次讨论）。

最后一种家族内研究是测量父母-子女三人组（一对生物学父母和他们的一个孩子）的DNA。对于父母中的任意一人来说，他或她的基因组可以分为两部分：传递给孩子的基因和未传递的基因。对每个孩子来说，获得了哪些基因和未获得哪些基因是随机的，是基因彩票的结果。那么，与未传递给孩子的基因相比，传递给孩子的基因与孩子的生活结果有多强的关系，是对基因的因果效应的一项检验。父母传递给孩子和未传递给孩子的基因都与父母的血统、环境、地理和文化等方面相关，但只有传递下去的基因是（随机地）生物遗传的。

使用“父母—子女三人组”方法的最引人注目的研究是在冰岛进行的。[22] 研究者对超过 2 万名已进行基因型分型的人士和他们的父母进行了研究，得出了与兄弟姐妹对照研究和收养研究类似的结论。当你在家族内部进行比较时，教育多基因指数和受教育程度之间的关联性会减弱，但肯定不会消失。所以，三种方法得出了同一个结论：基因彩票的结果对一个人在学校的发展有因果关系。

再把视角放广一些。当我们把五十年来的双生子研究结果和最近几年来 DNA 研究的结果放在一起时，我们就不可避免地得出一个结论：人们之间的遗传差异导致了社会不平等，包括受教育程度的不平等，也包括身体健康结果（如身体质量指数）、心理结果（如多动症和其他精神障碍）以及生育结果（如初次生育年龄）的不平等。

1962 年，演化生物学家杜布赞斯基[23] 写道：“人们在能力、精力、健康、性格和其他重要的社会特征方面存在差异。而且我们有很好的证据，尽管不是绝对结论性的证据，表明所有这些特征的差异部分是受遗传规定的。请注意，是受遗传规定

(conditioned)，而不是由遗传固定(fixed)或注定(predestined)。”杜布赞斯基是对的。在他写下这段话之后的几十年里，科学界积累的大量证据使得他的这个结论更加确凿无疑。

不幸的是，虽然杜布赞斯基和其他一些人在半个世纪前就清楚地认识到了这一点，科学界却浪费了大量精力去争论这个事实，因为确定基因是社会不平等的原因之一也许是研究事业中最容易的部分。更困难的问题是：基因如何造成社会不平等？我们将在下一章关注这个问题。

第七章

作用机制的奥秘

1998 年，我赢得了傅尔曼大学的绩优奖学金。傅尔曼大学是一所位于南卡罗来纳州的小型文理学院，曾属于浸信会。这笔奖学金涵盖了我四年的全部学杂费，包括一个学期的海外学习（在伦敦）。目前傅尔曼大学的学费是每年近五万美元，而我上大学一分钱没花。当时和现在一样，我完全没有运动细胞；我的课外活动没什么新意；我无需克服任何特别的困难，在面对挑战或逆境时也没有表现出特别的韧性。我唯一的所谓优点是在学术能力测试（SAT）中获得了近乎完美的分数。SAT 是美国的大学入学考试，对高中生来说是一种迈入人生新阶段的仪式。

正如我在第六章描述的，我们可以相当有把握地认为，基因对一个人的受教育程度有因果关系的影响。而且，如我在第五章所述，说两样东西有因果关系，并不意味着我们知道这种因果关系的机制。就像我们对“把罗马尼亚孤儿从孤儿院拯救出来”为什么能够提高他们的智商测试分数不甚了解一样，我们对“一个人的基因如何最终影响他的教育成绩”也不甚了解。

但我们比较了解教育体制是如何运作的。以我自己的大学之旅为例。我父母都受过大学教育，他们对我上大学有明确的期望，并对如何驾驭招生过程有一定的了解。我也有机会接触到其他形式的社会资本，比如一个前一年上过傅尔曼大学的朋友和一个向我推荐大学的高中辅导员都为我提供了帮助。在机构层面，傅尔曼大学和许多小型文理学院一样，利用绩优奖学金来吸引考试成绩高的学生，这可以提高学校在《美国新闻》“最佳”大学名录中的排名，而更高的排名使学校更能够吸引其他潜在的学生，也就是那些支付全额学费的学生。

当我们想象遗传对复杂的生活结果（如教育）产生影响的可能机制时，下列的社会过程——父母的期望、进入有利的社会网络、商品化的教育市场中的机构竞争——并不是我们首先想到的东西。相反，我们很容易得出这样的结论：遗传原因必须有完全的生物机制，并发生在人体之内。

但要回答遗传如何影响教育结果的问题，我们不仅要研究分子和细胞之间的相互作用，还要研究人和社会机构之间的相互作用。在本章中，我将描述我们对遗传作用机制问题的了解，或者至少是我们自信了解的东西。我将重点讨论基因组和教育成功之间的路径，这既是因为这是我自己的研究小组做了大量工作的一个领域，也是因为教育在构建其他不平等的过程中占据核心地位。

正如我在第四章所述，我们必须记住，我在这里描述的一切都适用于理解群体内的个体差异。我在这里描述的研究工具（主要是双生子研究和多基因指数分析）无法解释群体间平均差异的原因。

红发儿童和其他可能的世界

1972 年，社会学家桑迪 · 詹克斯（Sandy Jencks）提出了一个关于遗传效应的社会机制的影响最持久的思想实验。[1]

> 例如，如果一个国家拒绝送红发儿童上学，那么造成红头发的基因可以说是降低了阅读测试的分数……在这种情况下，将红发人的文盲归咎于他们的基因，可能会让大多数读者觉得很荒谬。不过，传统的估计遗传率的方法恰恰就是这么做的。

詹克斯是对的。对遗传率的估计确实提供了关于基因是否导致某种表型的信息。但这些设计并未解释哪些机制将基因型和表型联系起来，而且相关机制可能不是直观的“生物学”过程。

詹克斯关于红发儿童的思想实验已经成为遗传学讨论中的一个“模因”（meme）。我认为它之所以能够产生持久的影响，是因为它直观地抓住了三个值得详细解读的观念：(1) 因果链，(2)

分析层次，以及（3）其他的可能世界。

首先，红发儿童的例子表明，基因可以通过较长的因果链与表型联系起来。[2] 在这个例子中，*MC1R* 基因的一种变异会产生棕黑素，而棕黑素使人的头发明显变红。这种表型特征随后被其他人以文化和历史上特定的社会偏见来看待，而这些偏见在禁止某些儿童上学的社会政策中根深蒂固。

其次，这些因果链可以跨越多个分析层次。科研的一种方式，是将科学家研究的现象像千层蛋糕一样排列，每一层的物体都是上一层物体的一部分。[3] 亚原子粒子，如夸克，是原子的一部分；个人是社会的一部分（图 7.1）。詹克斯关于红发儿童的思想实验清楚地表明，因果链可以通过多个分析层次向上延伸：*MC1R* 基因是 DNA 分子；它在细胞内编码产生了棕黑素蛋白；“红发”描述的是一个人，而禁止红发儿童上学的决定是一种社会现象。

当詹克斯断言“将红发人的文盲归咎于他们的基因，可能会让大多数读者觉得很荒谬”时，他正在提出的论点部分是关于描述和理解这一现象的最佳分析层次（level of analysis）：在他看来，即使因果链的一部分涉及 DNA 分子，认为上学是一种分子现象仍然是荒谬的。[4]

最后，在詹克斯的例子中，很明显存在着其他可能的世界，在那些世界里，从基因到文盲的因果链被打破了。当你听到红发儿童的例子时，你可以立即想象出另一种社会，在这个社会中，所有的儿童都被允许上学，无论他们的头发颜色如何。也就是说，社会政策的改变，将在无需直接操纵儿童的基因或基因表达产物

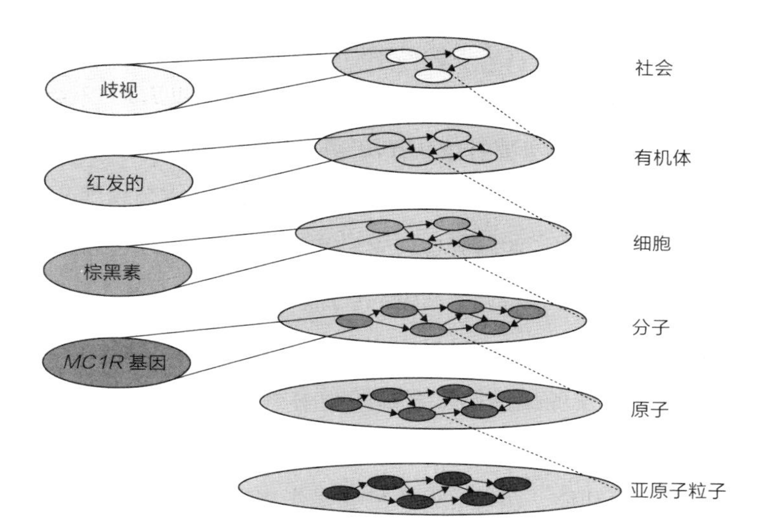

图 7.1　科学分析的层次。本图表达的思想出自 Carl F. Craver, *Explaining the Brain: Mechanisms and the Mosaic Unity of Neuroscience*（Oxford: Oxford University Press, 2007）; Paul Oppenheim and Hilary Putnam, "Unity of Science as a Working Hypothesis," 1958, http://conservancy.umn.edu/handle/11299/184622; and Christopher Jencks et al., *Inequality: A Reassessment of the Effect of Family and Schooling in America*（New York: Basic Books, 1972）。

(gene products）的情况下，打破基因型和表型（无法正常接受教育）之间的因果链。要减轻教育受到的"遗传"的负面影响，我们不必编辑胚胎的 DNA 或给儿童服用药物来改变他们的生物学特性。

我们可以把红发儿童跟 *HTT* 和亨廷顿舞蹈症之间的关系进行对比。首先，*HTT* 和亨廷顿舞蹈症之间的因果链相对较短。也就是说，不需要那么多步骤来解释从头到尾的因果链。其次，*HTT* 和亨廷顿舞蹈症之间的因果链都发生在明显是"生物学"的分析层次。也就是说，为了描述这个因果链，你要描述细胞内分子的活动。最后，很难想象会有另一个世界，在那里 *HTT* 不会导致亨廷顿舞蹈症。如果要打破从 *HTT* 到亨廷顿舞蹈症的因果链，就需要直接操纵人体的某些方面，例如运用基因编辑或药理学。

我们还可以设想一些因果链，它们既没有亨廷顿舞蹈症的严格生物决定性，也没有詹克斯假设的红头发的纯粹社会条件依赖性。例如，人们可以通过使用兴奋剂药物（改变细胞中的分子）、运用为完成规定任务提供及时奖励的行为策略（改变个人的行为），以及改变教室的结构（改变社会组织），来干预从而改善多动症儿童的学习功能。多动症既不纯粹是生物性的，也不纯粹是社会性的。它是一种经验和行为模式，产生于某人的特定神经生物学特征与特定社会环境的期望之间的交叉点。

遗传率分析或家族内多基因指数分析本身并不能告诉你，导致较低受教育程度的基因的运作是更像“红发儿童不可以上学”，还是更像 *HTT* 基因导致亨廷顿舞蹈症。即使我们知道遗传对社会不平等有因果影响，关于这些影响的机制仍然存在重要的疑问：因果链有多长，有哪些环节，跨越了多少个分析层次，以及（也许对于社会政策辩论来说最关键的是）如何才能找到打破或加强这个因果链的最优解？

从优生学之父弗朗西斯 · 高尔顿在 19 世纪的著作《遗传的天赋》[5] 开始，一直到 21 世纪的书籍，如保守派煽动分子查尔斯·默里的《人类多样性》[6]，优生主义思想家们对上述问题提出了一套具体的答案：首先，遗传和社会不平等之间的因果链很短，主要是通过智力的发展来调节的；其次，遗传和社会不平等之间的因果链最好从细胞和有机体的分析层次来理解，智力被视为一个人的大脑的固有属性，而不是在社会环境中发展的东西；最后，打破这个因果链的另一种可能的世界是反乌托邦式的，需要国家大规模干预人们的家庭生活，或需要广泛的基因工程。简而言之，优生主义的表述是，基因导致社会阶层的划分，就像基因导致亨廷顿舞蹈症一样，通过普遍的、生物学层面的、很难（如果不是不可能）改变的机制来实现。

将遗传和社会不平等之间的联系概念化为一个简短的、生物学层面的、普遍的因果链，会削弱解决不平等的政治意愿。正如哲学家凯特·曼恩所说，将社会不平等“自然化”，实际上就是“使社会不平等看起来不可避免，或认为试图抵制它的人在进行一场必败的战斗”。[7]说政府应该做一些事情来纠正不平等，就是暗示变革是可能的，而严格的基因决定论则暗示变化是不可能的，所以为什么要纠正不平等呢？基因决定论者认为，基因和社会不平等之间的关系最好从一个人的细胞生物学层面来理解，而不是从社会组织的层面来理解，这种想法与优生学的观念相呼应，即有些人天生就比其他人优越。正如演化生物学家杜布赞斯基在1960年代总结的：“保守派最喜欢的论点一直是，社会和经济地位单纯反映了人内在的能力。”[8]

这种出于意识形态动机的关于基因和社会不平等的联系机制的论点，可能会妨碍我们对科学本身的认识。归根结底，无论是关于人类优越性的优生观念，还是关于红发儿童的思想实验，都不能代替经验性的结果：我们对基因与社会不平等，特别是教育结果不平等之间的联系机制，究竟了解多少？[9]

这个研究领域发展很快，但就目前而言，我认为我们可以就遗传与教育不平等的联系机制说五点。

1. 与教育有关的基因在大脑中活跃，而不是在头发、皮肤、肝脏或脾脏中。

2. 将基因与教育联系起来的机制，在人体发育的早期，甚至在孩子出生之前就开始了。

3. 遗传效应对教育成功的影响，涉及标准化测试所衡量的智力类型的发展……

4. ……但不仅仅是智力。遗传效应对教育成功的影响还涉及所谓的“非认知”技能的发展。

5. 要理解遗传效应的机制，需要理解人与社会机构之间的相互作用。

现在，让我们详细考虑这五点中的每一点。

“哪里”的问题：基因对大脑的影响

正如我在第三章所述，受教育程度或任何其他表型的 GWAS 给我们提供了一组相对简单的结果，包括一个 SNP 列表以及它们与我们研究的结果有多大的关联。就其本身而言，这组结果对我们理解机制的帮助不大。但是,就像《塔木德》作者对《托拉》*的精练文本进行注释一样，生物注释（bioannotation）会分析GWAS产生的极简单的结果，并根据我们对基因组和细胞生物学的了解，提供解释说明：单个SNP被映射（mapped）到基因上；基因被映射到基因功能和基因表达产物上，如蛋白质；基因表达产物被映射到细胞或组织内的生物系统（biological system）上。

生物注释工具箱里的一件重要工具，是测试与一个结果相关的基因是否在身体的某些部位或某些细胞类型中优先表达。你身体里的每一个细胞都有相同的DNA代码，但不同的细胞需要做不同的事情，所以它们以基因表达的典型模式来打开和关闭不同的基因。那么，有了一组GWAS的结果，分析人员就可以测试，与受教育程度、主观幸福感或肥胖等性状最相关的基因是否也更有可能在身体的某个部位表达。

这类基因表达工作给我们带来了一个重要的洞见：与受教育程度相关的基因在大脑中优先表达；而在大脑中，它们在神经元中优先表达。具体到与受教育程度相关的“顶级”（top）基因，它们参与了对神经元相互交流能力至关重要的过程。这些过程包括神经递质的分泌，这些递质在神经元之间传递信息；神经元连接的适应性，以应对新的信息或废弃的信息；以及维持离子通道

* 《塔木德》是犹太教中仅次于《圣经》的主要经典,对犹太教律法进行注释和讲解。《托拉》狭义专指《摩西五经》，但可以涵盖所有的犹太教律法和教导。

(ion channel)，这是神经元的电荷所必需的。大脑在基因表达方面的中心地位，也体现在与社会不平等相关的其他每一种表型上：主观幸福感和抑郁症，酒精摄入和吸烟，肥胖和收入。

我们再回到詹克斯的红发儿童的例子。受教育程度的遗传率可能聚焦于由基因引起的身体外观的差异，然后引起其他人（对红发儿童）的不同待遇。不过，如果是这样的话，那么与受教育程度相关的基因就会在身体的其他地方表达，而不是在大脑中。但我们看到的并非如此。无论基因是如何使一些人更有可能或更不可能在教育方面取得成功，它们都是在人们的大脑中进行的，而不是在人的头发、肝脏、皮肤或骨骼中。

“何时”的问题：基因在人体发育过程的早期就开始产生影响

生物注释分析可以获得的另一个信息是，在人体发育过程中，与某一结果相关的基因何时被表达。在我们生命的不同阶段，不同的基因在我们身体里活跃。例如，与生长有关的基因在身体快速增长时是必要的，而一旦我们获得成年人的身材，这些基因就不那么重要了。生物注释分析显示，一些与受教育程度有关的基因在产前优先表达，那时儿童的大脑和神经系统仍在形成过程中。[10]

了解基因何时变得相关的另一种策略，是分析在不同年龄段测量的双胞胎的数据。例如，我和我的同事研究了一个双胞胎样本，他们在生命的早期（10个月和2岁时）就被测量了认知能力。[11]在这些非常早期的认知能力测试中，测试者要求孩子们做一些事情，如重复声音，把三个立方体放在杯子里，或拉动一根线使铃铛响起等。在10个月大的时候，被测量的认知能力的差异没有明显的遗传效应，但在儿童2岁时就显示出了遗传效应。

另一项研究使用了从受教育程度GWAS中创建的多基因指数，以观察哪些表型与教育多基因指数相关，以及在人体发育过程中这些相关关系在何时明显。这项研究表明，教育多基因指数与儿童是否在3岁前开始说话以及他们在5岁时的智商测试分数相关。[12]因此，与在生物注释和双生子研究中观察到的情况一致，多基因指数分析表明，无论基因如何影响教育不平等，都是在生命的早期发生的，其影响在儿童开始上学之前就已显现。

“什么”的问题：遗传效应涉及基本认知能力

我在得克萨斯大学参与指导的双生子研究，测量了一组被称为执行功能的认知能力。在几个小时内，受试儿童完成了12项不同的测试（如图7.2所示）。

虽然“执行功能”（executive functions）一词是复数的，但在某项执行功能测试中表现良好的儿童，往往在其他所有测试中也表现良好。测试分数之间的这种正相关意味着，所有测试的得

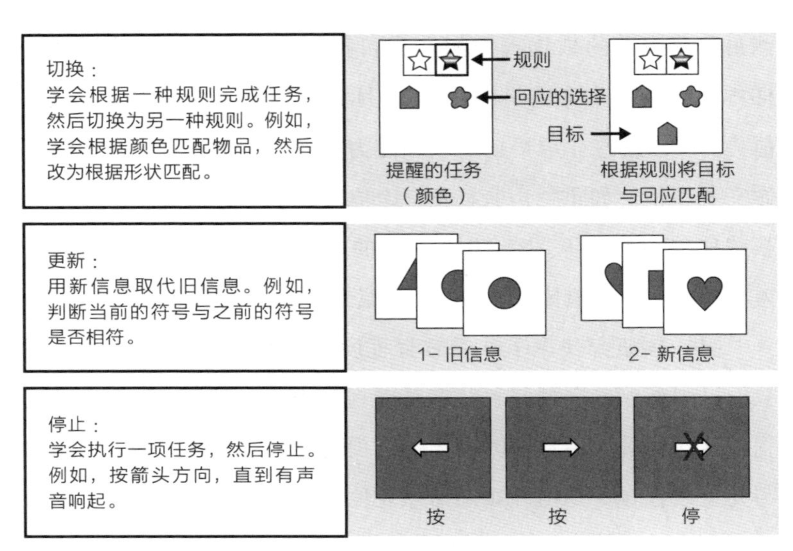

图 7.2 儿童执行功能测试的例子。Described in Laura E. Engelhardt et al., "Genes Unite Executive Functions in Childhood," *Psychological Science* 26, no. 8 (August 1, 2015)：1151–63, https://doi.org/10.1177/0956797615577209.

分都可以在统计学上汇总为一个单一的总分，我们称之为综合执行能力（general EF）。具有较高综合执行能力的儿童更善于调节自己的注意力。他们可以停止自己的动作，可以从一种规则切换到另一种规则。他们实时更新信息，并在工作记忆（working memory）中保存少量的信息。

综合执行能力有两点让我着迷。首先，它的遗传率几乎是百分之百。[13] 也就是说，在一群都在上学的孩子中，我们估计他们之间的综合执行能力差异几乎全都是由他们之间的遗传差异造成的。我们对数百名 8—15 岁的双胞胎进行了执行功能测试，在纠正了测量误差（由于随机性，测试的分数有轻微变化的趋势）之后，发现同卵双胞胎的综合执行能力基本上完全一样。异卵双胞胎的综合执行能力的相关度为0.5，他们共享一半的遗传差异，所以他们彼此之间的相似度为同卵双胞胎的一半。对任何行为特征（尤其是在儿童时期测量的行为特征）来说，近乎完美的遗传率是罕见的。综合执行能力的遗传率与眼睛的颜色或身高的遗传率相当，比身体质量指数或青春发育时相（pubertal timing）的遗传率更高。[14]

其次，这种几乎完全可遗传的特质，对学生在州政府规定的学业成绩测试中的表现有着惊人的预测作用。与美国各地的公立学校学生一样，得克萨斯州的学生从三年级开始，在学年结束时必须参加数学和阅读技能的标准化测试。我们收到了参加我们研究的孩子的成绩单，所以我们可以看到他们在执行功能测试中的表现能否预测他们在学校进行的高利害测试中的表现。结果是确实如此：综合执行能力与学生的考试成绩有0.4—0.5的相关性。

这只是一项研究，但它说明了一个更普遍的模式。长期以来，双生子研究已经发现了遗传对基本认知能力有影响的证据。[15]这些能力通常是在高度控制的实验室环境中测量的，反过来又能预测受试者在各种测试中的表现，如州政府规定的小学成绩测试，以及进入大学和研究生院的入学测试。

这一模式在使用多基因指数而不是双生子来研究遗传影响的研究中也很明显。正如我在上一节所述，如果我们对成年后的受教育程度进行GWAS研究，然后用该GWAS的结果创建一个多基因指数，那么该多基因指数也与儿童在5岁时的智商测试成绩相关。教育多基因指数还与儿童10岁时的阅读能力、13岁时的智商分数以及17岁时的大学入学考试分数相关。

在正规教育的每一个阶段，能够快速记忆事实、轻松地调整注意力，并在头脑中操作抽象信息的人，在考试中的表现更好。一个人是否在考试中表现良好，是他能否进入学校教育下一阶段的主要因素。

再谈“什么”的问题：遗传效应不仅仅涉及智力

正如陀思妥耶夫斯基提醒我们的，“要想明智地行动，需要的不仅仅是智慧”。[16]记者保罗·图赫在他的畅销书《性格的力量：勇气、好奇心、乐观精神与孩子的未来》中提出，之所以“有些孩子成功,有些孩子失败”,是因为成功的孩子拥有某些特定的“性格”特征，如“毅力、好奇心、自觉性、乐观和自制力”。[17]诺贝尔奖得主詹姆斯·赫克曼给出了一个类似的清单：“积极性、毅力和韧性，对人生的成功也很重要。”[18]这一系列特质通常被称为社会情感技能，或被更广泛地称为“非认知”技能。

“非认知”这个标签其实是用词不当：行为控制和人际交往能力显然是基于大脑的、对认知有很高要求的表型。但“非认知”中的“非”是为了强调这些动机、行为和情感特征不是什么：它们不是认知能力或学术成就标准化测试成绩的同义词。

《性格的力量》和安吉拉·达克沃思的《坚毅：释放激情与坚持的力量》等书（这两本书都登上了《纽约时报》畅销书榜），以及一些 TED 演讲，如卡罗尔·德韦克博士关于思维模式的 TED 演讲（观看次数超过 1200 万次），大大普及了关于非认知技能的心理学研究。[19] 随着“坚毅”（grit）和“成长型思维模式”（growth mindset）等词成为流行语，关于遗传在人的发展中的作用的猜测急速增多，比科研发展的速度更快，许多评论家迅速将这些技能与遗传相对立。例如，图赫写道：“对年轻人的成功非常重要的性格优势”并不是“好运气或好基因的结果”。[20] 同样，乔纳·莱勒（他现在已经因为抄袭和捏造而名誉扫地）为《连线》杂志写了一篇关于“坚毅的重要性”的文章，将坚毅描绘成与遗传影响相抗衡的重要因素。“天赋的内在性被高估了，我们的基因并没有赋予我们特定的天赋……天赋其实就是勤奋地练习。”[21]

我推测，公众对非认知能力之所以如此热情，部分原因是它们被认为不受遗传因素的影响，而遗传因素又困扰着关于认知能力的讨论。但“非认知能力不受遗传影响”的假设是不正确的。有三条证据表明，非认知能力的发展是连接基因和教育结果的路径的一部分。

首先，我们可以研究双胞胎的非认知技能。我在得克萨斯州参与指导的双生子研究，设计了一套测量方法，试图捕捉被认为对教育和其他方面的成功重要的各种特质（图 7.3）。这些特征包括过去几十年社会心理学和教育心理学的“最重要发现”，包括坚毅、成长型思维模式、求知欲、掌握取向（mastery orientation）、自

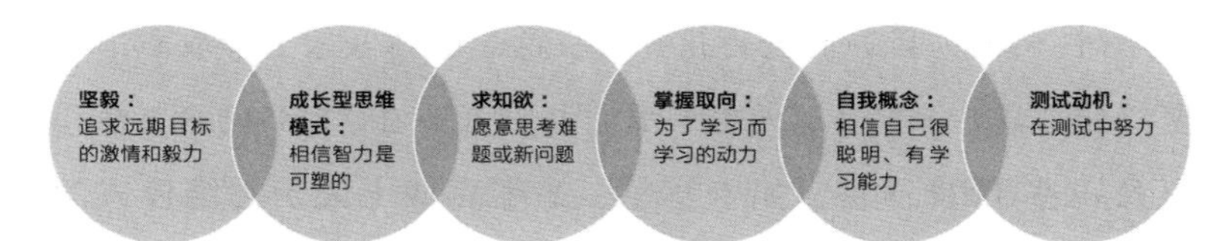

图 7.3 不同类型的非认知能力。描述见 Elliot M. Tucker-Drob et al., "Genetically Mediated Associations between Measures of Childhood Character and Academic Achievement," *Journal of Personality and Social Psychology* 111, no. 5 (2016)：790–815, https://doi.org/10.1037/pspp0000098。

我概念（self-concept）和测试动机（test motivation）。在我们的双胞胎样本中，非认知技能具有适中的遗传率（约 60%），这一估计与大多数团队发现的智商的遗传率（50%—80%）一致。

第二，研究者从受教育程度 GWAS 中创建了多基因指数，并观察这些多基因指数在儿童和青少年时期跟哪些表型（而不是认知测试成绩）相关。该研究发现，教育多基因指数与下列因素相关[22]：

- 9 岁儿童在成人眼中的人际交往能力（"友好、自信、合作或善于沟通"）
- 儿童在 11 岁时逃学的次数
- 12 岁儿童被教师说有多动症的可能性
- 青少年在 15 岁时，多么渴望有一天能从事地位高的职业，如医学或工程学
- 人们在童年和成年时多么讨人喜欢，对新事物的态度多么开放

研究非认知技能遗传的第三种方法，是研究那些在受教育程度上有差异但在认知能力测试上表现相似的人。这种方法能告诉我们：在从受教育程度中剔除认知能力后，剩下的是什么？我和我的同事借用了这一策略，将其应用于 GWAS，测试哪些 SNP 与人在学校的学习表现（较高的受教育程度）的差异有关，然后剔除这些 SNP 与认知测试成绩的关系。[23] 剩下来的就是一组关于受教育程度的“非认知”差异的 GWAS 结果。

对这些 GWAS 结果的一项早期的后续研究，比较了在“非认知技能”多基因指数方面存在差异的兄弟姐妹，发现有证据表明我们的 GWAS 确实捕捉到了与教育成功有因果关系的基因。[24] 此外，我们用这些 GWAS 结果来计算教育结果与其他多种性状的“遗传相关性”（genetic correlation）。遗传相关性分析使用两个不同性状的 GWAS 结果，来估计影响每个性状的基因之间的关系强度。[25]

我们发现，与更大的教育成就有关的非认知技能的遗传特征，同多种不同类型的事物有关。[26] 在人格领域，非认知遗传特征与一种叫“经验开放性”（Openness to Experience）的特质关系最密切，这种特质反映了好奇心、学习欲望和对新奇经验的开放性。非认知技能的遗传特征也与延迟满足的能力有关，延迟满足的能力是由人们对较大的、较晚的奖励而不是较小的、立即的奖励的偏好程度来衡量的；非认知技能的遗传特征与较晚的生育有关；总的来讲，也与较少的冒险行为有关。总体而言，我们的研究结果表明，非认知技能确实是一项技能，许多不同的与遗传相关的特征和行为都有助于人们取得更好的学业成果。

也有一些令人惊讶的情况。与非认知技能相关的SNP跟几种精神疾病的高风险相关，包括精神分裂症、双相障碍症、神经性厌食症和强迫症。这一结果警告我们，不要把与“在目前的正规教育体制中取得更好成果”相关的遗传变异看作是固有的“好”东西。一个单一的遗传变异可能会使一个人在学校里取得更好成绩的可能性增加一点点，但同一个变异也可能会增加人患精神分裂症或其他严重精神障碍的风险。

总的来说，这三条研究路线告诉我们，在理解遗传如何影响与不平等相关的特征时，非认知技能并非一张“免罪金牌”，也就是说，非认知技能也受遗传影响。一个人的基因型与一个人的最终受教育程度之所以相关的部分原因是，积极性、好奇心、人际交往能力和毅力这些能使人在学校取得更大成功的特征本身，就受到遗传的影响。

“谁”的问题：遗传效应涉及人与人之间的相互作用

正如我在前文所述，遗传效应在生命的早期就很明显了：在受教育程度GWAS中发现的基因早在产前就已获得表达，并与5岁时的智商测试成绩有关。同时，我们还观察到一种可能看起来不直观的模式：遗传对认知能力的影响，随着时间的推移只会越来越强。一项元分析（将大量研究项目的数据汇集起来并加以总结的研究）发现，从出生到儿童期结束（即 10 岁左右），遗传对认知能力的影响迅速变强。[27] 遗传对个性特征（如有序性和对新经验的开放性）的影响强度也有类似的增加，但持续时间更长，一直到 30 岁左右。

为什么随着时间的推移，即使儿童积累了越来越多的环境经验，遗传的影响仍然越来越强？理解这个明显悖论的秘诀，是要理解这一点：人与社会环境的互动，是连接遗传同心理和社会结果的因果链的重要组成部分。[28] 智力、好奇心、积极性、自律，这些并不是作为一个人的神经系统的“固有”或“天生”的属性在真空中出现的。相反，它们是随着时间的推移而发展的，是儿童与他们生活中的人们之间相互作用的一部分。

在我们关于这个想法的第一项研究中，我们研究了一对 4 岁的双胞胎儿童和他们的父母的样本。[29] 我们通过拍摄父母（通常是母亲）与孩子用两袋玩具进行 10 分钟的互动，来衡量父母的教养行为。训练有素的评分者被要求对父母的认知刺激(cognitive stimulation）水平打分：父母是否试图教孩子一些能促进他们语言或感知能力发展的东西，以及父母是否以适合孩子发展和跟踪孩子兴趣的方式来做这些事情？

我们发现两个主要结果。首先，在 2 岁时有更先进的认知功能的孩子，在 4 岁时从他们的父母那里获得了更多的认知刺激，即使实验者排除（controlling for）了父母以前的教养行为的影响。第二，在孩子 2 岁时为孩子提供更多认知刺激的父母，其孩子在 4 岁时有更好的阅读能力，即使实验者排除了他们以前的认知功能水平的影响。这项研究让我们了解到因果链的早期部分：2岁时能够更好地重复声音和对玩具进行分类的孩子，与不会咿呀学语的孩子相比，会得到父母不同的回应。而父母提供的认知刺激，对儿童在4岁时的阅读能力也有影响。那么，在生命早期重复声音的能力方面的最初遗传优势，会通过孩子受到的教养行为的类型，在因果链中向下传递。

另一项使用多基因指数而非双胞胎的研究，考察了幼童家庭环境的几个不同方面，并测试了哪些方面与父母的遗传特征有关，这些遗传特征是通过父母的教育多基因指数来衡量的。[30] 访谈者进入家庭，测量父母有多么温暖和亲切，房子有多么安全和整洁，房子有多么混乱和无序，以及父母在认知方面对孩子的刺激程度。其中，只有认知刺激（通过玩具、拼图和书籍的有无和多少，以及通过孩子与父母一起做的活动，如去动物园或博物馆来衡量）同时与父母的遗传特征和孩子最终在学校的发展程度是相关的。

与社会环境互动的重要性并非仅限于儿童发育的早期。我和我的同事做了一项研究，使用了大约3000名美国人样本，他们在1994—1995年是高中生。[31] 这个样本很有意思，因为受试者既提供了他们的DNA供基因型分型，又给出了他们的高中成绩单，这样研究者就可以看到他们每年都上了哪些课程。结合这些不同的信息来源，我们可以看到，美国高中的分班（tracking）过程可能是连接学生的遗传差异与最终受教育程度差异的因果链的一部分。

开始上高中时，大多数学生对他们要上哪种数学课有选择权。

根据一些因素（比如他们在八年级上了哪种数学课，他们对数学的喜欢程度和兴趣有多大，他们的老师和辅导员对他们的评价，他们的父母对进入大学的必要课程的了解程度），学生要么被安排在代数课（美国中学九年级学生最常见的数学课），要么被安排在“初级代数”这样的补习课程，或者学生可以选择几何这样的“高级”课程。

当我为其他学者做关于高中数学成绩的讲座时，我请听众中有在高中学过微积分的人举手。几乎毫无例外，房间里的每个人都会举手。大多数最终获得理工科博士学位的人在高中时都有相当高的数学训练水平。

但在高中阶段就接受微积分训练，实际上是相当罕见的。2018 年，大约 15% 的美国高中毕业班学生完成了微积分课程，而在 1990 年代，在高中就学过微积分的学生更少，当时大多数州只要求两年的数学课程就可以从高中毕业。[32] 在我们用于研究的样本中，在九年级学习几何的学生中有 44% 最终参加了微积分课程，而在九年级学习代数的学生中只有 4% 最终参加了微积分课程。14 岁的孩子在决定上哪种数学课时，他们可能不知道，如果他们选择更难的课程，他们将有 18 倍于其他人的机会学习对未来的理工科工作至关重要的数学技能。

在美国，我们不会禁止红头发的人上学，但实际上，我们禁止那些在九年级没有学过几何的学生在高中学习微积分，（在美国许多州）我们禁止那些没有完成“代数 2”课程的学生从高中毕业或进入重点公立大学。

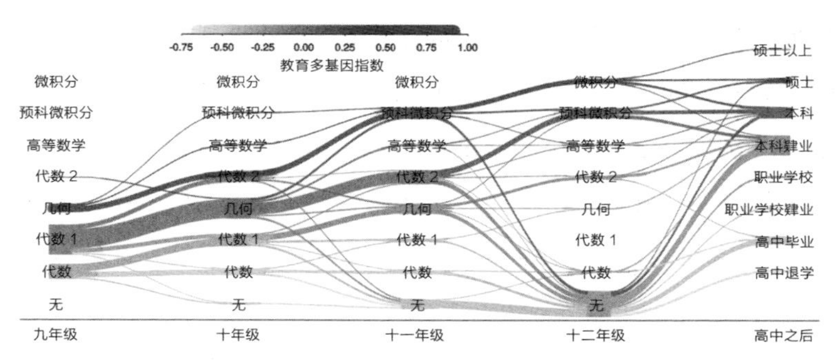

图 7.4 按教育多基因指数划分的学生在高中数学课程中的流向。线条的宽度代表高中每一年注册每门数学课程的学生人数。线条的暗度代表注册该课程的学生的平均教育多基因指数。多基因指数的值以标准差为单位。数据出自“全国青少年健康纵向研究”中的欧洲裔学生，他们在 1990 年代中期在美国高中就读。Reproduced from K. Paige Harden et al., “Genetic Associations with Mathematics Tracking and Persistence in Secondary School,” *Npj Science of Learning* 5 (February 5, 2020) : 1–8, https://doi.org/10.1038/s41539-020-0060-2.

图 7.4 直观地显示了基因在学生选修高中数学课程流向中发挥的作用。从上到下是按难度排序的不同数学课程，从微积分到基础 / 数学补习班。从左到右是高中四年和学生的最终受教育程度。每年的“河流”的宽度代表遵循该特定课程轨迹的学生的数量。“河流”的颜色深浅代表学生的教育多基因指数。

在图中，我们看到，学生根据一些受遗传影响的特征，被分成了不同的组，每组的学习机会不同，这导致了高中开始时教育的遗传分层（genetic stratification)。对于学习几何的学生来说，多基因“河流”的颜色已经比学习初级代数的学生更深。从那里，我们看到了一个显著的路径依赖，随后学习什么课程取决于之前学习了什么课程。同时，多基因指数低的学生在每一年都更有可能退出数学课程，这导致随着高中学业的进行，遗传分层愈演愈烈。

我们应该重新审视“机制”（mechanism）这个词。当高中毕业生申请大学时，高校看不到他或她的DNA。不过，高校可以看到学生的成绩单，其中给出了关于学生是否已经完成进入大学所需的课程，包括“代数2”的信息。如果分班导致了学生的基因型与积累（或不积累）大学招生办所关注的数学资质相关，那么分班和大学招生就成了基因效应的作用机制。学校将学生分配到不同课程、使学生升学和录取学生的方式，将无形的DNA转化为可见的学术能力证明。

再谈红发儿童

当詹克斯在1970年代首次提出他的红发儿童思想实验时，人们逐渐明白，基因确实对学习成绩、智力、收入、精神病理、健康和福祉有影响，但是，正如他正确指出的，这些遗传效应的可能的传播机制极多。不过，在那之后的五十年里，我们已经幸运地学到了一些东西。数以千计的遗传变异对受教育程度和其他复杂的人类表型有影响。这些基因通过发生在神经元和其他脑细胞中的大体上未知的细胞过程发挥其作用。这些细胞效应在产前发育过程中已经发生，它们对有机体的影响在儿童时期已经很明显，如更出色的早期词汇量、更好的执行功能和更强的非认知技能。在这些技能方面具有较大初始优势的儿童，会得到父母和教育工作者的更好回应：这样的儿童在家里得到更多的认知刺激，在学校得到更具挑战性的课程，这两种情况都会使他们的初始优势得到加强。而这整个过程要经过多年的时间，在重视考试的正规教育体制的背景下进行。

那么，红发儿童的例子暗示的另一个问题——在哪些可能的替代世界里，这些因果链会被打破，而我们会愿意生活在这些可能的替代世界里吗？本书的后半部分会探讨这个问题。

讲到这里，我希望我已经让你相信了三件事。第一，遗传学研究已经开发了一系列的方法，使用家庭成员对比、DNA 测序以及两者的组合，来估计基因对人类复杂性状的影响。第二，遗传学研究的压倒性共识是，人与人之间的遗传差异对谁能在正规教育中取得成功有影响，而正规教育的结果对许多其他方面的不平等有影响。第三，虽然这些遗传差异的生物学特性在很大程度上仍然是个谜，但科学界在理解遗传对教育成功产生影响的心理介质和社会介质方面，正在取得进展。现在，让我们把注意力转向如何在政策和教育实践中运用这些洞见，重新审视我们关于优绩主义的迷思。

第二部

认真对待平等问题

第八章

其他可能的世界

遗传学研究最终希望回答关于一组可能的替代世界的问题：你是在特定时间和特定地点出生和长大的，但如果你遗传了不同的基因，会怎样？与之相比，我在上一章描述的桑迪·詹克斯关于红发儿童的思想实验，是在问一个不同的问题，关于一组不同的可能世界：如果你的基因型没有变，但社会和历史背景改变了，会怎样？

这不仅仅是一个反问句。1989 年柏林墙倒塌时，菲利普·科林格，也就是我们在第三章遇到的那位热爱柠檬鸡的经济学家，才 14 岁。到当时为止，他的生活都是在东柏林度过的，但在柏林墙倒塌之后，科林格和其他东德学生有机会进入一个全新的教育世界。政府倒台，边界解体，经济变革，法律通过，政策制定者改变主意。社会被重新想象和重新塑造。

自弗朗西斯·高尔顿以来，优生学思想家们一直稳步而成功地进行着误导性宣传，想使人们相信，对社会的重新想象是徒劳的。他们的宣传是这样的：如果人与人之间的遗传差异导致了生活结果的差异，那么社会变革将只能通过编辑人们的基因而不是通过改变社会来实现。这是心理学家阿瑟·詹森在1960年代末写的一篇重磅论文的论点。他问道："我们能在多大程度上提高智商和学术成就？"他利用早期对学术成就遗传率的研究，给出了非常负面的答案。[1]

几十年之后，作家查尔斯·默里继续进行同样的遗传悲观主义（hereditarian pessimism）宣传。他在《人类多样性》一书中提出，"外部干预对个性、能力和社会行为的影响，受到固有的限制"。[2]之所以受到固有的限制，是因为我们的这些方面是受遗传影响的。根据默里的观点，人有一个固有的遗传"设定值"（set point），在这个设定值周围存在少量由环境引起的抖动（jitter）。默里认为，社会变化有可能影响基因设定值周围的少量变化，但不能改变设定值本身。

这种关于社会变革可能性的遗传悲观主义，实际上是基于对遗传原因和环境干预之间关系的根本误解。正如经济学家阿瑟·戈德伯格在1970年代末所说的，你的遗传导致你的视力不佳，但你的眼镜仍然很好用。[3]也就是说，眼镜不只是有助于解决环境造成的视力不佳。眼镜能帮助改善你的所有屈光问题，无论它是由遗传还是环境造成的。这样一来，眼镜就成为一种外部干预，切断了一个人的近视基因和拥有功能性视力之间的联系。

眼镜的例子对一个更普遍的问题很有启发。有一个“如果”问题是这样的：如果在所有其他条件都相同的情况下，你从父母那里继承了不同的基因组合，会怎样？对这个“如果”问题的回答，并不能直接帮助我们回答另一个“如果”问题：如果你的基因型完全相同，而社会和经济环境发生了变化，会怎样？[4]如果科林格继承了不同的遗传变异组合，他获得博士学位的概率会有所不同吗？会。我们从多基因指数的兄弟姐妹对照、双生子研究和测量DNA遗传率的研究中知道这是真的。但是，即使教育结果有遗传原因，如果柏林墙没有倒塌，科林格获得博士学位的概率会不会有所不同？也会。可遗传的表型对社会变革是没有免疫力的。

不幸的是，认为遗传影响是社会变革不可逾越的障碍的错误想法，得到了广泛认可。不仅是那些试图将不平等“自然化”（即认为不平等是自然现象）的人，而且他们在意识形态和政治上的对手也认可这种错误想法。出生于俄国的演化生物学家杜布赞斯基在二战后对斯大林迫害遗传学家的行为敲响了警钟。他在1962年评论了这种很讽刺的现象：“奇怪的是，一些自由主义者接近于同意顽固保守派的这种观点，即如果能证明人们在基因上是多样化的，那么通过社会、经济和教育的改善来改善人们命运的尝试将是徒劳的，甚至可能是‘违背自然’的。”[5]

杜布赞斯基对某些人对遗传学的反应的刻画，仍然具有显著的前瞻性。例如，人类学家阿古斯丁·富恩特斯在为纪录片《危险的想法》所做的采访中概括了这种态度[6]：“如果你相信某人成为工业大亨的能力……是以某种方式写在DNA里的，那么你就没有任何责任，一切可以保持原样。”富恩特斯暗示，人们有道德上的责任为一个更平等的社会而努力。因此，他反对社会不平等是“以某种方式写在DNA里”的想法，因为这种想法会妨碍人们对社会变革的倡导和投入。

但这两件事可以同时成立：遗传可能成为社会分层的原因，而对待系统性社会力量的措施，可以有效地推动社会变革。一旦你对这两个真理有了清晰的认识，围绕行为遗传学的很大一部分争议就会消散，留下空间来解决两个更有趣、更复杂的问题。首先，社会和历史环境改变基因型与表型之间关系的方式，与戴眼镜会改善视觉效果有什么不同？第二，展望政策问题，我们希望人们的遗传特征和他们的生活结果之间的关系是什么样子的？这些都是我们在本章要考虑的问题。

向下拉平：当最差的环境产生最平等的结果时

当然，除了科林格和东德的其他孩子之外，还有很多人的教育机会随着苏联解体而改变。爱沙尼亚是一个波罗的海国家，从二战结束到1991年间，爱沙尼亚学生几乎没有自由选择。[7]在八年级结束时，他们会被分配到三个学校轨道中的一个，这三个轨道之间很少有流动。完成学业后，学生被分配到工作单位，他们必须在那里工作至少三年。大学学位并不特别受重视，进入大学的竞争也不激烈。

苏联时代结束之后，爱沙尼亚人终于可以在教育和就业方面进行自由选择和竞争。如今，爱沙尼亚人享有经济合作与发展组织（OECD）所称的“高绩效的教育体制”，“将公平与质量相结合”。像其他几个经合组织国家（如芬兰、挪威、韩国和冰岛）一样，爱沙尼亚学生的阅读测试成绩高于平均水平，而且国内学生之间的成绩差异很少是由学生的社会经济背景造成的。[8]

除了发展出高质量且公平的教育体系，爱沙尼亚还拥有世界上最好的国家生物样本库之一。爱沙尼亚基因组中心一直在建设一个关于爱沙尼亚人口的大规模数据库，其中包括关于爱沙尼亚国民的健康和基因的信息。爱沙尼亚生物样本库中的一些人是在苏联时代长大的，也有一些人是在恢复独立之后成年的。因此，在 2018 年，来自英国的遗传学家提出了这个问题：当社会发生变化时，遗传原因会怎样？

具体来说，英国遗传学家从受教育程度的全基因组关联分析（GWAS）中创建了一个多基因指数，并测试该指数与在苏联时代结束时（即将学生分配到三个中学轨道的制度被废除之前）小于 10 岁的人的受教育程度的关系。研究发现，与在苏联时代受教育的人相比，教育多基因指数能够明显更多地解释后苏联时代群体的受教育程度差异。当孩子们被分配到几乎不考虑选择或竞争的学校时，他们之间的遗传差异与他们最终的受教育程度的关系更加微弱。

在研究教育多基因指数与美国女性获得更多教育机会的历史变革之间的关系时，类似的结果也很明显。[9]对于我祖母的出生队列（1939—1940 年出生的人），教育多基因指数与女性受教育程度的关系，比教育多基因指数与男性受教育程度的关系要弱（在我的母校弗吉尼亚大学于 1972 年开始不分性别录取学生之前，1939—1940 年出生的女性已经三十多岁了）。但随着时间的推移，这种性别差异在缩小：随着女性受教育机会的增加，多基因指数与女性的教育结果有了更紧密的联系。对于我所在的出生队列的女性（1975—1982 年出生的人）来说，多基因指数与教育结果的关系，跟男性的一样紧密。具有讽刺意味的是，遗传特征已成为性别平等的标志。

在分析双胞胎数据时，我们发现了相同模式的证据：在允许更多选择和竞争的社会背景下，遗传的关联性更强。挪威的一项早期（1985 年）的双生子研究[10]发现，较晚出生的队列，特别是受益于扩大高等教育机会的教育改革的男性，其受教育程度的遗传率高于较早出生的队列。

除了比较一个国家不同时期双胞胎的受教育程度遗传率之外，我们还可以比较不同国家的受教育程度遗传率。这些国家的代际社会流动性不同，由父母与子女受教育程度的相关性决定。[11]尽管美国被神化为“充满机遇的土地”，但美国的社会流动性比其他许多国家要低。丹麦是社会流动性高的国家的一个例子。在社会流动性较低的国家，如美国和意大利，受教育程度的遗传率实际上较低。这项研究提醒我们，遗传率是关于差异的，甚至同一家庭的不同成员的遗传特征也是不同的。在一个比较静态的社会里，教育从父母那里复制到孩子那里，几乎没有向上或向下的流动，基因彩票对孩子的生活结果的影响较小。相反，当生活机遇较少取决于家庭的经济和文化资源水平时，基因会产生更多的影响。

最后，双生子研究表明，儿童认知能力的遗传率在出身于贫困家庭的儿童中最低，而在富裕家庭的儿童中最高，特别是在美国，其保护贫困家庭的社会安全网比其他发达国家更弱。[12] 从基因到更好的智力测试成绩的因果链并没有完全断裂，但当儿童的家庭物质资源匮乏时，它被削弱了。

这些研究共同说明了一个向下拉平（leveling down）的过程：当人们因为贫穷、性别歧视或政府压迫而无法继续接受教育时，他们拥有的基因在很大程度上变得无关紧要。基因型和上学之间的因果链取决于是否有学可上。因此，我们经常看到，基因对教育的影响最小的社会背景是最不理想的，因为其中普遍存在剥夺、歧视和 / 或威权主义的社会管控。

研究结果呈现的这种模式——好环境中的遗传率高于坏环境中的遗传率——可能是反直觉的。但我们可以利用生物学家理查德 · 陆文顿的一个经典的思想实验来建立一个直观感受。[13] 想象一下，有两个花园，其中一个有营养丰富的土壤、明媚的阳光和充足的水，另一个则遍布岩石，黑暗笼罩，土地干枯。现在，这两个花园都播种了不同基因的玉米种子。在资源丰富的花园里，每株植物都有机会达到最大的高度。此外，由于同一花园内所有植株的条件完全相同，所以植株之间的高度差异主要是由于种子之间的遗传差异。

陆文顿的例子经常被用来说明，为什么（正如我在第四章所解释的）即使群体内部的差异是由遗传差异造成的，群体之间（如种族群体）的差异仍然可能完全是由环境因素造成的。[14] 同时，花园的例子也说明了在关于“缩小”学生差距的言辞中往往被忽略的一点[15]：资源丰富的花园，为所有植株提供相同的环境，植株的平均高度可能更高，但植株在高度上更不平等。同样，消除结构性障碍，如制度化的性别歧视、过于高昂的学费和严格的分班制度，一方面会提高人群的平均教育水平，但另一方面会增加跟人与人的遗传差异有关的教育结果的不平等。

平等与公平

如上文所示，通过观察研究，我们经常看到，在压抑和匮乏的环境中，教育结果的遗传率较低；而在更开放和资源丰富的环境中，教育结果的遗传率较高。基于这种观察，一些科学家提出，高遗传率实际上是好事，它表明恶劣的环境条件得到了改善，也表明社会更尊重个体，所以每个人独特的、受遗传影响的才能和倾向能够体现出来，并影响他们的生活结果。1970 年代，理查德·赫恩斯坦在他的《优绩主义中的智商》一书中指出，高遗传率是一个积极的迹象，表明社会已经消除了若干环境不平等的现象：“消除学校中的大班制、糟糕的图书馆、简陋的物质环境、拥挤的贫民区、素质较差的教师、不充足的饮食等……必然会提高遗传率。”[16] 近期，社会科学家道尔顿·康利和詹森·弗莱彻重提这一点，认为高遗传率可以被视为社会中“公平的衡量标准”，是“一个机会平等的乌托邦社会的必要但不充分的组成部分”。[17]

这一观点，即生活结果的高遗传率是乌托邦社会的一个必要组成部分，会让一些读者深感不安。这真的是我们的理想吗：一个“遗传的香格里拉”[18]，在那里，贫困和压迫造成的生活结果不平等已经被消除，但遗传造成的生活结果不平等仍然存在？

植根于社会环境的不平等是不可接受的，这是大部分人的共识。那么，为什么与基因有关的不平等就可以接受呢？毕竟，正如我在本书中所论证的，这两者都是出生的意外，是一个人无法控制的运气。

1980 年代初，对行为遗传学持激烈批评态度的心理学家里昂·卡明，反驳了这样一种直觉认识，即由基因造成的生活结果的不平等，在道德上比由环境造成的不平等更可接受。他举的例子是苯丙酮尿症（PKU），这是一种罕见病，由单基因突变引起，损害了人体代谢一种叫苯丙氨酸的蛋白质砌块的能力。如果不加以治疗，PKU 会导致智力障碍。而高收入国家现在经常对新生儿进行 PKU 筛查，通过低苯丙氨酸的限制性饮食来治疗。

用饮食治疗 PKU，就像用眼镜应对近视一样，让我们想起了我在本章前面提到的一个观点：*遗传原因可以有环境的解决方案*。事实上，尽管 PKU 有一个简单的、已得到充分了解的遗传病因，但在目前，环境解决方案仍然是治疗 PKU 唯一的办法。PKU 的基因疗法（目前）还没有成为现实。[19] 而且，我们可以将 PKU

的简单病因与具有高多基因性的结果（如智力测试分数或受教育程度）的遗传结构进行对比，它们涉及成千上万影响微小、机制不明的遗传变异。[20] 更加复杂的是，这些变异中有许多同时具有正反两方面的作用，例如，许多与高受教育程度有关的遗传变异，也与精神分裂症的高风险有关。[21] 一些保守派学者建议我们通过编辑儿童的基因组来提高他们的智商，这在科学上不仅是不可行的，也是荒谬的。[22]

而且，正如卡明指出的，PKU 的例子也显示了只关注植根于环境的不平等，而不关注植根于基因的不平等的荒谬性[23]：

> 如果家庭对其后代的生活机遇有长期的**遗传**影响，自由主义者为什么**不应该**感到不安？“遗传”产生的差异是否比“环境”产生的差异更公正、更美好、更真实？……“遗传”差异是否比“环境”差异更加固定和不可逆转？如果认为我们应该对文化家族性智能不足（cultural-familial retardation）感到不安，同时又愉快地接受由基因决定（但很容易预防）的 PKU，那显然是荒谬的。

卡明的反问（“自由主义者为什么不应该感到不安？”）反映了政治哲学家约翰·罗尔斯的论点。罗尔斯指出，如果人们发现源于环境运气的不平等令人不安地不公平，那么人们也可能发现源于遗传运气的不平等同样令人不安[24]：

> 一旦我们在决定分配份额时为社会偶然因素或天然机会的影响而感到苦恼，我们在思考时也不免要为另一种影响而感到苦恼。从道德的观点看，这两种影响似乎是同样毫无道理的。

我们应该为人们无法控制（因此不能说他们应得）的因素造成的不平等而烦恼，这种想法并没有停留在抽象的哲学世界。相反，它已经融入了世界各地的教育政策。让我们考虑一下经合组织是如何定义教育公平的[25]：

> 公平并不意味着所有学生都获得同等的教育结果，而是指**学生的成果差异与他们的背景或学生无法控制的经济或社会环境无关**（强调是我加的）。

这里的逻辑很清楚。来自不同社会阶层的学生之间的任何不平等，都被认为是不公平的，而不公平的原因在于它们是抽彩的运气造成的，学生对其既无选择也无控制。

这种对公平的理解已经深入美国教育工作者的思维中。[26]关于公平（equity）和平等（equality）之间的区别，有一个著名的阐释，即三个身高不同的人，都想从一个棒球场的栅栏上看过去（图 8.1）。“平等”意味着他们每个人都得到一个高度完全相同的凳子，导致他们之间的个体差异持续得到表达。而“公平”意味着每个人都得到一个足够高的凳子，使他们能够看到栅栏的另一

图 8.1 平等与公平。图片出自 Interaction Institute for Social Change. Artist: Angus Maguire。

边，其中最矮的人得到更高的凳子（即更有力的支持）。

因此，我们认为，教育公平不是对每个人都一视同仁，而是给那些最有可能在学习上遇到困难的孩子（无论是由于他们的背景社会条件还是由于“自然的偶然性”）提供有针对性的强化支持，使他们的学习尽可能达到更有优势的同龄人更容易达到的水平。我女儿的学前班教室里有一张彩色招贴画，上面写着：“公平不是每个人都得到同样的东西。公平是每个人都得到他为了成功而需要的东西。”这是 5 岁孩子也能理解的公平概念。

公平的倡导者反对主导美国政治话语的“机会平等”言论。机会平等实际上可以用多种不同的方式来定义。[27] 但最简单明了的定义是，以完全相同的方式对待每个人。当然，问题在于人们在基因和其他方面并不完全相同。为每个人提供完全相同的教育

图 8.2　学前班教室里关于公平的招贴画。照片由作者提供。

条件的教育体制，将不可避免地产生深刻的结果不平等，就像建造一个 1.8 米高的栅栏，然后给每个人提供完全相同的 15 厘米高的脚凳，不管他们的身高如何。

机会平等必然会复制植根于自然随机性的不平等，所以有些人主张放弃对机会平等理念的依恋。哲学家托马斯 · 内格尔指出："自由主义的一视同仁观念……必定会反映，也许会扩大由自然或历史造成的差别……人们熟知的一视同仁原则，加上其关于相关差异的'优绩主义'概念，看来过于软弱，不能与自然制造的不平等作斗争。”[28]作家弗雷德里克·德博尔说得更尖锐：“机会平等是一种陈腐的过时观念。它是一种诡计，一种躲避。它是进步人士为不平等提供祝福的一种方式。”[29]

抬高底线：当干预措施促进了公平

回到戈德伯格的眼镜的例子，我们可以看到，这个思想实验之所以如此影响深远，部分原因在于，眼镜是一种促进公平的干预。拥有良好视力的人并没有获得增强视力的手术来使他们的视力变得更加敏锐。相反，资源被有选择地给予那些视力差的人，使他们的日常视功能尽可能地达到视力好的人享有的水平。

不过，我怀疑戈德伯格的例子之所以经久不衰，也是因为现实生活中可以借鉴的促进公平的行为干预的例子太少了。很少，但并非完全没有。特别是近年来，随着强有力的 GWAS 创建的多基因评分的出现，我们终于开始看到丰富化的环境的例子，这些环境既改善了平均结果，又缩小了与遗传有关的不平等，使那些最容易出现不良结果的人受益。

举个例子。一项研究考察了 20 世纪中期英国的一项教育改革对人们健康的影响，该项改革规定：1957 年 9 月 1 日或之后出生的每个人都必须在学校待到他们年满 16 周岁，不准提前退学。[30]在这个截止日期之前出生的人，与在这个截止日期之后出生的人不会有任何系统性的差异。那么，生日就构成了一种自然实验的基础，测试政府强迫人们在学校多待一年的效果。

平均而言，额外的教育年限改善了人们的健康：经历此项教育改革的人在成年后的身体质量指数更小，肺功能更好。但并不是每个人的反应都一样。此项改革对那些具有最高的超重遗传倾向（以肥胖症 GWAS 的多基因指数衡量）的人的影响最大。因为教育改革对风险最大的人影响最大，所以改革减少了与遗传有关的不平等。在没有经历过此项改革的人当中，具有最高遗传风险的三分之一的人，与具有最低遗传风险的人相比，超重或肥胖的风险要高 20%。改革之后，这一差距缩小到只有 6%。

另一个例子是一个名为“家庭检查”（Family Check-Up）的干预项目，该项目向青少年的父母传授所谓的“家庭管理”策略：如何监测青少年的朋友和行踪而又不过分干涉，如何设定合理的限制（如宵禁）并予以执行。[31] 美国的一项随机对照试验将接受“家庭检查”干预的家庭与对照组进行了比较，结果发现，平均而言，干预措施减少了青少年饮酒现象和随后出现的酗酒问题。一项后续研究引入了遗传数据，使用从酒精依赖的 GWAS 中创建的多基因指数。在对照组中，多基因指数和酗酒问题之间的联系跟我们根据原始 GWAS 所期望的结果相符：平均而言，多基因指数较高的人有更多的酗酒问题。但在那些家庭接受干预的人中，遗传效应被关闭了：遗传风险和酗酒问题之间没有关联。

最后，我们在研究“美国高中数学分班与结果的多基因关联”时（见上一章），看到了类似的抬高底线的模式。总的来说，多基因指数更高的学生学习数学的平均年限更长（这项研究使用了

1990年代中期的数据，当时美国大多数州只要求高中生学习两到三年的数学）。但是，来自优势高中（那里有更多家长拥有大学文凭）的学生，即使他们的多基因指数较低，也不会从数学课程中半途而废。

目前我们还不清楚这是为什么。也许是因为优势高中可以为有学习困难的学生提供额外的辅导或指导，或者可能仅仅是因为在家长受过大学教育的家庭中存在强烈的社会规范，即期望学生参加什么类型的数学课。但是两个多基因指数相当的学生会根据他们的学校环境不同而显示出不同的结果，特别是如果他们的多基因指数很低的话。

这三个例子说明了一个更普遍的问题：公平（equity）和质量（quality）并不总是对立的。在所有这三个例子中，正向的环境改变，不成比例地改善了那些具有最高遗传风险（肥胖、酗酒、从数学课程中半途而废）的人的结果，因此使不同基因型的人的结果变得更均衡。

当富人变得更富有，穷人被抛下

不过，促进公平的结果并不是必然的。干预措施可能成功，因为它们平均而言改善了结果，但同时它们也可能加剧人们之间的遗传差异。例如，自1960年代以来，政府对香烟和其他烟草产品征税，已成功地将烟草消费量减半。但是健康经济学家詹森·弗莱彻和其他人提出，征税对于劝阻那些在遗传上香烟成瘾风险最小的人吸烟最为有效。[32] 相比之下，那些在遗传上成瘾风险最大的人却越来越被抛在后面，继续在吸烟的灾难性健康后果（和惩罚性的经济成本）中挣扎。[33]

这种情况，即原本就处于有利地位的人从政策或干预措施中受益最多，被称为马太效应。耶稣在《马太福音》(第25章第29节)中说："因为凡有的，还要加给他，叫他有余。没有的，连他所有的，也要夺过来。"教育研究者研究了马太效应与儿童考试成绩或其社会经济地位等因素的关系，发现马太效应虽然并非不可避免，但当干预措施或计划可供所有人使用时，马太效应也是普遍存在的。[34] 例如，暑期学校计划往往使中产阶级家庭的孩子比贫困家庭的孩子受益更多。[35]

谁在受益？呼吁提高透明度

在本章中，到目前为止，我们讨论了社会可能不同于当前状况的三种路径。第一，社会可以变得更加具有压迫性和贫穷，通过将每个人向下拉平来减少结果的不平等。第二，社会可以通过对那些在遗传上最有可能出现不良结果的人进行有针对性的投入，来最大限度地减少结果的不平等。或者，第三，社会可以实施干预措施和计划，最大限度地提高那些原本就处于有利地位的人的成果，但不能提高（或不能大幅提高）其他人的成果。

第一个可能的替代世界使每个人的情况都变差，没有人的情况变好，这显然是不可取的。但在另外两种替代世界中如何选择，可能就不那么明确了。

在图 8.3 中，我解释了这两种替代的环境。对于每一种选择，都有一个跨个体的可能结果分布，但这些分布不仅在平均值上有差异，而且在其*范围*（即不平等的程度）上也有差异。该图还指出了两个拥有不同基因的假设个体的结果：基因型 A（圆形）与 B（三角形）。具有某种基因型的个体的预期表型结果在不同的环境中如何变化，被称为*反应规范*（reaction norm）。[36]

反应规范发生转变的概念，突出了一个不同的问题，即个人与同一社会中的其他人有什么不同。与其说是人与人之间的比较，不如说是回到了我在本章开始时强调的“如果”问题：如果你的基因型完全相同，但社会环境发生了变化，会怎样？换句话说，我们现在是将每个人与他们自己在不同的可能世界中的情况进行比较，而不是在同一个世界中比较不同的人。以这种方式考虑，突出的问题不是哪个世界使儿童之间的结果不平等最小化，而是哪个世界使个人的结果最大化。

但是，我们应该优先考虑谁的成果？例如，考虑到一所学校正在采用新的数学课程，并在两个方案中做出选择。a 或 b 哪一个更可取？

（a）新课程对那些在遗传上最有“风险”的儿童特别有帮助，从而减少那些碰巧继承或没有继承特定遗传变异组合

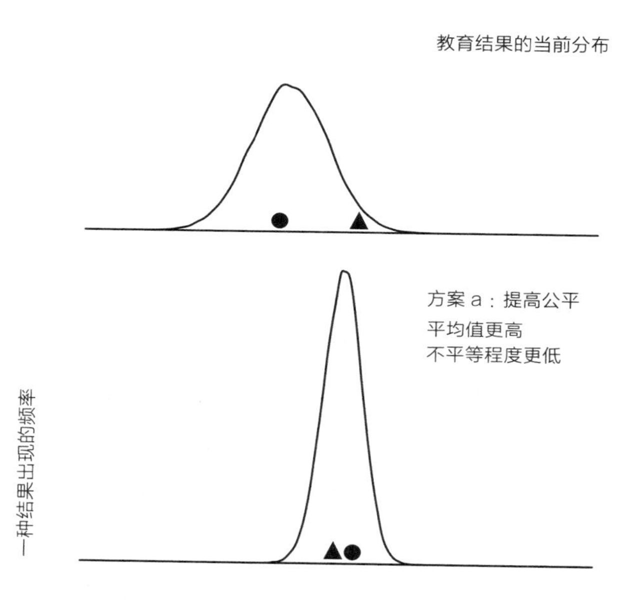

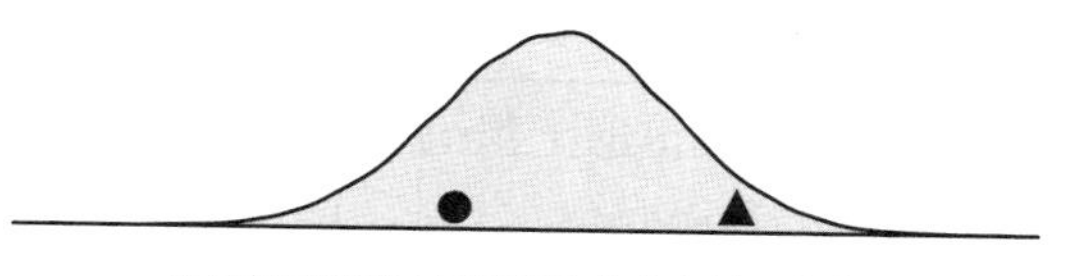

图 8.3　不同基因型的人在不同环境中的教育结果分布。圆圈和三角形代表两个具有不同基因型的假设个体。相对于目前的情况，促进公平的环境（方案 a）改善了圆圈所代表的个体的受教育程度，但对三角形代表的个体来说差别不大，从而减小了结果的不平等。相比之下，绩效最大化的环境（方案 b）改善了三角形代表的个体的教育结果，但没有改善圆形代表的个体的教育结果，因此增加了他们之间的不平等。在两个备选方案中，方案 b 取得了更高的个体结果。

的儿童之间的教育结果差距。

（b）新课程对那些无论如何都最有可能成功的儿童特别有帮助，从而使少数学生获得更高水平的数学技能。

讲求理性的人可以为a和b提出各种经验论据。例如，我们可以进行各种成本效益分析：a与b相比，有多少学生得到了帮助？一套新的课程对每个学生来说要花费多少钱？一个社会中有更多的人拥有某种基线水平的数学技能，与一个社会中有更多的人拥有非常高的数学技能，其（在经济生产力、技术创新、社会凝聚力、政治参与等方面的）下游影响（downstream impact）是什么？

除了这些经验问题之外，这种选择还涉及人们的价值观问题，包括人们是把教育结果的平等作为目的，认为平等本身就是一件好事；还是仅仅把平等作为实现其他目标（如经济成果的平等）的一种手段。

不过，目前，政策制定者和教育工作者不必对这些价值观保持透明，也不必面对相关政策或干预措施的实现效果是否符合这些价值观的证据。在教育和政策研究中，人们之间的遗传差异在很大程度上是不可见的，因为研究者甚至没有尝试去测量人们的任何遗传信息。在研究教育成就或心理健康时，关于基因与干预的相互作用的高质量研究，如显示英国的一项教育改革如何特别有利于肥胖症高风险人群的研究，是非常罕见的。[37]

根据我跟正在开发和测试干预措施的科学家探讨的经验，他们往往不愿意在他们的研究中加入遗传信息。他们有一些务实的反对意见："会不会很贵？要求提供DNA信息会不会降低参与度？我必须在现场准备一个低温冰箱吗？"（答案是：不贵，不会降低参与度，不需要。基因型分型可以相对便宜地完成，每个人的费用不到75美元。正如直接面向消费者的基因型分型公司的成功所证明的，人们可能对参与遗传学研究相当好奇和热心。而且唾液样本可以在室温下储存数月，甚至数年。）

不过，在这些务实的反对意见之下，潜藏着更深层次的恐惧：在教育或心理健康结果的研究中，单单是采集DNA样本这种行为本身，就牵涉到优生学意识形态，这让不情愿的研究者感到厌恶，因为他们认为运用遗传信息的风险总是大于好处。当然，研究者在这一点上是正确的，即基因信息确实有可能被滥用，例如使用多基因指数来选拔个别学生到竞争激烈的学术职位上。我将在第十二章中讨论这些滥用，以及它们的反优生主义的替代方案。

但是，就像鸵鸟把头埋在沙子里一样，对遗传数据视而不见并不能使遗传差异消失。如果一项干预措施会使那些在遗传上最有可能获得不良受教育结果的儿童更加落后，那么无论研究者是否观察到这种促进不平等的效果，它都是客观存在的。而如果我们忽视遗传信息，我们就失去了一件有用的工具，无法看到谁从现有的干预措施中受益，谁又没有受益。

什么的公平？不要忘了长因果链

关于教育干预措施或政策能否促进公平，以及是否应该促进公平的问题，具有额外的意义，因为人们在受教育程度上的差异与许多其他形式的不平等密切相关。特别是在美国，拥有和不拥有大学学历的人在收入、财富、身体健康和心理健康方面的差距很大，而且越来越大（见第一章）。很多时候，通过增加读完大学的人数，使大学学历不再依赖于一个人的出身条件（无论是遗传条件还是社会经济条件），从而提升教育结果的公平，被描绘成解决人们生活中更广泛不平等的唯一可能手段。

但是，缩小教育结果方面的差距，并不是我们解决没有受过大学教育的美国人面临的经济和健康危机的唯一途径。当然，我相信教育本身是一种值得追求的好东西，为更多人提供真正的机会花几年时间学习艺术、文学、科学或哲学，将丰富他们的生活。但是，我们可以坚持认为教育是人们需要获得的好东西，但同时不迷信高等教育是获得健康、安全和美满生活的唯一可接受的途径。正如经济学家安妮·凯斯和安格斯·迪顿所写："我们不接受这样的基本前提，即人们如果没有学士学位就对经济毫无价值。我们当然也不认为，那些没有获得学位的人应该受到某种程度的不尊重，或被视为二等公民。"[38]

正如我在本章开头描述的，一个多世纪以来，优生学思想家的典型立场就是从遗传学的角度对通过社会政策进行社会变革的前景持悲观态度。这种悲观主义产生于一种有缺陷的遗传决定论，它想象人们的特征（认知、个性和行为）都不可避免地被DNA所固定。正如我在本章描述的大量研究表明的，遗传决定论是错误的，但遗传决定论并不是唯一需要根除的错误。优生主义者对通过社会政策进行社会变革的前景所持的遗传悲观主义，也来自一种有缺陷的经济决定论，它想象那些在教育方面不成功的人必然被置于糟糕的工作、低工资和糟糕的医疗保健（或根本没有医疗保健）当中。

不过，我们不必看得很远，就能想象出安排社会的不同方式。例如，凯斯和迪顿认为，没有受过大学教育的美国人的贫困化，大部分责任可以归于我们过分昂贵的医疗保健体制，这个体制是高收入国家中的异类。[39]我在本书第一部分中提出，人与人之间的遗传差异会导致他们在社会和行为结果上的差异。但我们必须从一个漫长而复杂的因果链来理解基因的因果关系，这个因果链跨越了多个分析层次，从分子的运动到社会的行动。这个因果链的长度和复杂性意味着，有多种机会来干预基因型和复杂表型之间的联系。改革医疗保健系统，使“低技能”工人的工资不被雇主提供的医疗保险的高额费用所拖累，不会改变人们的DNA，但它可能会削弱连接遗传差异和收入差异的漫长因果链中的一个环节。

此外，我们对公平的相对重视程度，在因果链的不同环节会有所不同。例如，人们可能很容易得出结论，使用基因编辑来平衡人们的DNA序列本身的努力，其侵入性、经济成本和负面结果的风险是非常可怕的。人们可能会认为，与其在人们获得理工科博士学位的可能性方面实现平等，不如最大限度地提高少数具有高度数学兴趣和能力的人的生产力,即使这些兴趣和能力是“赢得”社会彩票或自然彩票的产物。不过，人们也可能认为，在获得清洁的水、营养食品以及医疗保健和免于身体疼痛方面使人们平等，而不管他们的教育水平如何，是非常重要的。连接基因彩票和社会不平等的漫长因果链意味着，关于公平的决定（关于我们希望世界是什么样子）必须在因果链的每个环节做出。

憧憬一个不同的人类社会

有这样一种观念，成为许多人接受生物学和社会行为之间联系的巨大障碍之一：生物学对进步的社会变革的可能性划定了一条硬性的界线（hard stop）。很多人会这么想，并非偶然。正如我在本章开头所讨论的，政治极端分子在过去一个世纪的大部分时间里都宣称这是真的。他们的推理是，如果某种特征是可遗传的，它就无法改变；因此，试图改变它，或者想象“一个非常不同的人类社会”（哲学家彼得 · 辛格语），是没有意义的。[40] 在本书中，我已经开始描述为什么遗传原因不是社会变革的敌人。但是，承认遗传原因的重要性和接受使用遗传学研究工具，还有别的平等主义的理由。

第九章

用先天来理解后天

我在上一章提出，社会不平等现象有遗传原因，并不意味着社会就不能变革了。相反，我们可以找到大量的证据，证明环境变化（从苏联解体这样的全面政治变化，到家庭辅导这样私密的个体变化）可以改变人们的DNA和生活结果之间的关系。将遗传特征与社会不平等联系起来的长长的因果链可能会使科学家感到沮丧，他们必须与它往往令人困惑的复杂性作斗争，但它为父母或决策者提供了许多不同的干预机会。

鉴于遗传影响并不是社会变革可能性的硬性上限（hard upper bound），我们可能很容易得出结论，那些对社会变革感兴趣的人可以安全地忽略遗传。我的许多学术同行就认为，行为遗传学领域往好了说，与他们的工作无关，往坏了说，则是对寻找社会现象的社会原因的一种有害的干扰。但这么想就错了。在本章中，我将解释为什么遗传学远不是改善人类生活的敌人，亦不会干扰改善人类生活的努力；事实上，遗传学是我们的一个重要盟友，如果放弃它，我们就会付出巨大的代价。

我们并非已经知道该怎么做

生物伦理学家埃里克·帕伦斯在《科学美国人》中哀叹用于遗传学的研究资金数量太多。这反映了一种错误的想法，即认为遗传学只会干扰人们对社会不平等的“真正”原因的理解。帕伦斯写道：“我们继续在遗传学上投入过多的期望……遗传学工具……不会减少，更不会消除由不公正的社会条件产生的健康差异。”[1]

那些像帕伦斯一样认为“遗传学过度干扰了应对决定不平等的社会因素”的人经常断言，遗传学的见解和工具是不必要的，因为我们已经知道该如何解决教育、健康和财富方面的不平等。例如，教育家约翰·华纳在《高等教育内幕》中对我的著作做了回应，认为基因数据不仅会分散人们的注意力，而且很危险。[2]华纳写道：“我们对儿童在什么样的环境里学习最好已经非常了解了，胜过我们对其他任何主题的了解……我们知道该为学生做些什么……这并不神秘。”

在华纳论点的基础上，社会学家鲁哈·本杰明在她的《技术之后的种族》一书中也提出了同样的抗议，[3]认为那些想改善儿童生活的人面临的问题“不是缺乏知识”！她继续写道：“我们做不到的，不是掌握事实，而是坚定地投身于正义的事业。”在她看来，希望将新的数据来源纳入环境研究的遗传学研究者正在参与“非正义的数据化（datafication of injustice），换句话说就是，对越来越多数据的猎取妨碍了我们根据已有知识采取行动”。

读了这样的断言，读者可能会想象，已经有大量的政策和干预措施被证明可以有效地解决教育和健康方面的社会不平等问题，而只要我们集中足够的政治意愿，这些政策和干预措施就随时可以落实。但实际上，教育、行为干预和社会政策领域的专家一再提醒我们，通常情况下，改善人们生活的善意努力根本无法带来任何改变，有时还会适得其反。

在教育界，只要浏览一下“有效教育策略资料中心”（What Works Clearinghouse），我们就会发现成功的干预研究是多么稀缺。[4] 该中心是由美国教育部的研究和评估部门——教育科学研究院（IES）组织和管理的资源。IES 对多项随机对照试验（RCT）进行检查，得出的结论是：“在 IES 的这些研究中发现的一个明显的模式是，与通常的学校做法相比，绝大多数被评估的干预措施仅产生了微弱的效果，或没有积极的效果。”[5] 同样，2019 年对美国和英国的 141 项 RCT 的检查发现，其平均效应值（effect size）不到 1 个标准差的十分之一（0.06SDs）。考虑到这一记录，这份 IES 报告的作者提出了一个可能的解释：“这些教育干预措施所依据的基础研究是不可靠的……基于从不可靠的基础研究中获得的见解的干预措施，即使经过了精心设计、成功实施和适当试验，也不太可能有效。”[6]

同样，致力于为社会问题寻找“循证的解决方案”的慈善组织“劳拉和约翰·阿诺德基金会”（现为阿诺德风险投资公司）的一份报告总结道：“研究发现了若干真正有效的干预措施……但这些是测试了大量方案之后出现的例外。大多数，包括那些被最初的研究认为有潜力的方案，都只产生了很小的效果，或没有效果。”[7] 干预研究者，也是我在得克萨斯大学的同事大卫·耶格尔这样说道：“几乎所有过去的高中项目——辅导项目、学校重新设计等——都没有显示出对客观结果的明显改善。”[8]

结论是，要么大多数干预措施不起作用，要么甚至没有人研究过它们是否起作用。这个结论不仅限于学习成绩方面。发展心理学家劳伦斯·斯坦伯格审视了一些以学校为基础的干预项目的效果，这些项目旨在减少青少年的酒精和毒品使用、无套性交和其他风险行为。据估计，90% 的美国青少年已经被迫参加了至少一个这样的项目。斯坦伯格总结道：“即使是最好的项目，也主要是在改变青少年的知识方面取得成功，而不是改变他们的行为。”他继续指出，失败是有代价的：“大多数纳税人会惊讶地发现，他们的大量资金被投到……没有效果，或者充其量只有未经证实或未经研究的效果的项目中。纳税人有理由对此感到愤怒。”[9]

这类结论出自那些真正想为世界带来积极变化的干预主义者，让人汗颜。它们让我们在断言自己已经知道如何改善人们的生活之前三思。它们让我们意识到，知识的缺乏和数据的匮乏确实是问题的一部分。而且，它们提醒我们，了解人类行为，更不用说通过干预改变它，是一个难以解决的问题。

为什么社会科学是最难的科学

心理学家桑贾伊·斯里瓦斯塔瓦有一个名为“最难的科学”（The Hardest Science）的博客。[10]这个标题是一个文字游戏。自然科学（如物理学、化学和生物学）通常被认为是“硬”（hard）科学，比所谓的“软”科学（如心理学、社会学、经济学和政治学）更纯粹、更严格，这些“软”科学研究的是人类社会的运作和社会中的个人行为。正如《自然》的一篇社论所说，“软……太容易被理解为毛糙或愚蠢的意思”，而事实上，“社会科学是最困难的学科之一，无论是在方法论层面还是在智识层面”。[11]斯里瓦斯塔瓦将他关于心理学研究的博客命名为“最难的科学”，既是在呼吁人们注意心理学与所谓的“硬”科学所共有的方法论特征（例如，使用受控实验），也是在呼吁人们注意，心理学与其他社会科学一样，专注于困难的问题。例如，为什么有些孩子比其他孩子更容易学会学校里教的东西，以及为了帮助那些在学校里有困难的孩子，我们应该改变什么？有潜力的教育干预措施未能带来真正的变化，这种情况太常见了。这告诉我们，这些问题并不简单，要找到答案也不容易。

斯里瓦斯塔瓦特别指出了使心理学问题难以解决的三个特

点。首先，人类行为被嵌入具有多个分析层次的复杂系统中。大脑是一个复杂的系统，社会也是如此。通常情况下，我们对分离出该复杂系统的某个单一特征的影响感兴趣：如果我改变了X，而且只改变X，会发生什么？即使我们可以做随机实验（如我在第五章中描述的罗马尼亚孤儿院研究），这也是一种挑战；但如果出于伦理或实际的原因而不可能做实验，这就变得更加复杂（下文会谈一个基本不可能做实验的例子）。第二，与在所有地方和时间都成立的自然法则不同，管理社会运作和社会中的人类行为的规则因当地条件而异（事实上，心理学家和其他社会科学家没有办法提出在所有时间和地点都成立的因果规则，这一直是生物学家感到恼火的主要原因）。第三，人类心理学和行为涉及难以量化的概念。衡量幸福的适当尺度是什么？如何衡量对生活的满意程度？如何衡量智力？

由于人类行为和社会结构是复杂的，即使人们没有对其生活有影响的遗传差异，做好社会科学研究也很困难，何况人与人之间存在对生活有影响的遗传差异。与社会层面的重要特征相关的遗传差异普遍存在，使得心理学这种“困难”的科学更加困难。

我们回顾一下在斯里瓦斯塔瓦眼中心理学之所以困难的第一个原因：人类行为被嵌入一个由许多相互作用的部分组成的复杂系统中，而我们往往对分离其中一个部分并理解如果我们改变它将会发生什么感兴趣。例如，如果幼儿的父母在孩子出生后的头三年多与幼儿交谈，而其他方面没有变化，会发生什么？拉动这根环境变化的杠杆，是否会对儿童的生活产生积极的影响，例如他们的认知发展和在学校的表现？这个问题很难回答，因为经常和孩子说话的父母跟不经常和孩子说话的父母可能在很多其他方面有所不同。他们可能更富有。他们可能有更规律的工作安排。他们可能把孩子送到不同类型的学前班。而且，他们可能有不同的DNA，这些DNA会遗传给他们的孩子。由于这些不同的因素交织在一起，父母与幼儿更多的交谈可能跟这些孩子在学校的表现相关，但这并不意味着改变父母与孩子交谈的量，会使这些孩子在学校的表现有所改变。还是那句话，相关关系不等于因果关系。

人与人之间的遗传差异与社会科学家试图了解和改变的环境差异编织在一起的想法，可能会遭到敌视。当我在《纽约时报》上写到，与教育有关的遗传学研究将有助于理解环境变化的杠杆时，[12]社会学家鲁哈·本杰明指责我进行了“遗传和环境因素之间的狡猾的滑移（slippage），这会让优生学的创始人感到骄傲”。[13]但是，遗传和环境因素之间的“滑移”并不是优生学意识形态的发明。它实际上是人类存在于自然和社会的边界这一事实的副产品。遗传和环境因素交织在一起，只是对现实的描述。

一个世纪以来，所谓的“先天与后天之争”，使人们倾向于相信，基因是在零和博弈中与环境竞争的，所以对生物学的任何关注必然伴随着对社会关注的减少。但是，我们之所以设计社会干预措施和政策以改善人们的生活，就是要问：“如果人们的环境发生且仅发生了X的变化，那么会发生什么？”回答这样的问题需要考虑到人们生活中通常与 X 有关的所有其他特征，这将是一个非常长的清单，包括人们的 DNA。

一个与性有关的例子

举一个具体的例子可能有助于大家理解。在普通人的发展过程中，环境和遗传因素是如何“滑”向一起的，而遗传学研究如何能帮助我们理解环境经历的影响？

在我的家乡得克萨斯州，我们的《教育法》规定，“任何与人类性行为有关的课程材料”必须“强调，持续而正确地禁欲，是唯一能百分百有效防止……与青少年性行为有关的情感创伤的方法”。[14] 是的，你们没看错：法律要求得克萨斯州的学生必须了解，未婚青少年的性行为会造成情感创伤。

乍一看，关于这一主题的发展心理学文献似乎支持州政府的主张。年纪较小时有性行为的青少年学业表现不佳，有更多的心理困扰和更高的抑郁症发病率，更有可能滥用酒精和其他药物，更有可能参与违法犯罪行为，而且女孩更有可能出现饮食紊乱。[15] 平均而言，初次性行为的年龄越早，青少年的结果就越差，这两者之间存在相关性。在这种相关性的基础之上，得克萨斯州得出了一个因果关系的结论：法律要求得克萨斯州的每所公立学校向青少年传授这样的信息，即性生活会导致抑郁症和其他心理健康问题，而禁欲会防止这些坏事发生在他们身上。

当然，从相关关系跃升到因果关系是有问题的。14 岁时初次有性行为的青少年与 22 岁时仍是处男处女的青少年在很多方面都不同,不只是他们的性经历。在这里,我们看到了人类特有的“遗传和环境因素之间的滑移”。性接触是一种社会环境，可能对你的后续发展产生因果影响（你什么时候失去了童贞？如果你更晚或更早发生性行为，你的生活会不会有所不同？）。同时，性行为的开始，是一个长达数年的发展过程的一部分，这个过程将一个孩子转变为一个生殖成熟的成年人，而生殖成熟的时机和速度受到其他许多因素的影响，包括基因。而使某人更早或更快地进行生殖发育的基因，也可能使他们更容易出现心理健康问题。例如，在英国生物样本库中对男性和女性进行的一项大型研究发现，与“初次性行为年龄较早”有关的基因也会带来多动症和吸烟的风险。[16]

那么，我们应该如何解释这样的观察结果：较早发生性行为的青少年更有可能出现情绪和行为问题？为了简单起见，让我们只关注两个备选解释。第一，性生活的经验可能会对后来的心理发展产生因果关系。第二，加速青少年生殖发育的基因，也可能带来精神健康问题的风险。

正如我在第五章讨论的，检验因果假设的一种方法是随机对照试验。但是，我们不能直接随机安排青少年首次发生性行为的时间（“嗨，我们从帽子里抽出了你的名字，所以现在你必须等到 25 岁才能有初体验”）。但我们可以将青少年随机分配到旨在促进禁欲的性教育项目中。尽管美国在开发和传播这些项目上花费了超过20亿美元的联邦资金，但没有证据表明这些项目实际上对改变青少年的性行为有任何作用。[17]或者，我们可以进行动物实验，那样的话我们确实可以对首次性行为的年龄进行实验控制，但很难预期这样的实验的结果可以推广到人类身上（老鼠互相之间会“幽灵式分手”吗？）。这种很有挑战性的情况对社会科学家来说太熟悉了：我们有一个想要测试的因果假设（“青春期性行为导致情感创伤”），但没有办法做实验来检验它。

在我还是研究生的时候做的第一批研究中，我试图通过使用双胞胎数据来解决这个问题。[18]同卵双胞胎的基因和许多环境变量（例如，社区贫困、父母对性的态度、性活跃的同学的百分比、离最近的性保健提供者的距离）都是相同的，这些变量也可能对性行为和心理健康问题的风险产生影响。关键问题是：如果同卵双胞胎在首次性行为的年龄上有差异，那么他们的精神病理风险是否也有差异？如果像得克萨斯州的性教育政策宣称的那样，较早的性行为是一种导致精神病理的环境经历，那么双胞胎当中更早发生性行为的那一个人在精神病理上应该有更高的平均风险。但如果较早发生性行为是一组遗传风险的表型标记（phenotypic marker），那么在遗传上相同的同卵双胞胎应该表现出相同的精神病理风险，无论谁在什么时候首次发生性行为。

在美国、瑞典和澳大利亚进行的一系列研究中，我和我的同事提出了这个确切的问题。[19]也就是说，我们测试了首次性行为年龄不同的同卵双胞胎在后来的结果是否有差异。答案通常是……没有。当研究者通过比较同卵双胞胎来排除（controlled for）人与人之间的遗传差异的影响时，较早首次发生性行为的年龄跟药物滥用、抑郁症、刑事定罪、行为障碍、犯罪和成年后的危险性行为之间的相关性都消失了。对这种结论的最佳解释是，首次发生性行为的年龄虽然与青少年的心理健康和行为问题相关，但并没有导致这些问题。

这一分析说明了三个更普遍的问题。首先，环境经历，无论是在青春期的某一时刻发生性关系，还是接受某种类型的父母教养，或者生活在某种类型的社区，都可能与生活结果相关，但不是这些结果的原因。

第二，基于错误理解哪些环境真正有因果关系的政策是浪费的，而且可能有害。在这个具体的例子中，即使得克萨斯州成功地推迟了青少年的首次性活动，这种变化实际上也不会改善他们的心理健康。大力推行这种项目，可能会使真正有帮助的教育项目得不到充足的投资（青少年禁欲的支持者可能会说，禁欲本身就是一个有价值的目的，但我们要驳斥的是该政策在经验上的辩护理由，即禁欲是提高青少年幸福感的一种手段）。

第三，遗传数据——无论是对同卵双胞胎的比较，还是对具有相似多基因指数的人的比较——能帮助研究者解决第一个问题，并从而避免第二个问题。遗传数据将人类差异的一个来源排斥在外，从而使环境条件更容易被看到。

犯错误就要付出代价

当然，建立在对相关关系的胡乱解读之上的，远远不只是上述的性教育政策，而这种解读可能并不能准确地反映出什么是真正的原因。例如，我们考虑一下著名的“单词差距”（word gap），即贫困儿童在3岁前听到的单词数与高收入家庭的儿童相比的差异估计值。最初的单词差距研究是基于对42个家庭的抽样调查，这些家庭在数年内每周被录音约一小时，结论是贫困儿童在3岁前听到的单词比富裕儿童少3000万个。[20]

“单词差距”成为学术界和政策制定者的宠儿。2013年，克林顿基金会宣布了一项“公共行动”运动，包括由身为人母的电影明星拍摄的广告，重点目标是缩小“单词差距”。“应该以与讨论儿童饥饿问题同样的热情来讨论词汇贫困的问题。”[21]奥巴马总统2014年也紧随其后。他引用了“3000万个单词”这一数据，宣布缩小“单词差距”是他的“首要任务”之一，“如果我们真的要恢复我们国家对所有人机会平等的承诺”，就必须追寻这个目标。[22]大约在同一时间，“普罗维登斯谈话”项目启动，由彭博慈善机构提供数百万美元的资助。[23]罗得岛州的普罗维登斯计划为参与项目的父母提供听力计，跟踪他们与孩子说话的多寡程度，并提供辅导，帮助他们更多地对孩子讲话。

有了这个“单词差距”的说法，人们没有要求更多的数据，就莽撞地、自以为是地行动起来了。问题是，对于我们已经掌握了什么知识，大家是没办法达成一致的。“单词差距”研究结论的几乎每个方面，以及是否应该根据该结论而采取行动，在科学上都有争议。有些人认为，“单词差距”实际上并不存在，因为只有部分研究能够复制原始研究的结果。[24] 另一些人并不否认不同群体的孩子在听到的单词数量上存在差异，但他们反对使用“差距”这个词。为什么我们认为美国中产阶级白人的典型语言规范是其他人应该追求的标准？也许这只是我们不公平地将贫困家庭污名化的一种方式，认为贫困家庭有缺陷，而不仅仅是在文化上不同。

但也有一个明显的问题很少有人谈及：父母与他们的孩子有遗传上的联系。亲子共享的与成年人的受教育程度、收入和职业地位相关的基因，也与儿童开始说话的时间和 7 岁时的阅读能力相关。[25] “单词差距”研究却认为，这样的词汇量结果是由父母与孩子说话多寡造成的。在解释为什么父母说得多孩子就说得多的时候，提到遗传潜在作用的早期语言研究少之又少。

关于“单词差距”的干预是否有效，目前还没有定论。但是，“单词差距”干预的前提——观察到父母与孩子之间的相关性，并推测它代表了父母提供的环境的因果效应——是非常不可靠的。如果这个前提是错误的呢？在我们花费数百万美元进行干预（旨在改变父母的行为，从而改善儿童的结果）之前，我相信至少要检查一下，当我们确保了父母和儿童共享基因这一事实之后，父母行为和儿童结果之间的相关性是否仍然存在。这才是谨慎的做法。例如，对孩子说话更多的养父母，他们收养的孩子是否有更好的早期阅读能力？如果不是，这就会让人严重怀疑听到的单词数导致儿童识字结果差异的观点，也会让人严重怀疑“单词差距”干预措施能否有效改善儿童的结果。

每个政策决定都涉及权衡：对一个项目的投资，比如说对“单词差距”的投资，必然意味着不会把时间和金钱花在其他项目上，而这些项目原本可能更有效地达成预期的目的。归根结底，所有的干预措施和政策都建立在一个关于世界如何运作的模型之上：“如果我改变了 X，那么 Y 就会发生。”这样的世界运作模型——假装所有人在基因层面都是完全相同的，人们从父母那里继承的唯一东西是环境条件——显然是错误的。我们的世界模型越是错误，我们在设计干预措施和政策时就越是失败，而我们就越是要面对没有投资于更有效的项目所带来的意外后果。

有人“暗中串通”起来忽视遗传

令人失望的是，教育学、心理学和社会学领域的许多科学家不是去尝试解决这个问题，而是简单地假装这个问题对他们不适用。社会学家杰里米 · 弗里兹对这种情况总结如下：

> 目前，社会科学的许多领域仍在实行一种认识论层面的暗中串通：遗传的干扰因子可能会给推论带来重大问题，但研究者在自己的工作中不解决这个问题，或在评估别人的工作时不提出这个问题。这么做就等于是在一厢情愿地假设我

们的世界是一个“一切皆可遗传”的世界。[26]

弗里兹这段话是在2008年写的，但今天的情况也没什么不同。打开几乎任何一期教育学、发展心理学或社会学的科学期刊，你会发现一篇又一篇的论文宣布父母特征和儿童发展结果之间存在相关性。父母的收入和孩子的大脑结构之间有相关性。母亲的抑郁症和孩子的智力之间有相关性。为了写每一篇这样的论文，研究者都要投入大量时间和精力，公众则要为其买单。用弗里兹的话说，每一篇这样的论文都有一个“深刻的、重要的、容易解释的缺陷”，即儿童环境的差异与他们之间的遗传差异纠缠在一起，但研究者没有认真努力去解开它们。

我认为，许多社会科学家默契地勾结起来忽视遗传，是出于一种虽然善意，但说到底是错误的担心：他们担心，哪怕仅仅是考虑遗传影响的可能性，也会牵扯到他们厌恶的生物决定论或基因还原论（genetic reductionism）；他们担心有人会滥用遗传数据，以剥夺人们的权利和机会的方式，对人们进行分类。当然，有一些滥用基因数据的情况确实需要加以防范，我将在第十二章中再谈这个问题。不过，尽管研究者可能用心良苦，在社会科学研究中普遍忽视遗传的做法，却会让我们付出沉重的代价。

在过去的一些年里，心理学领域被一场“复制危机”（replication crisis）所震撼。在这场危机中，很明显，许多发表在该领域顶级期刊上的轰动性研究结果无法被复制，而且很可能是虚假的。心理学家约瑟夫·西蒙斯和他的同事在探讨导致大规模生产虚假研究结果的方法论实践（被称为“P 值篡改”）时写道：“每个人都知道［P 值篡改］是错误的，但他们认为这只是像乱穿马路一样的小错。”但实际上，“这是抢银行一样的重罪”。[27]

就像 P 值篡改一样，社会科学的某些领域默契地勾结在一起，忽视人与人之间的遗传差异，这并不是乱穿马路那样的小错。某些研究者忽视遗传，仿佛它与他们的工作仅有少许关系，他们忽略它只是为了走捷径，不会伤害任何人。事实并非如此。忽视遗传的错误程度就像抢银行一样。这是*盗窃*。当研究者努力工作，发表有严重缺陷的科学论文，而其他研究者追寻毫无结果的虚假线索时，这就是偷窃人们的时间。当纳税人和私人基金会支持以最不可靠的因果基础为前提的政策时，这是在偷窃人们的金钱。不认真对待遗传是这样一种科学行为：它普遍破坏了我们了解社会从而改善社会的努力。

此外，还有另一种危险。让我们回到弗里兹对忽视遗传的社会科学领域的评估：“虽然某些领域可能很有成效，其产生的文献可以概括为‘许多研究表明 x’，但这些领域长期以来很容易被外界大手一挥地否定。”[28] 弗里兹关注的是来自他所在的社会学领域之外的其他学者的全面否定。但我更担心政治极端分子对社会科学研究的全面否定。

当社会科学家习以为常地拒绝把遗传纳入他们的人类发展模型时，他们就为一种错误的叙述留下了空间，这种错误的叙述将遗传学的见解描绘成“被禁止的知识”的潘多拉盒子。[29] 也就是说，政治极端分子越来越多地指控社会科学家故意审查或“取消”

（canceling）对遗传差异的任何研究，因为按照极端分子的思路，数据必然将证明一个人的生活结果只是其 DNA 的产物这一决定论观点。

此外，那些致力于维持社会不平等现状的人，可以很容易地批评那些声称显示了环境条件之负面影响的研究，指出太多的研究没有严格排除（control for）“人们的环境与他们之间的遗传差异交织在一起”这一事实的影响。我们为什么要给反对社会平等目标的人提供一个强大的修辞武器，即社会研究中广泛存在的、容易理解的方法论缺陷？反过来，当社会科学家认真对待遗传时，他们可以更清楚地证明环境条件的负面影响。

解决老问题的新工具

值得再次指出的是，没有一个严肃的学者会认为不平等单纯是“遗传造成的”。我在本书前半部分告诉你的研究的教训，并非说环境对人们的生活没有影响。相反，教训之一是，弄清楚哪些特定的环境会在生命的哪一个点对谁产生影响，是一个比乍看起来更难的问题，因为环境大多与人与人之间的遗传差异编织在一起。

应对这一挑战，是许多研究者对双生子研究、收养研究、GWAS 和多基因指数感到兴奋的原因。研究者希望有工具能让遗传退居幕后，让它不那么碍事。我与同事交谈时，很容易看到他们做遗传学研究的动机就是这个。通常，最让他们兴奋的不是像“胚胎选择”或“个性化教育”这样具有诱惑力的短语。相反，在这一领域工作的科学家不断回顾的短语是一个听起来很枯燥的统计学概念——“控制变量”。

例如，我们看看“社会科学遗传学协会联盟”为配合其2018年受教育程度GWAS的发表而撰写的大量“常见问答集”。[30]它对将与教育相关的多基因指数应用于“任何实际的回应措施”极为悲观，因为该指数“不足以评估任何特定个体的风险”。那么，他们确实认可的应用多基因指数的唯一方式是什么？“我们研究的结果可能对社会科学家有用，例如，允许他们构建可用作控制变量的多基因评分。”

同样，斯坦福大学的教育研究者萨姆·特雷霍和本杰明·多明戈在介绍他们的一篇科学论文时谈到了多基因指数的“前途无量”。为什么前途无量？因为它们“可以作为环境影响研究中的控制变量”。[31]或者，我们可以看看普林斯顿大学社会学家道尔顿·康利的网站。康利表示，他对多基因指数感到特别兴奋，因为在统计分析中把它们作为控制变量，可以“为［环境］变量获得更明确、更少偏差的参数估计”。[32]

当媒体从设计婴儿（designer baby）和监视资本主义（surveillance capitalism）的角度讨论行为遗传学研究时，那些正在为教育等性状创建和使用多基因指数的研究者，却在为控制变量和较少偏差的参数估计而激动不已。对控制变量的讨论，并不像对设计婴儿的讨论那样具有黑暗的诱惑力。但是，遗传学研究改善人类生活的大部分潜力就在于此，在于思考如何把社会科学研究做得更好。

丹尼尔·贝尔斯基及其同事进行的一项重要研究展示了运用基因数据研究环境的力量。我在前面的章节中已经介绍过他们的部分结论：与兄弟姐妹相比，继承了更多与教育有关的遗传变异的孩子，长大后会比他们的兄弟姐妹更富有，并且从事地位更高的职业。[33]这种兄弟姐妹之间的比较，集中在具有相同家庭环境但基因不同的人身上。但我们也可以看看那些拥有相同的教育多基因指数，但出生在社会阶层不同的家庭中的人。在这里，家庭环境的力量凸显出来：多基因指数高但父母的社会经济地位最低的儿童，与多基因指数低但父母富裕的儿童相比，前者成年后的平均状况仍然较差。

经济学家凯文·托姆和尼古拉斯·帕帕乔治在对大学毕业率的分析中得出了类似的结论[34]：多基因指数最低的富家子弟有27%从大学毕业，而多基因指数最高的贫家子弟只有24%从大学毕业（图9.1）。

这类关于遗传学和社会流动性的结果，就像人脸/花瓶的错觉*：关注画面的某一部分会使另一部分在你的感知中后退，但如果你转移注意力，可以将另一半再次置于感知的前景。在社会阶梯的每一级，拥有某种遗传标记的儿童比没有继承这些标记的儿童在社会中更有可能向上攀升。但是，如果出生于贫家，即使是

* 即著名的“鲁宾的花瓶”错觉，或称“鲁宾酒杯—人面图”。

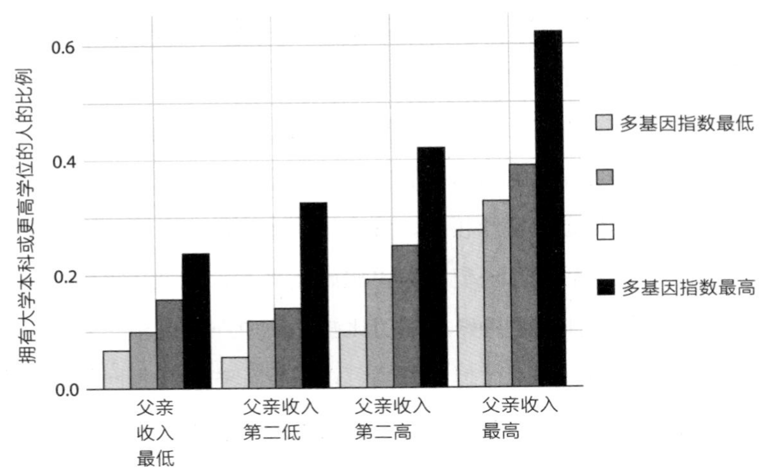

图 9.1 1905—1964 年出生的美国白人的大学毕业率，按父亲的收入和根据受教育程度的 GWAS 创建的多基因指数计算。数据由 Nicholas Papageorge 和 Kevin Thom 提供；结果见 Nicholas W. Papageorge and Kevin Thom, “Genes, Education, and Labor Market Outcomes: Evidence from the Health and Retirement Study,” NBER Working Paper 25114（National Bureau of Economic Research, September 2018）, https://doi.org/10.3386/w25114。

最具遗传优势的儿童，在成年后的社会经济地位仍将低于那些没有遗传优势但出生于富家的儿童。正如社会科学家本杰明·多明戈总结的：“遗传是一个有用的机制，可以帮助我们理解为什么来自相对相似背景的人最终会有不同的结局……但要理解为什么来自明显不同起点的人最终不会有相同的结局，遗传学就是一个糟糕的工具。”[35]

但另一条研究路线巧妙地利用了儿童及其父母的遗传信息，来关注环境的影响。请记住，一对父母中的每个人的每个基因都有两个拷贝，只有其中一个会传给孩子。那么，对于每一对亲子，父母的基因组都可以分为传递下去的等位基因（即孩子继承的那些遗传变异）和未传递下去的等位基因（孩子没有继承的遗传变异）。从本质上讲，父母的基因组可分为两部分，一部分就像养父母（也就是说与孩子完全不相似），另一部分像同卵双胞胎（与孩子完全相同）。

那么关键的测试就变成了：父母未传递下去的基因是否仍与他们孩子的生活结果有关？[36]如果是这样，那么，父母的基因和孩子的表型之间存在着一种关联，这种关联不可能是由于父母对孩子的遗传，而必然是由于父母提供的环境的某个部分。

使用这种研究设计的规模最大的研究之一是在冰岛进行的，这个小国在遗传学研究领域占有重要地位，因为冰岛人的血统是同质的，有"精细"的医疗和家谱记录，并有三分之一以上的人口进行了基因型分型。[37]这项研究发现，对于像身体质量指数或身高这样的身体特征，只有在你真的继承了相关基因的时候，你父母的基因才会使你更高或更胖；未传递的等位基因与孩子的表型没有相关性。而对于教育来说，即使你没有继承相关的基因，你父母的基因仍然与你自己的最终教育程度相关。通过排除生物遗传作为父母特征与子女结果相关的机制，该研究表明，一定是父母提供的环境塑造了子女的教育轨迹。认真对待遗传，可以让我们更清晰地看到环境特权的影响，并直接反驳优生学的论点，即不平等的社会决定因素"实际上"只是无法衡量的遗传差异。

使用工具箱中的每一个工具

在将以多基因指数形式出现的遗传数据更常规地纳入政策和干预研究之前，还有一些实际问题需要解决。截至本书写作时，最大的实际问题是，如我在前文解释的，我们没有在统计上有用的多基因指数，来研究非欧洲遗传血统的人的健康和成就结果。在美国，超过一半的公立学校儿童的种族身份不是白人，因此我们可以合理地预期他们至少有部分非欧洲的遗传血统。所以，最需要教育干预措施改良的儿童，恰恰是我们在遗传学层面了解最少的儿童。统计遗传学家艾丽西亚·马丁这样总结了这个问题："为了充分实现［多基因指数］的公平的潜力，我们必须在遗传学研究中优先考虑更大的多样性……以确保那些原本就处于不利地位的人［与其他人］的健康差异不会扩大。"[38]

但随着遗传学研究变得更加全球化，这个问题有望得到解决。我预计，科学家们将开发出一种多基因指数，从统计学角度看，它与黑人学生学习成绩的相关性，就像我们已经掌握的白人学生的教育多基因指数与其学习成绩的相关性一样强。我预计，在我们开发出更好的政策和干预工具（从而可靠地提高在数学学习中有困难的青少年的高中毕业率，或者减少患有多动症的青少年的机动车事故）之前，科学家就已经在这个问题上取得了重大进展。正如我在第四章所述，使用多基因指数在不同种族群体之间进行比较，在科学上和伦理上都是错误的。此外，哪些基因与学习成绩有关，以及这些基因与学习成绩的相关程度，在遗传血统不同的人们当中可能是不同的。但是，将全基因组关联分析（GWAS）革命扩展到欧洲血统人口以外的群体，将使研究者能够在每个群体内进行研究，这些研究在确定重要发展结果的具体环境原因方面具有同样的科学严谨性。

制定干预措施和政策从而改善人们生活状况的努力会遇到巨大的障碍，所以我们不应该对任何单一的研究方法抱有过高的期望。当然，在社会科学中更广泛地使用基因数据，并不能解决所有问题。但基因数据可以帮助我们改善人们的生活。正如我在上文描述的，所有的干预措施和政策都反映了世界运作的一种模型。如果关于教育或儿童发展的基础研究有缺陷或不可靠，就更难设计干预措施和政策来改善人们的结果。遗传学对社会科学的最大贡献是为研究者提供了一套额外的工具，通过测量和在统计层面控制一个变量——DNA——来进行基础研究，而这个变量在以前是很难测量和在统计层面控制的。随着遗传信息的采集越来越便宜、应用范围越来越广，我希望我们不要继续错误地宣称我们已经知道了关于如何改善儿童生活的一切，而是准备好使用我们工具箱中的每一件工具。

第十章

个人责任

“我只是祈祷……他们可以去来世，去上帝想要他们去的地方。”

当谈到自己22岁的怀孕女友查尼丝以及她10岁的弟弟埃迪和母亲安妮特的死亡时，阿莫斯·韦尔斯泪流满面。有一天晚上，韦尔斯来到查尼丝在得克萨斯州沃斯堡市的家中，向母子三人连开数枪。随后韦尔斯向警方自首。在监狱里，他接受了当地NBC记者的7分钟采访，该采访于2013年在网上播出。[1]

“我没有办法给任何人解释，也没有人可以给出解释，没有人能尝试让我做的事情显得正确，或使它看起来合理，让每个人都能理解……没有理由。”

尽管韦尔斯说他的罪行没有理由，但他的辩护律师试图在遗传学领域寻求解释。辩方在韦尔斯的判决阶段辩称，根据在新西兰进行的一项候选基因研究，韦尔斯之所以有暴力倾向，是因为他继承了某个版本的 *MAOA* 基因，一位专家证人称这种基因型为“一种非常糟糕的遗传”。[2] 本书第二章讨论了为什么科学界不再相信这些候选基因研究是可信的。韦尔斯案件的陪审团也不相信。他们一致投票判他死刑。

作为行为遗传学家，阅读韦尔斯的判决记录是一种令人汗颜的体验。我认识且尊重起初将 *MAOA* 基因作为与犯罪行为相关联的候选基因进行研究的那些资深学者。我自己也发表了许多与青少年犯罪有关的遗传学文章。在为学术期刊写论文时，我很难想象我那干巴巴的、充满术语的文字会被得克萨斯法庭上的“专家”引用，而他面对的十二个人将决定政府是否应该杀死一个人。一个令人不安的问题伴随着我们所有的科学：如果你认真地把遗传视为人与人之间差异的来源，那么这对“我们对自己的生活结果应当承担多少责任”意味着什么？当遗传被作为死刑案件的证据时，我们不能将其视为抽象问题并打发掉。

遗传如何影响我们对个人责任的判断，这个问题不限于犯罪行为领域。在本书中，我试图论证，我们应当认真对待遗传，因为它是“出生的意外”，会影响一个人的教育轨迹。正如那些伤害他人的人受到国家的惩罚一样，那些在学校取得“成功”的人也得到了社会的奖励。受过教育的人得到的回报不仅仅是更多的金钱和更稳定的工作，还包括更好的健康和福祉。

在本章中，我接下来会考虑，遗传对教育的影响如何改变我们对“个人对自己在学校的成败以及随之而来的一切应负怎样的责任”的看法。然后，鉴于遗传和“个人责任”之间的紧张关系，我会考虑如何利用关于社会经济结果的遗传学研究，来主张在社会上进行更大规模的资源再分配。

犯罪的遗传学

韦尔斯的辩护团队并不是第一个将其客户的行为归咎于基因的律师团队。2017 年对法律数据库的一项检查发现，在十一起刑事案件中，被告的 *MAOA* 基因型信息被作为证据提交给法庭，最常见的情况是在量刑阶段或定罪后的上诉程序中。[3] 关于遗传信息如何在刑事审判中使用的原始研究提出，遗传信息可能像一把“双刃剑”，它可能让人觉得被告在道德层面不是那么有罪，但也可能让人觉得被告更有可能继续危害社会。[4]

不过，后续研究发现，在司法鉴定的语境中引入的遗传信息，与其说是一把双刃剑，不如说是一把钝刃剑。无论对法官还是对普通人来说，无论罪行是严重的（如谋杀）还是轻微的（如财产侵害），遗传解释一般不会改变人们对恰当量刑的意见。当我们想惩罚某人的时候，我们就会选择无视遗传信息。[5]

这种对犯罪行为的遗传解释的摒除，理应让我们感到惊讶，因为我们对其他类型的行为和生活结果的判断，更容易受到遗传信息的影响。平均而言，对心理问题（如抑郁症、精神分裂症、焦虑症、肥胖症、饮食失调和性功能障碍）的“生物遗传学”解释减少了人们对这些问题的过错和责任的评判。[6] 而对性取向的生物遗传学解释的普及，有助于增加人们对同性恋权利的支持。[7] 因此，一些活动团体已经接受了遗传学研究在消除污名方面的潜在价值。例如，“全国精神疾病联盟”为每一种精神病诊断发布了概况介绍，其中显著地表明“遗传”和“大脑结构”是该疾病的原因。[8] 遗传学可以成为消灭污名的解药。

为什么大家可以接受用遗传学研究来为抑郁症患者或超重者“开脱”，而不能接受用它来为实施暴力犯罪的人“开脱”？这个差异不能简单地归结为两种情况背后的遗传学研究的差异。虽然在阿莫斯·韦尔斯的案件中，关于 *MAOA* 基因影响的论点在科学上很弱，但有很强的证据表明基因对人的攻击性和暴力行为有影响。从童年开始的严重行为问题、身体攻击行为和情感冷漠，都是反社会行为综合征的一部分，这种综合征在儿童时期已经具有高度的遗传率（>80%）。[9]

除了高遗传率，科学界还获得了与犯罪可能性有关的遗传数据。在与犯罪行为有关的规模最大的一项遗传学研究中，我和我的合作者汇集了多种冲动或危险行为的 GWAS 信息，如童年时的多动症症状、滥交、酗酒、吸食大麻。这些行为并不总是违法的，但它们都在犯下暴力罪行的人中更常见。我们一共汇集了近 150 万人的信息，并测试了个别 SNP 是否与心理学家所说的“外化”（externalizing）的总体倾向有关。“外化”指的是这样一种倾向：持续地违反规则和社会规范，并与冲动控制作斗争。

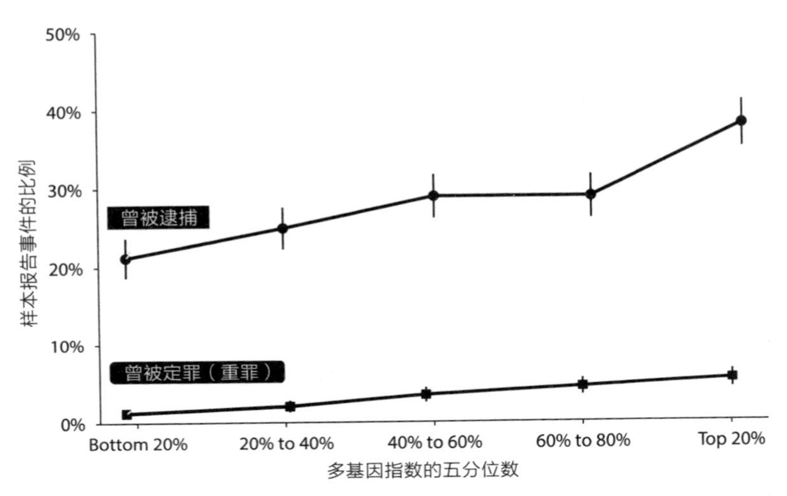

图 10.1 从 150 万人的外化 GWAS 中创建的多基因指数来看违法犯罪率和反社会行为率。图表改编自 Richard Karlsson Linnér et al., "Multivariate Genomic Analysis of 1.5 Million People Identifies Genes Related to Addiction, Antisocial Behavior, and Health," bioRxiv, October 16, 2020, https://doi.org/10.1101/2020.10.16.342501。

GWAS 结果告诉我们，与外化多基因指数低的人相比，外化多基因指数高的人被判定犯有重罪的可能性要高 4 倍以上，被监禁的可能性几乎高 3 倍（图 10.1）。他们也更可能使用阿片类药物和其他非法药物，更可能有酗酒问题，更可能出现反社会人格障碍的症状。反社会人格障碍是一种以鲁莽、欺骗、冲动、攻击性和缺乏悔意为特征的精神病状况。[10]

我应该再次强调，我们的研究集中于那些具有欧洲遗传血统并可能被认定为白人的人群内的差异。正如我在第四章所述，这些遗传关联不能也不应该被用来解释不同种族在违法犯罪或监禁率方面的差异。

即使有了这样的提醒，很多人仍会觉得关于犯罪行为的遗传学研究令人不安。事实上，在我们对人类发展和社会背景的了解的语境里解读我刚刚描述的那项研究，需要一整本书的篇幅。在这里我们可以弄简单一些。请注意，如果我说“基因影响人们的冲动和冒险行为，所以他们不应该为自己的犯罪行为负责”，比起我说“基因影响人们的体重，所以他们不应该为自己的超重负责”或“基因影响人们的情绪和情感，所以他们不应该为自己的抑郁负责”，这听起来会有多大不同。根据表型的不同，人们对遗传信息的反应也不同。

想责怪别人

一位心理学家（马特·莱博维茨）、一位哲学家（凯蒂·塔布）和一位精神病学家（保罗·阿普尔鲍姆）对人们接受遗传信息的方式的明显差异感到好奇，于是他们联手尝试了解其原因。[11] 在一系列引人入胜的研究中，莱博维茨、塔布和阿普尔鲍姆让实验参与者阅读关于“简”或“汤姆”的故事，这些人有反社会行为（例如，从一个睡着的流浪汉那里偷钱，欺负一个年纪较小的学生）或亲社会行为（例如，检查以确保流浪汉安然无恙，出手保护一个被霸凌的学生）。[12] 然后，实验参与者要么得到用遗传来解释汤姆或简的行为的信息，要么不得到遗传解释。

研究者在介绍基因“证据”时态度相当坚定，既提供了一个图，

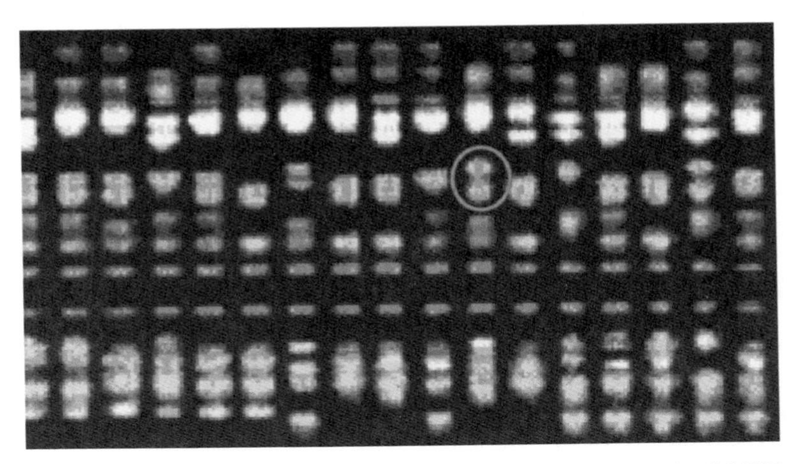

科学家发现，人们之所以会做出这样的行为，是因为受到了他们的基因的影响。这张图显示了基因组中相关基因的位置。根据近期的测试，简具有这样的基因。换言之，简的基因构成（即她从父母那里遗传的基因）导致她在上述情境中做出这样的行为。

图 10.2　行为的遗传解释。提供给实验参与者的图片和文字，见 Matthew S. Lebowitz, Kathryn Tabb, and Paul S. Appelbaum, “Asymmetrical Genetic Attributions for Prosocial versus Antisocial Behaviour, ” *Nature Human Behaviour* 3, no. 9（September 2019）: 940. 49, https://doi.org/10.1038/s41562. 019. 0651. 1 ；图片出自 Nicholas Scurich and Paul Appelbaum, “The Blunt-Edged Sword: Genetic Explanations of Misbehavior Neither Mitigate nor Aggravate Punishment,” *Journal of Law and the Biosciences* 3, no. 1（April 2016）: 140–57, https://doi.org/10.1093/jlb/lsv053, by permission of Oxford University Press。

又提供了一大块解释文字（图 10.2）。

然后，实验参与者被问及他们在多大程度上相信他们刚刚被告知的内容：“你认为，在你刚读的故事中，遗传在汤姆 / 简的行为中起了多大作用？”（记住，除了调查者给他们的信息，参与者对汤姆和简一无所知，而调查者只是告诉他们：“简的基因构成导致她的行为方式。”）在一些研究中，参与者还被问到“你认为，简在多大程度上应当对你刚才读到的行为模式负责？”和“你认为，你刚才读到的简的行为模式在多大程度上反映了她的真实本性？”。

在所有这些研究中，参与者对亲社会行为的遗传解释的认可程度，明显高于对反社会行为的遗传解释的认可程度。拒绝接受对反社会行为的遗传解释的倾向，与认为简应对自己的行为负责的倾向是一致的。

这些结果表明，我们对罪责与责任的判断与我们对遗传解释的认可之间的关系，同人们通常认为的方向相反。并不是说我们听到遗传对人有影响，就相应地认定某人是否责任较轻，而是我们会先决定是否要追究某人的责任，然后相应地选择拒绝或接受有关遗传影响的信息。

我们想要保留责怪别人的能力并想让人承担道德责任的时候，就拒绝接受遗传证据。这个结论有助于大家理解我在第二章介绍的另一项研究的结果。在那项研究中，明尼苏达大学的心理学家要求人们估计不同表型的遗传率。[13] 估计最准确的人，是有多个子女的母亲，但一般来说，受试者的估计都趋向于接近正确答案。换言之，人们对遗传率的平均估计相当接近西方工业化社会对某一性状之遗传率的科学共识。不过，有两个例外。有意思的是，这项研究中的受试者大大高估了两个表型的遗传率：乳腺癌和性取向。那些自称是政治自由派的人，对性取向的遗传率估计特别高。

乳腺癌和性取向是非常不同类型的结果，具有非常不同的遗传结构，但它们至少有一个共同点：说某人对自己是否得癌症或是否成为同性恋者有选择权，通常是一种禁忌。如果你告诉乳腺癌患者，她们应当对自己的疾病负责，那么你就是在主张“受害者有罪论”。如果你告诉同性恋者，他们应当为自己不是异性恋者负责，那么政治自由主义者会认为你是恐同分子。“拒绝接受遗传信息以保留我们责怪别人的能力”与“接受遗传信息以推卸责任”是一体两面。

同卵双胞胎和自由意志系数

人们对责任的判断与他们对遗传率信息的接受与否是相辅相成的，这就提出了一个更基本的问题：我们是否应该将遗传影响视为对一个人的能动性或控制能力的限制？如果一个人的某项结果是具有高遗传率的，这是否意味着他只需要对自己的结果承担较少的责任？

这类讨论有可能陷入永无止境的形而上学辩论的黑洞。客气地说，宇宙是否是决定论的，自由意志是否存在，这些问题已经超出了本书的范围。所以我们需要设置一些哲学上的边界。如果你认为宇宙是决定论的，自由意志的存在与决定论的宇宙不相容，自由意志是一种幻觉，那么遗传学就无话可说了。[14] 遗传只是宇宙的一个小角落，在这个宇宙里，我们已经理解了更大的决定论链条的一小部分。

但抛开形而上的问题，我们作为彼此生活在一起的社会人，对待谋杀和眼睛颜色的方式并不一样。在人类事务的正常过程中，我们不会认为人们是自己选择拥有蓝眼睛的，也不会认为人们是有意识地确保他们的眼睛不是棕色，更不会认为因为人们有蓝眼睛所以他们应该得到更多，因为我们已经（在我看来是正确地）认定，眼睛颜色不是一个人能够自己选择的。我的眼睛是绿色的，这不是我邀功或受责备的理由。但我们会对人们的谋杀行为做出评判。当我们在不同类型的人类结果之间做出这种区分时，我们可以考虑，在做出区分时将有关遗传的信息（以及有关早期环境作用的信息）纳入考虑是否合理。在我看来，答案是肯定的。一个人的生活结果在多大程度上可以追溯到他们的生活起点，他们在多大程度上可以采取不同的行动也就成为问题。

电影《侏罗纪公园》有一个场景，在恐龙开始吃人之前，杰夫·高布伦饰演的角色正向劳拉·邓恩饰演的角色解释“复杂系统的不可预测性”。他把她的手平举起来（“像象形文字一样”），在她的手上滴了一滴水。水会向哪个方向滚落？她做了一个预测，然后他们观察水滑落的地方。高布伦要求她重复这个动作：“我将做同样的事情，并且从同一个地方开始。水将向哪个方向滚落？”

第二次，水珠从邓恩的手的另一侧滑落。为什么水没有以完全相同的方式从她的手上滑落？高布伦利用结果的差异，对邓恩的手进行了在职业场合很不适合的爱抚，同时也提出了“微小的变化……从不重复，并极大地影响结果”的假设。

两个同卵双胞胎一起长大，就像两滴水从同一个地方开始。他们开始是一个受精卵，后来才分裂成两个独立的人。由于是用同一个卵子和同一个精子受孕，他们的DNA序列几乎完全相同（不过并非完全相同，因为发育突变可以只影响双胞胎中的一个，但不影响另一个）。[15]他们是同一个子宫里的胎儿。他们通常在同一时间出生，通常在同一座房子里被同一对父母抚养，双胞胎的父母有同样的缺陷、长处和怪癖。双胞胎通常在同一所学校上学，住在同一个社区。

不过，同卵双胞胎的许多生活结果并不完全相同。他们之间的差异——双胞胎之一很胖，另一个很瘦；其中一个患有精神分裂症，另一个正常——可能像他们的相似之处一样令人着迷。

研究者通常将同卵双胞胎之间的这些差异称为“非共享环境”（non-shared environment），缩写为e^2。同卵双胞胎之间的相关性越低，非共享环境的值就越高。可能的e^2值范围在0（意味着同卵双胞胎的结果总是完全相同）到1（意味着同卵双胞胎并不比从人群中随机抽出的两个人更相似）之间。因此，e^2代表人与人之间的某些差异，这些差异并不是由他们的DNA或他们出生的社会环境的差异造成的。e^2反映了两滴相同的水从同一个地方开始向不同方向落下的程度。

我的博士生导师埃里克·特克海默提出，在考虑了遗传和家庭教养的限制之后，人类结果的个体性仍然存在，这是一种“量化人类能动性”的方式。[16]他的推理是这样的：我们认为，如果一个人可以采取不同的行动，那么他就对某一结果有选择和控制。如果那些有着相同的由偶然性造成的条件的人——也就是说，他们有着相同的基因（不考虑上述的例外）和相同的家庭教养——实际上从未出现过不同的结果，那么就很难想象他们原本有可能出现不同的结果。在特克海默看来，不可预知性成为自由的标志。

> 简而言之，非共享环境就是自由意志。不是那种已经没有人相信的形而上学的自由意志（根据这种自由意志的观念，人类的灵魂自由地漂浮在物理世界的机械性约束之上），而是一种具体的自由意志……它包含了我们以复杂和不可预测的方式对复杂环境做出反应并在这个过程中建立自我的能力。

在特克海默看来，不由你的基因型或环境条件决定的个人表型空间，定义了你的自由意志可以发挥作用的边界。借用哲学家丹尼尔·丹尼特的一句话，e^2 让你知道你有多少“施展空间”（elbow room）来选择你成为什么样的人。[17] 特克海默随后列出了人类的各种结果，指出同卵双胞胎在我们认为很少涉及选择和道德责任的结果上，只有很小的差别。身高的 e^2 系数小于 0.1。也就是说，考虑到一个人在特定的时间和地点出生在一个特定的家庭，拥有一个特定的基因组，人的身高没有多少“施展空间”。但这只是身高。社会和行为结果呢，比如教育？

教育中的自由意志系数

如果同卵双胞胎之间的差异程度表明了人们对自己的结果有多大的潜在的能动性，[18]那让我们考虑一下我们实际观察到的同卵双胞胎在社会和经济结果方面的差异，以及（在现代工业化资本主义社会中）得到奖励（形式是社会和经济层面的成功）的心理表型的差异。

特克海默指出，智商的 e^2 系数只比身高的 e^2 系数大一点，成年后为 0.2，儿童期为 0.25，而身高的 e^2 系数则为 0.1。但即便是这种微小的差异，也可能是因为可靠地测量智商的难度很大。在使用统计技术来纠正测量误差的研究中，智力测试成绩的 e^2 更接近于 0.1。在一项对出生后即分离并在不同家庭中长大的双胞胎的经典研究中，双胞胎之间智力测试成绩的平均差异大约等于同一个人参加两次测试的平均差异。[19]

智力测试考察的是一般的认知能力，但我们也可以考察更基本的认知过程。我在第六章提过，综合执行能力（general EF）是引导和分配注意力的能力。在儿童和青少年中，一般执行功能的 e^2 几乎不大于零（<0.05），而处理速度的 e^2 又与身高的 e^2 相当（0.15）。[20]

当我们考虑学业成果时，e^2 有时会大于认知能力的观察值，但并不总是大于它。在我们的得克萨斯双胞胎样本中，童年时期的阅读和数学成绩测试分数的 e^2 大约是 0.3。[21]但在英国，从童年到青春期的成绩测试分数显示 e^2 估计值小于 0.15。类似地，作为大学录取通道的全国性标准化考试，普通中等教育证书考试（GCSE）分数的 e^2 为 0.13。[22]

在受教育程度方面，不同国家和不同队列之间存在相当大的差异（在所有研究中，从 0.11 到 0.41 不等），而所有样本的平均数为 0.25。在斯堪的纳维亚的队列中，e^2 比较小（0.17），同样比我们看到的成人身高的 e^2 大不了多少。[23] 在收入方面，男性的 e^2 约为 0.4（二十年的平均收入）。[24] 这与抑郁症的情况相当，但仍然低于个性的 e^2。

从这个角度审视双生子研究，由于只关注 e^2，先天–后天之争就会消失。我们并不试图分析，是双胞胎在社会彩票中的相同结果，还是他们在遗传的自然彩票中的相同结果，导致一起长大的同卵双胞胎拥有如此相似的生活。但我们可以简单地理解，在考虑到社会彩票和自然彩票的相同结果之后，心理特征和社会经济地位的剩余的不可预测性就很小了。一旦我们考虑到运气（包括环境和遗传因素）的强大影响，留给“个人责任”的空间就非常小了。

毕竟，说某人应对自己生活的结果负责，意味着在理论上，他本可以做得不同。一般来说，“这个人可以做得不一样吗？”是一个不可能回答的问题。人只有一次生命，因此，如果你选择了不同的行动，你可以在多大程度上有所不同，或有不同的行为，这在经验上是无法解答的。但是，对一起长大的同卵双胞胎的生活的跟踪告诉我们，实际上，在同一个地方开始生活，有相同的父母、相同的住址和相同的基因的人，最终很少会有不同的受教育程度。他们有几乎完全相同的执行功能技能和大学入学考试分数，以及相当类似的最终受教育程度。

你的基因型，就像你家庭的社会阶层一样，是一个你无法控制的“出生的偶然”。你的基因型，就像你家庭的社会阶层，是你生活中的一种运气。关于同卵双胞胎的文献告诉我们，自然彩票和社会彩票加在一起，是预测某人成年后的社会地位，特别是他们的受教育程度的有力因素。

运气的意识形态

社会心理学的研究表明，你对上一段文字的反应会因你的政治立场而不同。一项研究发现，与自由派相比，保守派更不同意“成功人士很可能在生活中很幸运”这样的说法，而更同意“人们不需要运气就能在生活中取得成功”这样的说法。[25] 在同一研究者的另一项实验中，人们被要求阅读一段摘自作家迈克尔·刘易斯在普林斯顿大学毕业典礼上的讲话。[26] 这段话的一个版本使用了刘易斯关于运气在成功中的作用的原话（“人们，特别是成功人士，真的不喜欢听到把成功解释为运气”）；另一个版本用“来自其他人的帮助”替换了“运气”。如果政治保守派读到将成功归因于运气的版本，他们尤其可能不同意这段话（自由派和保守派的参与者在阅读将成功归因于运气的版本时，都认为这段话的作者不那么讨人喜欢，不那么有智慧，也不那么令人钦佩）。

最近，盖洛普民意调查发现，特朗普总统在美国的支持者比反对者更少倾向于同意“富人之所以富是因为他们更幸运”的说法（27% 对 38%）。[27] 大约同样比例（26%）的特朗普支持者认为，富人和穷人之间的收入差异是不公平的。与全球平均水平相比，这一比例低得惊人：在 60 个国家中，大多数人（69%）认为他们国家的收入差异是不公平的。

我们在其他地方也可以看到保守派不愿意承认运气的作用。在《华尔街日报》的一篇评论文章中，撰写了《多样性的错觉》（*The Diversity Delusion*）和《向警察开战》（*The War on Cops*）等书的保守派作家希瑟·麦克唐纳坚持认为，“掷骰子一样的随机性［并不］足以使今天的商业巨头或他们的前辈取得成功”。相反，“行为选择塑造了人生轨迹”[28]（她还声称，“只有最严酷的政府压制才能消除”分布不均的“先天天赋”的影响，这是我在第八章讨论的关于社会变革可能性的遗传悲观主义的一个例子）。

另一位保守派评论员丹·麦克劳夫林（Dan McLaughlin）对伊丽莎白·沃伦在 2011 年竞选美国参议员时的发言做出回应时，也谈及了同样的主题。沃伦的一次演讲在网上爆红，谈的是公共投资对于私营企业的成功如何必要。麦克劳夫林描述了为什么他认为沃伦的观点对保守派议题是危险的：它可能将更多的财富再分配正当化。麦克劳夫林在推特上写道：“如果你让人们相信，成功跟工作和努力关系不大，你就是在主张给成功人士增加更多负担。”[29]

认识到保守派多么厌恶将结果归因于运气，有助于我们理解两个观察到的事实（data）。如果你习惯于认为遗传学研究必然支持右翼世界观的话，你会对这两个事实感到惊讶。首先，保守派比自由派更不可能将人们的生活结果归因于遗传，特别是对于像性取向和吸毒这样的涉及道德判断的结果。[30] 其次，保守派比自由派更不可能同意富人“天生就有更强的能力”。[31]

麦克劳夫林反对运气意识形态的原因，是他担心强调运气的作用会增加对财富再分配的支持。他的直觉是正确的。事实上，当人们认为不平等源于人们无法控制的运气因素，而不是认为不平等源于选择时，他们更有可能支持财富再分配。

在一系列精彩的实验中，挪威的一个经济学家团队显示了不平等的来源（选择或偶然）与人们再分配金钱的意愿之间的联系。[32] 他们的许多研究涉及一个可分成两部分的经济游戏的变化。在第一部分，即“生产阶段”，参与者通过执行一项任务，如打字，来“挣”钱。有几个变量在起作用。其中一些变量通常被认为处于参与者的控制之下，例如一个人花了多少分钟打字。有些变量显然不在参与者的控制之下，例如实验者为每一个输入的字设定的价格。有些变量受到的控制程度是模糊的，如一个人在一分钟内能打多少个正确的字。有些变量将一个人分得的蛋糕与整个蛋糕的大小对立起来：例如，就游戏结束时每个人的“身价”而言，如果分数分配得更不平等，那么分数就更显得珍贵，这样一个人就可以通过接受更不平等的分配而最终获得更多的钱。

在游戏的第二部分，人们（参与者或观众）被要求决定，是否每个人都能完全保留他们所挣的钱，或者是否应该对一些钱进行再分配。在这些研究中，人们有不同的偏好。有些人喜欢结果平等，而不考虑不平等的来源。这样的人是激进的平等主义者。有些人喜欢让每个人完全保留他们在游戏中挣到的钱，不管它是如何产生的。这样的人是自由意志主义者。

不过，最常见的是，人们根据不平等的来源是偶然还是选择，来区分公平和不公平的不平等：如果因为实验者分配给他们工作的价码较低，人们在游戏结束时赚的钱较少，那么人们就更有可能通过再分配来抵消这种不平等。

人们对运气在经济游戏中的作用的敏感度，反映在他们对有关不平等的调查的反应中。[33] 在挪威的一项调查中，将近一半的人（48%）表示，由个人无法控制的因素所造成的收入不平等应该被消除。总体而言，美国人比挪威人更能接受不平等，政治保守派比政治自由派更能接受不平等。但从整体上看，如果结果不平等是运气造成的，人们更愿意实施再分配；如果结果不平等是人们能够控制的因素造成的，人们更不愿意实施再分配。

在旨在衡量人们分配偏好的经济游戏中，以及在关于公平和不公平的不平等的调查中，什么类型的运气会产生不平等，是发生在一个人身上的外部事件，这些事件制约着这个人对其社会和经济结果的总体控制。实验者对你的工作设定了低价，你的母亲没有完成高中学业，这些都是你无法控制的外部事件。

不过，正如我们看到的，社会和经济成果的不平等也源于一个人们无法控制但处于人体之内的因素：遗传。

再谈“想责怪别人”

在本书的第一章，我介绍了一项社会心理学研究，参与者被告知，一个虚构的卡尔松博士发现在人们的数学测试表现中，遗传影响能够解释一点点（4%）或很多（26%）的差异。在后一种情况下，人们，特别是政治自由主义者，认为卡尔松博士不太客观，而且持有不太平等的价值观。也就是说，当卡尔松博士报告说遗传因素对数学考试成绩有较强的影响时，人们认为他相信“如果社会允许一些人比其他人有更多的权力和成功，这是可接受的”这样的观点，而不相信“社会应该努力创造公平的竞争环境，使社会变得公正”这样的观点。

这项研究的结果与我作为行为遗传学研究者的个人经验相吻合：承认遗传对社会层面的重要结果（如数学考试成绩或受教育程度）存在影响，被广泛认为是对平等主义价值观的对抗。当然，人们这么想是有充分理由的。历史上，意识形态极端分子曾利用遗传学思想为极度不平等的社会政策辩护，如限制来自世界某些地区的移民，强迫人们绝育，甚至拘禁和谋杀某些人群。

我们认识到了为什么某些类型的遗传学研究，无论在历史上还是在大众想象中，都与关于人类优劣的极端主义观点有关，但我在本章描述的研究指出了一个与之迥异的框架。一个人的基因型是从他可能继承自父母的许多基因型中随机选择的，这是一个运气问题。平均而言，那些政治上保守的人不愿意承认运气在人们的成功中发挥了作用。同样，当人们想指责别人或以其他方式让别人对其（错误）行为负责时，人们更可能拒绝接受有关遗传影响的信息。但是，当不平等被视为源于人们无法控制的运气因素时，保守派和自由派都更有可能将这些不平等视为不公平的，并支持再分配以实现资源平等。

综合起来考虑，这些要点是一个新的合题的要素：遗传是人们生活中的一个运气问题。如果我们认识到遗传运气在人们的教育和经济成功中的作用，就可以减少人们因为没有取得足够“成就”而受到的指责，并且事实上可以支持再分配资源以实现更大的平等。

而在另一面，如果我们拒绝接受关于遗传如何影响社会和经济结果的信息，就可能会产生意想不到的副作用，即导致任何未能在教育方面取得进展，以及在只惠及“技能型”工人的经济体中表现不佳的人，受到*更多*的指责。英国社会主义者迈克尔·扬担心穷人遭到污名化（即认为穷是他们自己造成的，所以穷人应受指责）。他发明了“优绩主义”（meritocracy）一词来描述一个反乌托邦的未来。在首次使用“优绩主义”一词四十多年后，扬沮丧地反思了那些在学校表现不佳的人是如何因自己的不成功受到责怪的。“在一个如此强调优绩的社会中被判定为没有优绩的人，他的生活确实很艰难。没有哪个底层阶级曾受到这样严苛的道德谴责。”[34]

第十一章

无等级优劣的差异

我的大儿子学说话很费劲，2 岁时只会说几个字。儿科医生向我们保证，这个孩子没问题，但大人要有耐心，因为男孩可能说话比较晚。六年后，我儿子每周都要接受好几个小时的言语治疗（speech therapy）。治疗师将手伸进他的嘴里，按住他的舌头前部，这样他才能说出“cookie”（曲奇饼）和“go”（走）。他还练习捏住下巴，把嘴唇弄圆，在吸一口气之前说出正确的音节数。

在他接受言语治疗期间，我坐在等候室里，和我的小女儿一起阅读。她很早就学会了说话。与哥哥相比，她的言语能力的发展简直是个奇迹。一个孩子必须坚持不懈地练习的东西，在另一个孩子身上却似乎毫不费力地实现了。

为什么我的一个孩子可以轻松地说话，另一个孩子却要费九牛二虎之力？没有人可以给我一个明确的答案。但我从双生子研究中看到，发音问题90%以上是可遗传的。孩子在发音能力上的差异，大部分是由遗传差异造成的。影响发音能力的遗传差异似乎也会更普遍地影响运动技能，这一科学发现与我的个人经验相吻合。我的儿子很晚才学会说话，并且他学习爬行、走路、玩滑板车都有困难。

当然，语言障碍的高遗传率并不排除环境的重要性。对发音问题的唯一可用的干预措施是环境干预。没有人会对说话晚的3岁孩子的基因组进行编辑。而且不幸的是，我们可以看到许多被虐待、忽视或遗弃的儿童的例子，他们在婴幼儿期被剥夺了言语互动的机会，这造成了灾难性的后果。但是，在我家提供的正常语言环境的背景下，我的两个孩子在语言发展上的不同，很可能是因为他们碰巧从我和他们的父亲那里继承了不同的基因。

根据我的个人经验，讨论语言障碍的遗传率并没有什么争议。大多数语言治疗师都会询问一个人的发音问题家族史。大多数有多个子女的父母都能观察到他们的孩子在语言发展上有多大差异。看着我的两个孩子在发音能力上的差异，我很容易看到大自然的任性之手。我女儿幸运地继承了遗传变异的相关组合，使她在3岁前就能读出“松鼠”这样的词，我儿子却没有。

遗传和环境因素的结合导致了我女儿言语和语言能力的正常发展，而这些遗传和环境因素完全不在她的控制之内，所以如果说她做了什么来赢得她的言语早熟，那就非常奇怪了。她在发育早期就能说出复杂的句子，这并不意味着她很优秀。相反，我儿子才是值得赞扬的，因为他在日常对话中对气息支撑和语调的关注，就像歌剧演员在大都会歌剧院演出时一样，是经过深思熟虑、百般努力的。

下午晚些时候，结束了言语治疗，在回家的路上，我们在奥斯汀南部一条高速公路地下通道附近的红绿灯前停下。地下通道里有一个人口越来越多的无家可归者的营地，随处可见睡袋、帐篷、轮椅和堆满破烂物品的购物推车。在冬天，这里的人口会大幅增多。到了夏天，由于气温超过 37.8 摄氏度，营地所剩不多的居民饱受酷热之苦。我在车里放了几瓶水给那些在十字路口举着纸板牌子的人（几乎总是男人）。我通过车窗把水递给那些手被太阳烤得发烫的人。我的孩子们也问了一些问题。

“晚上会有鬼魂抓他们吗？”

“为什么他们没有房子？”

“为什么我们有房子？”

为人父母，的确责任重大，因为我想告诉他们什么，就可以说什么。我可以说，那些人做了错误的选择。我可以引用《圣经》的经文，我小时候就听父母说过这句经文：“若有人不肯做工，就不可吃饭。”* 但是无论我们进行多少次这样的对话，我最后总是说同样的话：因为我们很幸运。妈妈很幸运，有一份能挣钱的工作，所以我们能买衣服、食物、玩具和房子。有些人在他们的生活中很不幸。一个人不幸运，并不意味着他就理所应当睡在大桥底下，但我们成年人并不总是分享足够的钱，让每个人都有房子。

---

* 《新约 · 帖撒罗尼迦后书》第 3 章第 10 节。据和合本。

（我女儿又问了一个问题：“为什么人会有私心？”）

正如人与人之间的遗传差异在他们出现发音问题的可能性方面造成了差异，人与人之间的遗传差异也在他们成为无家可归者的可能性方面造成了差异。目前还没有关于无家可归者的全基因组关联分析或双生子研究，但上面的说法几乎可以肯定是成立的。大约20%的无家可归者有严重的精神疾病，如双相障碍症或精神分裂症。[1]据估计，约16%的无家可归者有严重的药物滥用障碍，如酗酒或阿片类药物成瘾。归根结底，无家可归的原因是买不起住房。而如果人们没有继承某些遗传变异，那么他们经历所有这些事情（精神疾病、药物成瘾和贫困）的概率就会不同。我们当中没有经历过精神病、药物成瘾或严重贫困的挑战的人，是幸运的。这种幸运有些是间接的，有些则是直接体现出来的。

对遗传学研究的两种担忧

人与人之间的遗传差异造成了他们有多大可能遇到发音及语言问题的差异。人与人之间的遗传差异造成了他们有多大可能无家可归的差异。第一句话没有特别大的争议，而第二句话几乎肯定有争议。

但为什么呢？

把人与人之间的遗传差异跟社会不平等现象（如贫困和无家

可归）联系起来，为什么会激起争议，甚至愤怒？生物伦理学学者埃里克·帕伦斯总结了两个核心的原因："人们担心，通过调查人类差异的原因，*行为遗传学将破坏我们的道德平等概念*……不幸的是，存在着一种古老的，也许是永久性的危险，即对人类遗传差异的调查，*将被用来为社会权力分配的不平等辩护*。"（强调是我加的）[2]

帕伦斯对人们为什么对（某些）行为遗传学研究结果感到担忧的总结，与伊丽莎白·安德森对不平等主义的定义有着惊人的相似之处，我在本书的导言中提到过安德森的定义。[3]她写道："不平等主义主张，将社会秩序建立在人类的等级制度之上是公正的或必要的，而人类的等级是根据人类的内在价值来划分的。*不平等与其说是指商品的分配，不如说是指优等人与劣等人之间的关系*……*这种不平等的社会关系产生了自由、资源和福利分配上的不平等，并被认为是这些不平等的正当理由*。这是种族主义、性别歧视、民族主义、种姓制度、阶级和优生主义等不平等主义意识形态的核心。"（强调是我加的）

在这里，我们再次看到同样的两种担忧。有人担忧，首先，将生物学差异与社会不平等联系起来，就是认为一些人比另一些人优越。这是人类价值的等级观念，与人类道德平等的平等主义思想形成鲜明的对比。其次，这种人类等级观念被用于为不平等现象辩护。贫困和压迫不被视为亟待解决的问题，不平等反而被视为部分人类的生物学优越性的正确而自然的结果。

这两个问题似乎是不可避免的。当我说人们在遗传上有差异，并且这些遗传差异影响到他们的教育和社会阶层、收入和就业以及最终无家可归的机会时，这句话似乎必然会被理解为“人类的价值是有等级的”，“某些人的贫困是不可避免的现象，甚至是理所当然的”。

正如诗人和活动家奥黛丽·洛德解释的，“西欧的大部分历史都教我们以简单化的对立方式看待人类差异：主/从、好/坏、上/下、优/劣”。她认为，其结果就是，“很多时候，我们把认识和探索差异所需的精力，用于假装这些差异是不可逾越的障碍，或者假装它们根本不存在”。[4]优生主义的意识形态认为，遗传差异是实现平等的不可逾越的障碍。太多时候，人们对优生主义意识形态的反应是假装遗传差异根本不存在。

但是，我们并不总是从优劣的等级角度来谈论人与人之间的遗传差异。下面这些例子也许会对读者有所启发。当我说我的两个孩子在遗传层面有差异，而且这些遗传差异对他们的说话能力有实际影响时，我当然不是在暗示我的一个孩子比另一个孩子“优越”或“低劣”。言语能力是*受看重的*（valued）好东西，但拥有强大的言语能力并不意味着我的一个孩子更有*价值*（valuable）。两个孩子之间的遗传差异对他们的生活是有意义的，但这些差异并没有创造出基于内在价值的等级。

而且我不能以这些差异为理由，在他们每个人的生活中投入不同程度的资源来巩固不平等。鉴于两个孩子之间的差异，为了所谓的“公平”而对他们给予完全相同的待遇，会让人觉得荒唐。相反，我每周在有困难的孩子的发音与语言发展方面投入更多的时间，因为他需要这种额外的训练和投入。

在儿童言语生成（speech production）这样的特定能力（或障碍）的语境中，以及在家族内部兄弟姐妹的比较中，我们理解了人与人之间的遗传差异，就能避开不平等主义的绞索。我们也许可以谈论人与人之间的遗传差异，同时不把它们归入人类价值的等级体系中。我们也许可以承认人们并非生来就有同等的统计意义上的可能性来经历某些生活结果，同时不把他们之间生活结果的差异辩解为不可避免的和理所当然的。

当我们在考虑遗传差异与社会不平等的关系时，为什么很难（确实很难）做到这一点？与儿童期的语言障碍相比，像“智力”这样的概念更容易被视为具有内在的等级制。当我们谈论DNA时，“价值”这个词有一个微妙而危险的双重含义：人们可能太容易将某人的净资产（就其金融资产的市场价值而言）与他作为人类的内在价值相混淆。当净资产与遗传差异相关时，人们很容易误以为人的内在价值也与DNA有关。在本章中，我想探讨对某些人类结果（其中最重要的是智力测试分数）的遗传学研究会自动激活人类优劣观念的历史原因。然后，我想探讨人类表型的其他一些例子（如身高、耳聋和自闭症），在这些例子中，遗传学研究在很大程度上得到接受，而没有被视为危险而遭到排斥。我们是否可以参考这些例子来拓展我们对“关于社会不平等的遗传学研究是否一定危险”的直觉理解？

受社会看重，而不是有内在的价值

智力（以标准化的智商测试来衡量）和教育成功也许比任何其他人类表型都更多地被从优劣等级的角度来看待，这不是一个偶然。这是一种被刻意设计和传播的想法。正如历史学家丹尼尔·凯弗斯总结的："[20 世纪初的] 优生学家用来衡量人的价值的标准，就是看一个人是否拥有优生学家假定自己拥有的那些品质……即那种有利于完成中小学、大学和专业培训的品质。"[5] 而这种观念在智力测试的历史中表现得最为明显。

第一批智力测试是由心理学家阿尔弗雷德·比奈和泰奥多尔·西蒙共创的，他们受法国政府委托，开发一种方法来识别在学业中有困难并需要额外帮助的儿童。由此产生的比奈–西蒙智力量表要求儿童做一系列典型的日常生活中的实际任务和学习任务。例如，一个 8 岁的孩子被要求数钱，说出四种颜色，倒数和听写。

比奈–西蒙智力量表的关键进步并不在于他们向儿童提出了哪些具体任务，而在于两项创新。首先，向每个人都布置相同的任务（标准化）。第二，向大量儿童布置相同的任务，从而了解某一年龄段处于平均水平的儿童的表现，以及任何一个儿童的表现与该年龄段的平均表现相比如何（规范化）。

任何一位家长，如果曾经查阅过成长图（growth chart）以了解自己孩子的体重增加是否足够，或者曾经问过老师，孩子的阅读量是否跟得上班上其他同学，就能立即领会到规范化

(norming)的力量。你可以看看你朋友的孩子，或者试着回忆一下你的年纪较大的孩子在这个年龄段是什么样的，但你并不真正知道——18个月大的孩子的典型体重是多少？6岁的孩子平均能认识多少个单词？一套适当的规范不会告诉你，为什么一个孩子的体重没有增加或为什么他在阅读上有困难。一套任务规范不会告诉你，是否有其他受社会看重的技能没有得到测量。但是，规范会给你一些比较数据，这些数据的基础不是人们对儿童能做什么和不能做什么的主观直觉。

可悲的是，比奈–西蒙智力量表几乎立即被当作一种量化指标，对已经成为美国社会特征的不平等主义进行正当化。关于测量，心理学家有一些*发现*：如果你要求儿童完成有限数量的任务，年长的儿童可以比年幼的儿童做得更多；儿童在这些任务中的表现的改善速度不同；在少量任务上的表现差异，可以说明哪些儿童在他们一生中面临的更广泛的学习任务上会有困难。然后心理学家*发明*了另一个想法：这些任务的表现可以说明哪些人比其他人更优秀。

1908年，美国心理学家亨利·戈达德将比奈–西蒙智力测试从法国引进到美国，将其翻译成英文，用于测试成千上万的儿童。戈达德在1914年出版的《弱智症：其原因和后果》一书中发表了这些结果。[6]在书中，戈达德声称，所谓的“弱智者”在生理上是与正常人不同的：“他们的动作不协调，外貌有某种粗糙的特征，这使他们缺乏吸引力，而且在许多方面显示出野蛮人的特征。”

更糟糕的是，在早期智力测试中得分低的人被指责在道德上有缺陷。根据戈达德的说法，这些人缺乏“对道德生活至关重要的因素——是非观的理解，也缺乏自制力”。同时，不道德行为的“愚蠢、粗野”，包括所有形式的“不节制和……社会罪恶”，都被认为是“智力低下的表现”。结合智力、身体和道德方面的缺陷，戈达德对“弱智”的总体描述是一种令人震惊的非人化(dehumanization)：“弱智”的男人或女人在他眼中是“更原始的人类形态”，是“人类有机体的原始和粗糙的形式”，是“有活力的动物”。

这样一来，戈达德和他同时代的人就把智力测试的分数定位为对一个人的价值的评判。得分低的人是“原始”人类，像动物一样野蛮，缺乏道德责任感。正如历史学家纳撒尼尔·康福特总结的，“智商不是衡量你做了什么，而是衡量你是什么——一个人作为人的内在价值的分数”。[7]正是这种看法——不是“你在标准化智力测试中做对了多少道题？”而是“你的人性有多原始？”——被附加到关于遗传和遗传差异的思想之上。

作为监督过数千次智商测试的临床心理学家，我觉得阅读戈达德的书是一种非常不愉快的体验。戈达德是美国心理学的创始人之一，这些创始人将该领域转变为一门实验科学，而不是哲学的一个分支。他参与起草了第一部强制要求在公立学校提供特殊教育服务的法律。2002年，在“阿特金斯诉弗吉尼亚州案”中，美国最高法院认定智障人士不应该被判处死刑。戈达德九泉之下一定会为之欢呼，因为他是第一个提供正式证词来主张智力低下人士的刑事罪责应当减少的人。今天，任何从事法医或临床或学校心理学工作的人都是在戈达德参与创建的领域里工作的，就像任何从事统计分析的人都必然要感谢高尔顿、皮尔逊和费希尔。但是，戈达德刻意地提出了一种我认为可憎的想法：智力测试分数是衡量一个人价值的标准。

一个世纪之后，可以用智力测试分数来衡量人性的想法，仍然困扰着关于智力测试的所有讨论。例如，2014 年，作家塔那西斯·科茨对人们“探讨”是否存在遗传造成的种族差异感到愤怒，并明确表示，他认为关于一个人的智力的问题与关于一个人的人性的问题是不可分割的：“人生苦短。有太多比‘你的人性比我少吗？’更紧迫，实际上也更有趣的问题。”其他一些作家对科茨的声明感到不解，例如安德鲁·沙利文写道：“这真的让我很难过。”[8] 但这种困惑掩盖了对智力测试历史的刻意的无知。科茨的“你的人性比我少吗？”这一反问，正是智力测试的早期支持者认真提出的问题。

对智力和教育成功做任何讨论的时候，我们都不能忽视这段历史。鉴于这段历史，许多学者主张干脆彻底放弃标准化测试和“智力”的概念。根据这种观点，即使是在单一种族群体内，也没有正当的手段来研究智力，因为智力的概念本身就是种族主义和优生主义的。历史学家伊布拉姆·X. 肯迪在《如何成为反种族主义者》一书中对这种担忧作了精辟的表述：“使用标准化测试来衡量能力和智力，是有史以来最有效的种族主义政策之一，它贬低了黑人的头脑，在法律上排斥了黑人的身体。”[9]

因此，即使关于智力和受教育程度的分子遗传学研究将注意力完全集中于欧洲血统人群内的个体之间的差异，有些人仍然认为这项工作是毒树之果*。

但其他关注种族和种族主义的作家认为，不管智商测试的初衷是什么，它仍然是了解歧视性政策之影响的宝贵工具。正如肯迪本人所描述的，识别种族不平等对反抗他所说的“转移性种族主义”（metastatic racism）至关重要。

> 如果我们不能识别种族不平等，那么我们就不能识别种族主义政策。如果我们不能识别种族主义政策，那么我们就不能挑战种族主义政策。如果我们不能挑战种族主义政策，那么种族主义势力的最终解决方案就会实现：一个我们都看不到，更不用说抵抗的不公的世界。

显而易见，记录诸如寿命、肥胖症和产妇死亡率等健康结果的种族不平等是非常重要的。如果我们无法衡量这些差异，我们如何能消除这些差异，如何能调查政策对其的影响？例如，我们至少需要能够对婴儿死亡率进行量化，才会知道美国南方的医院取消种族隔离后缩小了黑人和白人在婴儿死亡率方面的差

* 毒树之果（fruit of the poisonous tree）是一个法学的比喻，指通过非法手段取得的证据。该术语的逻辑是，如果证据的来源（树）受到污染，那么任何从它获得的证据（果实）也是被污染的，在诉讼审理的过程中不能采纳，即使该证据足以扭转裁判结果。

距，并在 1965 年至 1975 年的十年间拯救了成千上万黑人婴儿的生命。[10]

记录健康方面的种族不平等，意味着记录每个身体系统的种族不平等，包括大脑。某些种族主义政策损害儿童健康的方式，恰恰是剥夺他们获得大脑最佳发育所需的社会和物理环境条件，或使他们暴露在神经毒素的影响之下。

铅就是一个例子。2014 年，当密歇根州弗林特市将其饮用水源从休伦湖改为弗林特河时，弗林特市民（大多是黑人）立即对这一转变提出了抗议：CBS 新闻的一篇早期报道的标题是"我甚至不让我的狗喝这种水"。[11] 新水源的水具有腐蚀性，当它流经城市供水系统的陈旧铅管时，铅会渗入饮用水中。在该市饮用水铅含量特别高的地区，血液中铅含量升高的儿童比例几乎增加了两倍，超过 10%。[12] 铅暴露程度最高的地区也是黑人儿童最集中的地区。对这些儿童造成伤害的各种因素让密歇根州民权委员会得出结论，铅中毒危机的根源是"系统性的种族主义"。[13]

那么，我们用什么工具来衡量铅的神经毒性作用？智商测试。铅暴露导致的智商缺陷，使研究者和政策制定者无法将铅的影响轻描淡写为暂时性的或微不足道的。这只是例子之一。哈丽雅特·华盛顿在《可怕的浪费》一书中表明，有色人种更有可能接触到有毒废物和空气污染等环境危害。她还认为，智商测试为儿童的抽象推理能力提供了一个数字指标，因此智商测试目前是量化她所称的"环境种族主义"[14] 之恶劣程度的不可替代的工具："在今天的技术社会中，由智商 [测试] 衡量的智力，被认为是与成功最相关的东西……智商太重要了，我们不能忽视它，也不能假装它不存在。”[15]

华盛顿说得对。虽然智商测试测量的技能肯定只能代表人类所有技能和才能的一部分，但我们不能因此认为这些技能不重要。在美国和英国等高收入的西方国家，标准化认知测试（包括经典的智商测试分数，以及用于教育选择的测试分数，如SAT或ACT*，这些测试的分数与智商测试分数高度相关[16]）的分数能够从统计学层面预测我们关心的事情，包括人的寿命。11岁时在智商测试中得分较高的孩子更有可能活到76岁，并且这种联系不能用孩子家庭的社会阶层来解释。[17]拥有较高SAT分数（与智商的相关系数高达0.8）的学生[18]在大学里会获得更好的成绩（特别是在考虑了优秀学生往往会选择更难的专业这一事实之后）。[19]SAT分数特别高的早熟学生也更可能获得理工科的博士学位，更可能拥有专利，更可能在美国前五十名的大学获得终身教职，更可能获得高收入。[20]

华盛顿希望恢复智力测试的正当性，并将其用作打击环境种族主义的工具。其他一些有色人种学者和女权主义学者也在做这样的努力。这些学者主张，可以用定量研究工具来挑战多种形式的不公正现象。例如，女权主义者安·奥克利认为，放弃定量方法的“女权主义立场”“说到底无助于解放性的社会科学

* ACT（American College Testing，字面意思为美国大学测验）是一种在美国和加拿大用作大学本科录取参考的标准化测验，与SAT类似。美国绝大多数大学同时接受ACT和SAT的成绩，将两者平等看待。

(emancipatory social science) 的目标”。[21] 类似地，我在得克萨斯大学的同事凯文·柯克利和杰敏·阿瓦德指出：“心理学历史上一些最丑陋的时刻，是研究者使用量化措施将当时的偏见正当化和法典化（codify）的结果。”[22] 不过，他们继续争辩说，“定量方法本质上不是压迫性的”，事实上，“如果定量方法被有多元文化能力的研究者和致力于社会正义的学者兼活动家使用，完全可以是解放性的”。

智力测试被优生主义者定位为衡量一个人的内在价值的工具，由此产生的人类优劣等级制度方便地“批准”了种族主义和阶级主义社会的一些最丑陋的假设。智力测试衡量的是认知功能的个体差异。在当前社会中，这些差异与人们在学校和职场的表现，甚至与他们的寿命长短，都有很大关系。我们面临的挑战是如何在不否认智力差异的遗传原因的前提下拒绝人类优劣等级制度。就像衡量一个孩子的语言障碍一样，智力测试并不能告诉你一个人是否有价值，但它们确实能告诉你，一个人是否能做（一些）受看重的事情。

好基因、坏基因、高大基因、耳聋基因

有内在的价值（inherently valuable）和受社会看重（socially valued）之间的区别如何能帮助我们理解智力测试分数？这一点可能不是很直观。但我们可以看看另外三种表型——身高、耳聋

和自闭症谱系障碍。在这三个方面，有内在的价值和受社会看重之间的区别是比较典型的。

在第二章，我介绍了高大的NBA球员肖恩·布拉德利，他继承了异常多的增高遗传变异。身高也许是最简单的例子，能够说明人与人之间的遗传差异如何通过特定的文化和经济体系导致社会经济地位的差异。布拉德利在其NBA职业生涯中挣了将近7000万美元。如果他的身高是1.8米而不是2.29米，他就不可能有这样的职业生涯（并且，不仅仅是篮球运动员从增高基因中获得经济利益。一项分析发现，在一般人群中，身高每增加1英寸，即约2.54厘米，与年收入增加大约800美元有关联）。

布拉德利说他感到“幸运”，因为他继承了增高的遗传变异。他显然是指他是好运的受益者。在日常英语中，“幸运”暗含一种价值判断，指的是好运，而不是厄运；是盛宴，而不是饥荒。但“好”和“坏”是价值判断，不总是适用于DNA。如果你继承了一个特定版本的*HBB*基因的拷贝，那么你的身体对疟疾的抵抗力就会增强。但如果你继承了两个拷贝，你就会患上镰状细胞贫血症，它会周期性地剥夺你身体里的氧气，最终导致你死亡。继承突变版本的*HBB*基因是好运还是厄运，并没有明确的答案。

也许没有一个群体比聋人更能挑战关于什么是遗传“好运”的观念。Deaf（聋人）的大写字母“D”被用来表示聋人是一种独特的亚文化，有共同的语言（美国手语），与小写字母“d”的deaf（耳聋）相反，后者是一种以失聪为特征的状况。正如卡罗尔·帕登和汤姆·汉弗莱斯在《美国聋人：来自一种文化的声音》

中所写，聋人文化“不仅仅是与其他有类似身体状况的人的友谊，而是像传统意义上的其他许多文化一样，在历史上被创造出来，并积极地跨代传播”。[23] 你用听觉检查来诊断耳聋（deaf）；但你评估某人是否被认定为聋人（Deaf），就像你评估某人是否被认定为荷兰人一样。

大约每 1000 个婴儿中就有一个是先天耳聋的。缺氧、感染巨细胞病毒或风疹等事件可导致婴儿出生时的听力损伤，但约有一半的先天性耳聋病例是由遗传引起的。[24] 先天性耳聋的遗传结构比身高的遗传结构要简单得多：大多数耳聋病例是单基因的，而不是多基因的，也就是说，耳聋是由单一基因的突变引起的。

在美国，先天性耳聋最常见的遗传原因是 *GJB2* 基因的一个隐性变异。这个基因所编码的东西叫作连接蛋白 26（connexin 26），它允许小分子（如钾）在相邻细胞之间流通。[25]“隐性”意味着该变异通常不会发生作用，也就是说你可能携带该变异而从不知道自己携带了它。但是如果你继承了 *GJB2* 隐性变异的两个拷贝，父母各一个，那么它就会发生作用，你出生时就会失聪。因为该变异是隐性的，所以耳聋的代际遗传就像孟德尔的豌豆苗一样：一个听力正常的人和一个耳聋的人的孩子很可能是听力正常的，除非在罕见的情况下，听力正常的那一方也携带 *GJB2* 的隐性等位基因，那样的话，孩子仍有 50% 的机会是听力正常的。如果父母双方的耳聋是由不同的基因突变造成的，那么他们的孩子也可能有正常听力。

鉴于基因彩票最可能出现的结果是一个有正常听力的孩子，一些聋人父母想方设法增加他们期望的结果——生出耳聋的孩子——的发生概率。在21世纪初，一对女同性恋伴侣，天生聋哑的坎达丝·麦卡洛和沙伦·杜切斯诺上了国际新闻的头条，因为她们希望怀上一个聋哑孩子，所以特意选择了一个特殊的精子捐赠者——一个家族五代都是聋哑人的朋友。她们的愿望成真了，她们的两个孩子果然都是天生聋哑。《医学伦理学期刊》试图解释她们这么做的理由："与聋人社区的许多人一样，这对伴侣不认为耳聋是一种残疾。她们认为耳聋是一种文化身份认同。使她们能够与其他手语者充分交流的复杂手语，是她们的文化的决定性和统一性的特征。"[26]

随着基因组测量技术的突飞猛进，一种新的干预遗传的手段已经成为可能：胚胎植入前遗传诊断（PGD）。PGD允许使用体外人工授精技术创造多个胚胎的夫妇对这些胚胎进行基因筛查，以选择植入哪些胚胎，放弃哪些胚胎。PGD经常被认为是创造所谓"设计婴儿"的潜在手段，即根据身高或眼睛颜色等特征选择的胚胎，这些特征可能被认为是在社会上受欢迎的，但在医学上是非必要的。但PGD也给出了"负面"选择的可能性，即选择大多数潜在父母认为不可取的特征，如耳聋。美国一项具有里程碑意义的生育诊所调查发现，少数诊所（3%）承认曾使用PGD来帮助父母选择有疾病或残疾的胚胎。[27]一项针对聋人父母的调查发现，如果基因测试发现胎儿有听力，少数父母会考虑终止妊娠。

在英国，使用PGD进行负面选择是非法的，《人类受精和胚胎法》禁止使用PGD来选择任何有基因异常、会导致“严重身体或精神残疾”的胚胎。该法案遭到了聋人社区一些人的抗议，他们对聋人被贴上“不正常”的标签感到不满，反对“他们的病情如此严重，如果他们从未出生会更好”的观念，并认为《人类受精和胚胎法》侵犯了他们决定自己想要什么类型家庭的自由。[28]保拉·加菲尔德和托马托·利奇是一对英国夫妇，他们有一个聋哑孩子，正在考虑使用体外人工授精来怀另一个孩子。他们告诉《卫报》:“耳聋不是残疾，也不是医学上的不完整。聋人是语言层面的少数民族。我们之所以感到自豪，不是因为耳聋的医学方面，而是因为我们使用的语言和我们生活的社区值得自豪。”[29]

聋人父母是否有权通过选择精子或卵子捐赠者、通过选择性流产或通过胚胎植入前基因测试来获得一个聋人孩子，这个问题引发了无数极其棘手的法律和伦理问题，我不会试图在这里解决它们。我的目标更简单。我想指出：聋人社区主张他们有权使用生殖技术来孕育聋人，这促使我们去想象遗传差异、运气在人类事务中的作用和社会（不）平等这三者之间的另一种关系。

如前所述，关于人类差异的生物学理论，特别是遗传学理论，被广泛认为是危险的。如果我说人们在遗传上的差异会影响他们的智力或社会地位，那么就很容易听到一种不同的说法，即现有的社会不平等是自然的、不可避免的、不可修补的、公正的。那么，如果你环顾四周，看到非常不公正的社会不平等，如果你能设想一个不同的世界，在那里这些不平等会得到纠正，那么你受到的诱惑就是反驳生物学的主张，你会说要么这种研究的结论是错误的，要么这种研究根本不应该做。

但是我们在处理耳聋问题时却不这样做。也就是说，我们不会因为简单地指出人与人之间存在的生物差异会导致听觉能力的差异而反射性地畏缩。

关于耳聋，也有一段优生学的暴行史。在纳粹德国，约有 1.7 万名成年聋人被绝育；约有 2000 名聋人儿童被谋杀；纳粹还对被怀疑怀有聋人胎儿的女性进行强制堕胎。[30] 即使在今天，聋人社区的许多成员也认为，使用生殖技术来避免选择聋人精子捐赠者，以及避免选择聋人胚胎和胎儿，是一种种族灭绝。[31]

不过，尽管有这样的优生学历史，没有人否认基因可能导致耳聋。耳聋较简单的遗传结构确保了这个问题根本没有什么好辩论的。

耳聋也跟社会不平等和社会地位有关。耳聋会导致社会劣势；选择带有耳聋基因的胚胎，就是选择了一个与健听儿童相比更有可能在学习、经济和职业方面遇到困难的孩子。总体来讲，我们可以放心大胆地说：基因导致了耳聋；在口头语言占主导地位的学校系统里，耳聋使孩子更难在学业上取得成功；童年的学业障碍会导致成年后较难取得经济成功和职业成功。

当然，遗传因素对耳聋的影响，跟遗传因素对智力、受教育程度或收入的影响不同。这几种情况里，遗传结构是不同的；连接基因和结果的机制也不同。围绕这些经验问题的诠释框架

(interpretive framework) 也有明显的不同。聋人社区寻求的是被赞赏为与众不同，而不是被诋毁为有缺陷。在这样的追寻当中，承认社会看重的特征方面存在遗传差异，可以与坚持人人生来平等的平等主义并存。当我们谈论与受教育程度有关的遗传差异时，这种和谐的共存似乎很难想象，但我们可以从关于聋人（无论是 deaf 还是 Deaf）的话语中借用三个想法。

第一，导致耳聋的基因被（恰当地）视为在道德上具有随意性。生来就带有 GJB2 的一个变异或另一个变异，在道德上没有任何值得赞扬或责备的地方。人们不应该因为继承了一个或两个拷贝的常染色体隐性等位基因而受到奖励或惩罚。事实上，将“好”和“坏”的价值标签投射到基因组中的优生学倾向，被少数人的坚持稳定而持续地破坏，这少数人也许会选择大多数人认为不太可取的遗传变异。

第二，耳聋本身被视为在道德上具有任意性。聋人并不比有听力的人更有美德，或更缺少美德。把空气中的振动转变成电信号然后发送到大脑的颞叶，是一个基本的心理生理过程，人对这个过程几乎没有任何有意识的控制或责任。听力是一种功能，而不是一种美德。

第三，正是基于他们在功能上的差异——同样是由个人无法控制的基因（或环境，如出生时的缺氧）造成的差异——聋人社区向社会其他成员提出了要求。而聋人社区所要求的，并不是对其不幸的补偿性怜悯。如伊丽莎白 · 亚历山大所说：“聋人……希望向健听者提出要求，但必须是以一种能够表达聋人在其生活

和社区中看到的尊严的方式，而不是以一种恳求怜悯的方式。”（强调是我加的）[32]

总的来说，失聪的遗传学和失聪的政治学之间的关系，与政治哲学家约翰·罗尔斯的观点一致，他认为[33]：

> 自然分配既不是正义的，也不是不正义的……这些都不过是天然的事实。什么是正义的，什么是不正义的，取决于体制如何对待这些事实。贵族社会和种姓社会是不正义的，因为它们把这些偶然因素变成了决定某人是否属于或多或少封闭的和拥有特权的社会阶级的分配基础。这些社会的基本结构把自然的随意性具体化了。但是人们没有必要听任这些偶然因素的支配。社会制度不是一种人类无法控制的、不可改变的秩序，而是人类行为的一种模式。

我们可以把这段话中的每一句话都与耳聋（deafness / Deafness）的某个方面联系起来。产生失聪儿童或健听儿童的遗传彩票是一个“自然事实”，我们不能批评它公平或不公平、公正或不公正，就像我们不能对闪电击中我们的后院而不是我们邻居的后院感到道德上的愤怒。但是，我们大可不必（事实上是不应该）听天由命地接受这种“自然的随意性”。耳聋大可不必产生一种不可改变的秩序，在这种秩序中，聋人被归入永久的底层阶级，过着贫穷和被社会排斥的生活。相反，通过《美国残疾人法》这样的法律，我们已经改变了人类的行动模式，使那些处于听力自然分布的劣势一端的人能够更充分地平等参与经济和社会生活。

我们在“神经多样性”（neurodiversity）运动中也看到了这种罗尔斯式的思想。该运动主要关注自闭症谱系障碍（ASD）患者。“On the spectrum”（在谱系上）已经成为现代英语词汇的一部分，成为校园里常见的嘲讽和对怪异行为的解释。这个短语已经变得如此耳熟能详，以至于“谱系”这个词背后的比喻常常被遗忘。谱系（spectra）的字面意思就是彩虹，是将光分离成不同波长的成分，这些成分被人眼感知为不同的颜色，而这些颜色之间是逐渐过渡的。谱系的比喻抓住了连续变化的同时性和人类将经验归类的需要。

自闭症谱系的存在意味着，许多处于自闭症谱系的成年人并没有严重自闭症特有的功能障碍（如自残、无法独立使用厕所、完全不说话），但他们仍可能被认定为更广泛的自闭症群体的一部分。在过去的十年里，处于自闭症谱系但具有高功能的人，以及他们的亲属和支持者，在“神经多样性”的旗帜下重塑了围绕自闭症的公共讨论。神经多样性的倡导者认为，自闭症谱系障碍（和其他综合征，如多动症）的认知和行为特征不一定是错误的，而是人类认知机制的潜在特征。在恰当的背景下，神经多样性的人可能具有潜在的罕见和有价值的技能。但即使他们在任何领域都没有天才能力，他们也对社会提出了要求，借用伊丽莎白·安德森的话，就是要求表达“他们在其生活和社区中看到的尊严”。

事实上，有越来越多的例子表明，罗尔斯所说的“人类行动的模式”已经发生了变化，将自闭症患者更充分地纳入职业和经济生活中。例如，有些国家的军队为患有 ASD 的青少年提供强化训练，使那些对视觉细节和模式有更强关注的年轻人能够从事扫描卫星图像的工作。[34]《哈佛商业评论》的一篇文章提出，“神经多样性是一种竞争优势”，并建议科技公司“调整其招聘、选拔和职业发展政策，以反映更广泛的人才定义”。[35]根据这一建议，为网站和软件进行质检的技术咨询公司 Auticon 专门雇用了 ASD 患者，然后请他们来定义本公司的企业文化。[36]在普通的职场里，人们要想取得成功，需要能够很好地理解各种心照不宣的社交暗示(social cues)。而在 Auticon 公司，ASD 患者无需那样的能力，也有可能在职场取得成功，而公司的管理层更多地关注物理刺激（如荧光灯和油漆颜色）的强度和一致性，从而更好地照顾 ASD 患者。

与聋人社区一样，“神经多样性”运动并没有试图轻描淡写遗传对 ASD 的影响。事实上，遗传因素对自闭症的影响被认为是基础性的。例如，一位自称患有阿斯伯格综合征的人士在《今日心理学》发表的一篇博客文章将“神经多样性”定义为“这样一种思想，即认为自闭症和多动症等神经系统差异是人类基因组正常的自然变异的结果”。[37]这种对遗传学研究的拥护，延伸到了普通公众：在今天，除了反疫苗的极端分子，很少有人会认为 ASD 不受基因的影响。

认识到遗传对于理解谁的个子高、谁患自闭症、谁天生失聪很重要，这在很大程度上是没有争议的。这些群体并不把他们对公平和包容的要求建立在基因同一性的基础之上。基因并不总是需要解决的问题，或唯一需要解决的问题。人不是需要解决的问题。需要解决的问题是，有些人顽固不化，不肯改革社会从而让更多人能够参与其中。

同理，我们可以认识到，遗传对于理解谁在高收入国家的正规教育体制中发展出社会看重的认知能力和非认知技能非常重要。人们不需要把他们对公平和包容的要求建立在基因同一性的基础之上，或者建立在遗传差异与人类心理无关的基础之上。相反，需要解决的问题是，有些人顽固不化，不肯改革社会从而让每个人（无论他们继承了哪种遗传变异）都能充分参与这个国家的社会和经济生活。

那么，问题来了：如何重新想象公共空间、工作条件、医疗服务、法律规范和社会规范，从而使“自然的任意性”不被固化为僵化的种姓制度？这是我想带入后基因组时代政策讨论的关键的首要问题，我们将在最后一章探讨这个问题。

第十二章

反优生主义的科学和政策

韩国导演奉俊昊的电影《寄生虫》在2020年获得了奥斯卡最佳影片奖。这部电影可不适合胆小的人看。其中一个场景告诉观众，一个躲债的男人多年来秘密地住在一个没有窗户的地下室里。在另一个场景中，暴雨淹没了一个贫困家庭的半地下公寓，褐色的污水灌满了他们的家，水位高达胸部。在无计可施的情况下，这家的女儿坐在全家唯一的卫生间里溢出污水的马桶上，点燃了一支烟。

这些人物和他们的绝望处境，因他们与富裕的朴家的关系而连在一起。朴家的女主人坐在汽车后座上，翘着赤脚。开车的司机的住房刚刚被洪水摧毁。女主人高兴地评论着雨水如何清除了污染，并说今天非常适合举行一个即兴派对。女主人闻到司机的体味，厌恶地皱起了鼻子，而司机在流离失所者的收容所过了一夜。观众对朴太太的没心没肺也皱起了鼻子。

《寄生虫》在喜剧和怪诞场景之间来回切换，对阶级不平等进行了毫不留情的聚焦。有批评家担心，关于社会和行为结果的遗传学研究会将阶级不平等视为自然现象，并将其固化。朴家的族长毕竟是一个显而易见的“精英”理想的典范，这一天他在技术公司工作了很长时间，然后才回到妻子和两个孩子身边。他和妻子谈论那些为富人当司机，自己却坐地铁回家的人，认为他们令人厌恶，闻起来像腐烂的芜菁。朴家既意识不到自己享受了极多的特权，也对他们的雇员每天遭受的羞辱一无所知。如果“科学”告诉朴家人，他们的仆人是“天生”低劣的，朴家人会多么心安理得啊。

这就是优生学的幽灵：遗传学被用来建立一个“人类的等级制度，根据人的内在价值进行排序”（这是优生学意识形态的核心），这种等级制度被用来制造“自由、资源和福利分配的不平等”（这是优生政策的后果）。[1]

几十年来，像我这样既研究遗传对社会行为的影响又具有平等主义价值观的科学家，一直在努力通过提出关于我们*不应该*做什么的论点，来对抗优生学的幽灵。本书的大部分内容都是关于这些论点的。例如，我们*不应该*把遗传的影响解释为决定性的。我们*不应该*放弃社会政策带来社会变革的可能性。我们*不应该*把“*某个结果受社会看重*”与“*某个人有内在的价值*”混为一谈。但是，如果我们不利用遗传学来“喂养”（feed）优生学意识形态和优生政策，我们应该如何对待遗传学？

一种方法是将遗传学研究完全束之高阁，无视大量的、明显一致的科学知识，生怕优生学的幽灵被放出魔瓶。这是一个错误，类似于错误的“色盲”*意识形态。声称“看不到种族”并不能使种族和种族主义的力量消失。相反，不承认造成不平等的系统性力量的存在，会让不平等在中立和消极的面纱下延续。创建一个公正的社会秩序需要反种族主义，而不是“色盲”。[2]同样，声称人与人之间的遗传差异毫无意义，并不能使基因组的力量消失。相反，不承认基因彩票是一种造成不平等的系统性力量，恰恰是优生学意识形态所希望的。优生学意识形态希望人们允许那些与遗传有关的不平等作为“自然”现象持续存在，而不希望人们对其进行批判性的检视。建立一个公正的社会秩序，需要反优生主义，而不是基因盲。我们必须努力去解答社会学家鲁哈·本杰明提出的问题：“如何运用和重新想象技科学（Technoscience），以达到更具有解放性的目的？”[3]

在鼓吹如何利用遗传学为等级制意识形态和压迫性政策服务方面，优生学意识形态有长达一个世纪的领先优势，所以我们反优生主义者有很多工作要做。在本书的最后一章中，我希望提出五项一般原则，来讨论什么样的科学和政策才是积极地反优生主义的：

1. 停止浪费本可用于改善人们生活的时间、金钱、人才和工具。

---

* 意思是假装看不到肤色的区别（即种族的区别），否认种族之分的存在。

2. 利用遗传信息来改善机会，而不是把人分成三六九等。

3. 利用遗传信息促进公平，而不是将部分人排斥在外。

4. 不要把幸运误认为有德。

5. 考虑一下，如果你不知道自己会是什么样，你会怎么做。

对于这些原则中的每一条，我将对比三种立场。首先，**优生学**的立场是，由于遗传影响的存在，所以不平等是天经地义的自然现象。如果社会不平等有遗传原因，那么这些不平等就被描绘成“自然”秩序的必然表现。人们的遗传信息可以被用来将他们更有效地纳入这一秩序。第二，**基因组盲**[4]的立场认为基因数据是社会平等的敌人，因此反对在社会科学和政策中使用任何遗传信息。只要有可能，基因组盲的立场就会致力于**逃避知识**，主张科学家不应该研究遗传差异或它们与社会不平等的联系，社会上的其他人也不应该将该研究产生的任何科学信息用于任何实际目的。上面两种立场与我提出的**反优生主义**立场形成了对比。反优生主义立场并不反对人们获取遗传学知识，而主张有意识地以减少自由、资源和福利分配不平等的方式来应用遗传科学。

停止浪费时间、金钱、人才和工具

> 优生学的立场：指出遗传影响的存在，从而否定通过社会干预改善人们生活的可能性。
>
> 基因盲的立场：无视遗传差异，即使这会浪费资源，拖

慢科学进步的步伐。

反优生主义的立场：利用基因数据加速寻找有效的干预措施，改善人们的生活，减少结果的不平等。

一切都是可遗传的。二十年前，埃里克·特克海默提议将这个典型化事实（stylized fact）当作“行为遗传学第一定律”[5]。在特克海默提出这个建议的几十年前，很多人就猜测到了这一点。著名的演化生物学家杜布赞斯基的话值得再一次引用：“人们在能力、精力、健康、性格和其他重要的社会特征方面存在差异。而且我们有很好的证据，尽管不是绝对结论性的证据，表明所有这些特征的差异部分是受遗传规定的。请注意，是受遗传规定，而不是由遗传固定或注定。”[6]

收入、受教育程度、主观幸福感、精神疾病、社区优势、认知测试成绩、执行功能、坚毅、积极性和好奇心都是可遗传的，但这并不意味着不能通过干预来改善或通过环境特权来加强这些东西。它们是完全可以被改善和加强的。

但这也意味着社会科学中的大量研究是在浪费时间和金钱，这些研究旨在寻找可用新干预措施来处理的具体环境。这样的研究之所以是一种浪费，是因为它们的研究设计依赖于将一个人的行为或功能的某些方面与生物学亲属（如父母）提供的环境的某些方面联系起来，而没有排除这样的事实的影响，即生物学亲属仅仅因为有共同的基因，就可能彼此相似。如果这些研究在制定成功的干预方案以改善儿童生活方面有取得快速进展的记录，那么这种方法论层面的缺陷也许是可以原谅的。但事实并非如此。

机会成本是真实存在的。我们不是生活在一个有无限的时间、研究资金、训练有素的科学人才和政治意愿来进行社会干预的世界里。犯错误就会有后果，后果就是宝贵的金钱和努力没有被投入其他方面。以一种完全可预测的方式，故意冒着一错再错的风险，甚至不考虑遗传在儿童生活的不同结果中所发挥的作用，其造成的浪费是惊人的。

反优生主义的科学家和政策制定者关注的是减少不平等，包括由人与人之间的遗传风险差异造成的健康和福祉的不平等。这一目标需要我们制定有效的干预措施来改善人们的生活。正如我在第九章中详述的，遗传数据可以成为这种努力的重要工具，因为遗传数据可以改良关于特定环境如何导致特定结果的基础科学，并帮助我们评估干预措施是否满足“遗传”风险最高的人的需求（我在这里把“遗传”加了引号，因为正如我在本书中解释的，人们之间的遗传差异可能是通过社会机制与结果联系在一起的，但测量 DNA 使研究者能够看到一个原本可能观察不到的风险维度）。

如果社会科学家要迎接实际改善人们生活的挑战，他们就不能再参与“暗中勾结”，不能忽视人们生活结果差异的一个关键来源，即人们的 DNA。

利用遗传信息来改善机会，而不是把人分成三六九等

优生学的立场：根据人们的遗传特征，将其划分到不同的社会角色或职位。

基因盲的立场：假装在考虑到环境因素后，所有人都有同等的可能性获得任何一种社会角色或职位。

反优生主义的立场：利用基因数据，最大限度地提升人们获得社会角色和地位的实际能力。

“每个人都知道你是谁，你是什么样的人。在我看来，这真的很可怕……这个世界根据人们的先天能力来安排他们的命运。嗯，那就是加塔卡（Gattaca）。”[7]这是社会学家凯瑟琳·布利斯（Catherine Bliss）在接受《麻省理工科技评论》采访时对这种现象做出的黑暗预言：与受教育程度或犯罪行为等受社会看重的结果有关的多基因指数越来越多。当然，《加塔卡》（通译为《千钧一发》）是1997年的电影，片名巧妙地借用了DNA碱基对的字母。这部电影由伊桑·霍克主演，他饰演一名有抱负的宇航员，但因为基因“不合格者”的身份而受到限制。这部电影让霍克和联合主演乌玛·瑟曼走入婚姻殿堂，也刺激大学生、研讨会观众和记者提出了无数问题，涉及行为遗传学的最新研究是否会导致出现一个反乌托邦社会。

虽然还没有人提议根据儿童的多基因评分给他们贴上加塔卡式的基因“不合格”标签，但一些著名的行为遗传学家已经建议，

在教育和职业方面使用多基因评分进行选拔。其中最重要的是罗伯特·普罗明，他是一位心理学家和行为遗传学家，在进行双生子研究和使用多基因指数的研究方面有着长期而辉煌的成就。例如，在《基因蓝图》一书中，他建议“通过与一家直接面向消费者的公司的有密码保护的链接，可以提供一套与一般职业选择有关的经认证的多基因评分，以及与不同职业有关的不同多基因评分”。[8] 这种根据人们的DNA测序结果来选择理想的教育和职业岗位的建议，在经验上和道德上都是有缺陷的。

从经验上看，我们必须努力解决多基因评分对个体的效应值的问题。在社会科学研究的背景下，多基因评分可能非常有用，因为基于DNA的变量能够解释像受教育程度这样的复杂结果的10%的差异，这与社会科学家通常使用的其他变量（如家庭收入）的效应值不相上下。这类研究得出了关于多基因评分低与高的人的平均结果的结论。预测一群人的平均数，比预测单单一个人的结果要容易得多，正是因为平均数确实“平均”了所有使个人生活不可预测的特异性和偶然性事件。我们用来给个体做诊断的测试，例如在家进行的怀孕测试，或者医生可能用来诊断你是否患有链球菌性咽炎的实验室测试，对个体的预测比任何多基因指数都要准确得多。而这是在考虑到我们在选择背景下掌握的关于个体的所有其他信息（例如他们以前的成绩、考试分数以及工作履历）之前。[9]

但是，即使多基因指数对个体的预测比实际情况准确得多，根据基因型测试结果将人们分配到不同社会角色和职位的做法仍然是有问题的。

让我们回到第三章解释的全食谱关联分析的例子：你收集了一个数据集，其中有城里每家餐厅的 Yelp 评分，你把这些 Yelp 评分与每家餐厅的食谱中的零碎内容相关联，在食谱元素（“添加孜然”）和评分较高的餐厅之间产生了一组小的关联。然后，你可以用这些关联为一家新餐厅创建一个“多食谱指数”：分析他们的菜单，并根据新餐厅的食谱是否包含更多与在 Yelp 上获得高评分相关的元素进行评分。当然，这类似于进行全基因组关联分析并创建一个多基因指数。

现在，我们假设投资者在决定是否投资于一家新餐厅时，计算新餐厅的多食谱指数已成为一种惯例，并且只有超过一定门槛的餐厅才能筹集到足够的资金。这种做法创造了一个**反馈回路**（feedback loop）：在某个时间和地点，与成功的一个指标有统计学联系的品质，会变得与成功更有联系，因为具有这些品质的餐厅会得到其他餐厅得不到的机会和投资的奖励。

这种反馈回路是创造所谓“数学毁灭武器”或“压迫的算法”（algorithms of oppression）的关键。[10] 目前，许多行业已经使用预测工具来自动以特定方式对待特定的人。Instagram 和谷歌会根据你的人口统计数据和社交媒体活动以及网络搜索和购买历史，来有针对性地显示广告。抵押贷款机构根据预测一个人的还贷情况的自动算法来设定利率。警察部门利用犯罪前科数据，社区（如酒吧、学校和外卖餐厅）特征，甚至天气，来确定对哪些社区增加监控。一旦一个人与刑事司法系统有了接触，自动风险评估就会被用于决定保释、判刑和假释。[11] 这些表面上客观和中立的算法，实际上可能会增强社会不平等。

一个很好的例子是大型卫生保健系统使用的商业风险预测算法，该算法被用于识别“高风险护理管理项目”的患者，该项目价格昂贵且供应稀少。2020 年《科学》期刊的一项揭示性研究，比较了通过算法获得相同风险分数但自我认定为不同种族的患者的情况。研究发现，在任何给定的分数下，自认为是黑人的病人的病情比自认为是白人的病人要严重得多。该算法的问题源于这样一个事实：平均而言，黑人获得医疗保健的机会较少，而且获得的医疗保健金额较少，这意味着体制花在黑人身上的钱较少。不过，该算法将花在过去的护理上的钱当作一个人的健康的无偏见的指标，导致我们对可以从高风险护理管理中受益的黑人患者认识不足。导致医疗保健中的种族差异的体制化种族主义，就这样被编入了算法，然后导致更少的黑人获得他们需要的额外医疗帮助。这样一来，“不管是有意还是无意，技科学都反映并再现了社会等级制度”。[12]

像其他的预测算法一样，多基因指数使用关于过去的信息来对未来进行预测。预测受教育程度、学术成就或职业成功的多基因指数，捕捉的是在研究样本中与这些结果相关的任何可遗传特征，以及在这些样本中与孩子的结果相关的父母的任何特征。因此，在被用于对人分类时，多基因指数和其他预测算法同样容易反映社会等级制度，包括那些如果不是被 DNA 表面上的中立性所掩盖，我们会认为明显不公平的社会等级制度。

例如，我们会认为这么做是不公平的：衡量学生的家庭收入，然后以低收入学生不太可能从大学毕业为由，拒绝他们进入大学。无论其预测能力如何，父母的社会经济地位是学生自己无法控制或能动地决定的特征。家庭收入和大学毕业之间的关系，是一个需要解决的问题，是一个需要消除的不平等，而不是一个可以用来进一步排斥低收入学生的结果。但是，正如我在第九章所描述的，对父母—子女三人组的研究表明，一个人的多基因指数中的一部分捕捉的是与其父母的基因相关的环境优势。所以，根据DNA测量结果来选择学生，在某种程度上就是根据学生家庭的社会经济地位来选择。

不幸的是，许多谈论多基因评分的学者都有意识地对这种危险轻描淡写。例如，在《基因蓝图》中，罗伯特·普罗明声称多基因指数对教育和职业选择特别有用，因为它们“更加客观，没有造假和事先培训的可能性——因为你不可能伪造或训练你的DNA”。保守派作家查尔斯·默里在《华尔街日报》的一篇专栏文章中提出了类似的观点[13]：多基因指数“不受种族主义和其他形式的偏见的影响”。这根本不是事实。全基因组关联分析（GWAS）会捕捉任何与教育结果相关的基因，而不管是什么社会机制造成了这种关联。这些社会机制可能包括我们认为可以接受的机制（例如，对学业更感兴趣的孩子在学校的表现更好），但也可能包括更具争议性和任意性的机制（例如，习惯早起的孩子在学校的表现更好）。那么，根据这些GWAS的结果创建一个多基因指数，并利用它来分配人们的社会角色，就会把这些任意的和有争议的过程法典化，给它们遮盖上“客观”预测的幌子。

鉴于这些担忧，我们应当如何更有成效地使用多基因指数？让我们回到第七章的一个具体例子，即教育多基因指数和高中数学课程学习之间的关系。教育多基因指数较高的学生在九年级时（相对于代数 1）更有可能选修几何，这使他们有可能在高中毕业时已经完成微积分课程。一旦数学成为选修课，拥有较高多基因指数的学生也不太可能退出数学课。利用这些信息，我们可以做什么，应当做什么？

优生学的建议是对学生的 DNA 进行测序，用测序结果来分配学生的数学课程。这样的话，多基因指数低的学生就被剥夺了学习高等数学的机会。基因盲坚持认为，将遗传和数学课程联系起来的研究原本就不应该进行。反优生主义的建议是将遗传知识用于（a）了解教师和学校如何能够最大限度地提高学生的数学学习能力，以及（b）关注分班制度如何巩固学生之间的不平等。

关于第一个目标，要了解哪些教师和学校能最好地满足学生的需求，最大的挑战之一是具有不同学习需求的学生并不是随机地分布在各教师和各学校当中。现在一般的做法是将标准化考试成绩作为教师和学校“问责制”的衡量标准，也就是用来识别表现不佳的教师和学校。对这种做法的一个尖锐的批评是，学生的考试成绩与学生的特征高度相关，如家庭的社会经济地位，这些特征在孩子入学之前就已经存在，而且在各个学校之间也不是随机分布的。[14]“好”学校的定义就是考试平均分数高的学校，但“好”学校实际上往往是富裕学生高度集中的富裕学校（一个类似的问题困扰着如何识别最好的医生和医院：最好的医生并不是那个避免接诊病势最重的病人的医生）。

研究者早就认识到，评估学校对学生学业成绩的影响是一个棘手的问题。[15] 只有当我们把对学生特征（如家庭背景、过去的学术知识水平等）的测量考虑进来，才有可能在多所学校之间进行公平的同类比较。恰当的问题不是“X 学校的学生与 Y 学校的学生有什么不同？”，因为两所学校的学生除了就读哪所学校的选择不同之外，还有其他很多方面早已经不同。恰当的问题是，“如果某个学生在 X 学校而不是 Y 学校读书，他的表现会有什么不同？”（我们再次看到反事实推理对于因果推断的重要性，我在第五章中解释过这一点。）

在试图识别学校效果时，研究者、教育工作者和政策制定者通常会考虑一种带有出生偶然性的信息，即学生的社会经济地位。但我和其他人在研究中发现，除了家庭社会经济地位的信息，学生的 DNA 信息（以多基因指数的形式）也能预测学业成绩。正如我在上文所述，这并不意味着我们应该使用多基因指数对学生进行分类并限制他们的学习机会。不过，这确实意味着，我们可以评估具有同等多基因指数的学生在就读不同的学校时，他们的结果会有什么不同。

在一项针对美国高中生的研究中，我们发现，平均而言，教育多基因指数低的学生在高中阶段继续接受数学教育的可能性较低。但他们的退出率在不同的学校背景下有很大的不同。在主要为父母有高中文凭的学生服务的学校里，即使是多基因指数低的学生，也会在九年级之后修几年的数学课程。事实上，就读高地位学校的多基因指数低的学生与就读低地位学校的多基因指数为平均水平的学生，在数学课程中的坚持程度差不多。[16]

这一发现只是勉强触及了问题的表面。具体而言，在地位较高的学校里，是什么让那些在统计层面有可能退出数学课程的学生也不会退出？如何使这些学校的做法更广泛地适用于所有学生？从这样的基础研究到教育政策改革的道路，是漫长而曲折的。

虽然这只是第一步，但这项研究揭示了一个基本的重要事实：虽然生活的起点是固定的（也就是说，个体继承了某种遗传变异的组合，这是无法改变的），有些人在发展解决数学问题的能力方面走得更远。这些数学技能对一个人在未来的教育、参加工作以及轻松应对日常生活中的问题等方面有终生的好处。事实上，数学知识对学生的未来非常重要，学习数学的机会已经被称为一项公民权利。[17]因此，基因数据揭示了环境机会的不平等，这是一个需要纠正的问题。

其他环境不平等现象也可以通过基因数据进行类似的诊断。哪些健康干预措施能惠及目前在遗传上最容易出现不良结果的人？哪些学校对纪律问题的处理较好，使得目前在攻击性、犯罪或药物滥用问题上的遗传风险最高的青少年的违纪率也最低？全国哪些地区是“机会区”（opportunity zone）？在机会区，对机会的定义不仅仅是低收入家庭儿童的表现，还包括那些在遗传上有学业问题或心理健康问题风险的儿童的表现。如果研究者接受“利用遗传信息来改善机会，而不是把人分成三六九等”的原则，并开始接受基因数据提供的可能性，我们将有大量的新信息来帮助解决上述问题。

利用遗传信息促进公平，而不是将部分人排斥在外

优生学的立场：利用基因信息将人们排斥在医疗系统、保险市场等之外。

基因盲的立场：禁止使用基因信息，但在其他方面保持市场和制度不变。

反优生主义的立场：建立更好的医疗保健、教育、住房、借贷和保险系统，让每个人都被纳入其中，而不论其基因彩票的结果如何。

沃克吕兹餐厅是一家位于曼哈顿上东区的高级法国餐厅，让人联想到“豪华”和“镀金”等形容词。在一个秋天的晚上，我和几位学术界同仁应一位亿万富翁慈善家的邀请，在那里吃了晚饭。这位慈善家在保险业赚了不少钱。谈话的气氛很活泼，我们所有人都在热切地讨论如何解释行为遗传学领域的新进展。但是，当我们的东道主发出一声尖锐的笑声并发表下面的评论时，立刻就没有人认为此次谈话属于纯学术性质了。东道主问：作为保险业高管，他为什么不利用遗传学来赚钱？

当然，他的意思是，遗传学的发现和多基因指数的建立可以

被用来改善对人们的不良结果风险的预测。如果高风险的人被收取更多的保费，或者被完全拒保，那么保险业的利润就会增加。但是，当身为亿万富翁的保险业高管把基因预测看作赚取更多利润的大门时，许多普通的美国人可能会担心，基因预测会导致他们破产。医疗保健费用，包括保险费、自负额和未支付的医疗费用，已经成为美国人破产的主要原因。[18]如果你因为保险公司知道你的基因组的情况而失去保险，或者你的保费被增加，你会怎样?

正是这种恐惧促使了《遗传信息不歧视法》的通过，该法在经过国会“慢如龟爬”的审议后，于2008年正式成为法律。《遗传信息不歧视法》禁止在医疗保险和就业方面利用遗传信息进行歧视，以便“充分保护公众免受歧视，并消除他们对潜在歧视的担忧，从而使个人能够利用基因测试、技术、研究和新疗法”[19]。《遗传信息不歧视法》是基因组盲立场的缩影，因为雇主和保险公司被禁止索要或使用基因组信息。雇主和保险公司做出决定时，就好像基因组信息不存在或者噗的一声消失了。

尽管有着“充分”保护公众的高尚目标，但《遗传信息不歧视法》有明显的局限。首先，它的保护措施只适用于医疗保险和就业，而不适用于其他形式的保险，如长期护理保险、人寿保险或抵押贷款保险，也不适用于教育、住房或借贷。《遗传信息不歧视法》颁布十年后对其影响的审查发现，尽管该法可能具有“重要的象征意义”，但其实际价值却很有限。[20]该法涉及健康保险的第一部分“在很大程度上无关紧要”，因为它被《平价医疗法案》覆盖了。《平价医疗法案》禁止保险公司在做出承保决定时使用客户的健康状况。而《遗传信息不歧视法》的第二部分涉及就业，很少被援引。其中一些局限已经在美国个别州的层面上得到解决。特别是加利福尼亚州通过了《加州遗传信息不歧视法》，该法的适用范围更广，不仅在医疗保险和就业方面禁止基于遗传信息的歧视，而且在住房、教育、抵押贷款和公共住宿方面也是如此。

在反歧视法的框架内，《遗传信息不歧视法》（和一般的基因组盲立场）是一种“反归类”（anti-classification）的方法，因为在其眼中，遗传信息就像种族或宗教一样，是一种“禁忌”特征，不能被用来作为有意区别对待的基础。[21] 反歧视法的反归类原则是在公民权利“同一性”的模式下运作的：可以根据某些特征（黑人对白人，男性对女性，基督徒对犹太人，*APOE* ε-4 等位基因携带者对 *APOE* ε-3 等位基因携带者）被区分的人，必须正式地得到相同的对待。[22]

法律学者马克·罗思坦指出，由于很难将“遗传”信息与基因组数据所能预测的医疗和行为信息区分开来，GINA 的基因组盲、反归类的原则受到了严重挑战。[23] 在《平价医疗法案》为已有病症的人提供保护之前，保险公司不能歧视一个携带 *BRCA* 突变基因但尚未罹患乳腺癌的人。不过，当她真的患上乳腺癌时，她就很容易被提高保费或取消保险。不过，《平价医疗法案》对已有病症的保护只有在与“个人强制纳保”（individual mandate）相结合的情况下才是可行的。如果没有“个人强制纳保”，低风险的保险客户就太少了，整个保险体制在经济上就不可持续了。但是，我们至少可以说，《平价医疗法案》的“个人强制纳保”

规定在政治上是有争议的，促使了共和党内极右翼茶党的崛起，并且（截至2020年初）只是勉强通过了合宪性审核。罗思坦挖苦地问道："在一个不公平和不合逻辑的体制里，有可能防止健康保险中基于基因的歧视吗？不幸的是，答案是否定的，除非美国做好了准备，以一种全面的方式解决谁能获得医疗保健的更大问题。"[24]

反歧视法的"反归类"原则的替代方案是"反屈从"（anti-subordination）原则，其重点是提高某些被边缘化或受压迫群体的社会地位，防止出现一个底层阶级。[25]与禁止差别待遇的反归类相比，反屈从方法允许正向的（positive）差别待遇。例如，《残疾人教育法》就采取了反屈从而不是反归类的方法。根据《残疾人教育法》，儿童有获得"免费、适当的公共教育"的平等权利。在设计适当的教育体制时，学校不仅被允许考虑个别学生的某些差异化信息；事实上，学校被授权考虑这些信息，以达到适应具体情况和妥善规划的目的。

反屈从原则对于制定反优生主义的政策至关重要，不仅在医疗保险和教育领域，在其他形式的保险、就业、借贷和住房方面也是如此。优生政策，无论在历史上还是在今天，都是为了创造和奴役一个经济和种族层面的底层阶级，给底层阶级的人贴上生物学的劣等标签。因此，反优生主义政策必须努力阻止出现新的"遗传"层面的底层阶级，也就是说，阻止出现这样的情况：人们被排斥在医疗保健、住房、贷款或保险之外，原因是他们有某种健康或教育史的特征，而这些特征本身是基因彩票的结果。例如，在医疗保健领域，我们不应当采取无视基因组的做法，不应当狭隘地禁止使用遗传信息但又维持美国医疗保健系统其他一切不变。面对越来越多的遗传学新发现，真正更全面的反优生主义的做法是，致力于实现真正的全民医疗保健，让所有人，不论其基因彩票（或环境彩票）的结果如何，都能获得医疗保健。

不要把幸运误认为有德

> 优生学的立场：指出遗传对智力的影响，以此证明有些人天生就比别人优秀。
>
> 基因盲的立场：接受优绩主义的逻辑，却忽视遗传运气在培养被认为优秀的技能和行为方面的作用。
>
> 反优生主义的立场：承认遗传是生活结果中的一种运气，反对优绩主义的逻辑，即认为人们根据其学业成功与否，理所当然地应当有（或没有）好的生活结果。

我们经常听说，美国是一个优绩主义（meritocracy）的国家。这个词是 merit（优绩）和 aristocracy（贵族政治）的结合。aristocracy 一词又来自希腊语 aristokratia。其中 aristos 意为“最好的”，kratos 意为“统治”。因此，meritocracy 一词包含了这样一种理念：社会中的精英，即被挑选出来掌握权力、影响、财富和声望的人，应该是根据他们的优绩挑选出来的。在僵化的阶级或种姓制度下，你能上的学校、你能从事的工作以及你能在公共生活中扮演的角色，都被你的出身地位严格限制。与之相比，优绩主义的理念有其好处。我的父亲在得克萨斯州的一个拖车停车场长大，但后来成为美国海军军官；我的祖父母和外祖父母都没有上过大学，而我有博士学位。背诵这些“美国梦”的成功故事，培养和维持了这样一种神话，即无论出身如何，任何人都可以在美国取得成功。

当人们批评优绩主义的理念时，他们通常认为美国还不够优绩主义。2019 年的大学招生丑闻中，一些好莱坞女演员和其他富有的父母为了让自己的孩子被精英大学录取，不惜贿赂体育教练，伪造考试成绩，结果这些父母被逮捕。这是一个悲喜交加的例子，说明社会上层阶级如何在表面上的绩效竞争中通过赤裸裸的欺骗进行自我复制。即使没有赤裸裸的谎言和贿赂，在 SAT 大学入学考试中分数不高的富裕学生仍然比分数高的贫困学生更容易从大学毕业。这些故事和统计数据显示，美国社会离优绩主义的理想还很遥远。

但是，即使我们完全消除了与富家或特权出身有关的结果不平等，剩下的不平等仍然有运气的成分。仍然会有另一种运气潜伏在背景中：基因。不仅是标准化考试成绩和智商分数如此，就连所谓的“性格”特征（勇气、毅力、机智、积极性、好奇心或任何其他非认知技能）也不能使你摆脱与遗传的斗争。这些特质也是由人与人之间的遗传差异造成的。没有任何所谓的“优绩”可以不受遗传影响，或不与生物学挂钩。

鉴于遗传影响无处不在，对于目前与教育成功和经济成功相关的技能和行为，"优绩"是一个极具误导性的词。我们看一下"优绩"（merit）在普通字典中的定义。

1. a)(废）应得的报酬或惩罚。
   b)构成一个人应得奖励或惩罚之基础的行动的品质。
   c)值得称赞的品质：美德。
   d)值得奖励、尊崇或敬重的品格或行为；成就。
2. 因行善而应得的善报。

"美德""善报""行善""品格""值得奖励的行为"。merit这个词在通常的用法中，具有明显的道德色彩。而且，在漫不经心地使用一个表示道德应得性（moral deservingness）的词来描述这样一套技能和行为——社会以它们为选拔标准，决定谁能获得社会上的理想角色——时，我们有可能将这些技能和行为跟人的性格和价值混为一谈。

将人们的生物学特征跟他们的美德、正义和道德应得性联系起来，是一种优生学思想。说一些人生来就具有某些基因型，所以应得更多的权力、资源、自由和福利，这就是不平等主义。

而基因盲的反应只是接受了优绩主义的逻辑（即一些人因为他们的"优绩"而应得更多），而不去妥善应对遗传运气在制造我们称之为优绩的人际差异方面的作用。因此，基因盲延续了这样一个迷思：我们这些在21世纪资本主义社会中"成功"的人，之所以成功，主要是因为我们自己的勤奋和努力，而不是因为我们碰巧是出生的偶然性的受益者，包括环境偶然性和基因偶然性。

因此，对优生学的恰当回应不是对基因避而不谈，而是与美国是或可能成为“优绩主义”社会（在这样的社会里，社会产品是根据人们“应得”什么来分配的）的想法决裂。我们没有办法把运气从人类事务中剥离出来。我们没有办法分得清，对任何一个人来说，他凭借自己的性格和机智应该得到多少，以及他碰巧从遗传优势和环境优势的组合中受益多少。正如罗尔斯所写的：“正义准则没有一个是以奖励美德为目的的……奖励‘应得’的主张是不切实际的。”[26]

人们不愿意承认运气在他们生活中的作用。当经济学家罗伯特·弗兰克描述外部运气之于经济成功的重要性时，福克斯新闻的一位主持人愤怒地回应：“你知道那是多么大的侮辱吗？”这证明了弗兰克《成功与运气》一书的卷首引言的真实性，这句话来自 E. B. 怀特：“不可以在白手起家的成功人士面前谈运气。”[27]

不过，尽管我们可能很不情愿，但正确认识运气在我们生活中的作用（包括遗传运气的作用），对平等主义的事业至关重要。正如作家大卫·罗伯茨所说[28]：

> 就个人而言，接受运气的作用相当于世俗领域的宗教觉醒，是建立任何连贯的普世道德观的第一步。就社会而言，承认运气的作用，为人道的经济、住房和监狱政策奠定了道德基础。

> 建立一个更有同情心的社会，意味着我们要克服在所难免的不情愿，去提醒我们自己运气是多么重要，以及我们应当为自己的好运气心存感激，并承担相应的义务。

认识到运气（包括遗传运气和环境运气）在塑造社会看重的技能和行为方面的作用，并不意味着我们应该放弃使用特定的标准来选择理想的社会角色和机会。例如，我们考虑一下飞行员的工作。飞行员职位的“优绩”申请者，是那些能够在恶劣天气下驾驶飞机而不坠机的人；那些能够可靠地出现在工作岗位上的人，这样就不会因为满载的飞机在跑道上准备起飞却无人前来驾驶而造成数百万美元的损失；那些视力良好、手脚灵活、空间旋转能力强、没有发作性嗜睡症的人，以及那些不会因为身材太高而无法舒适地进入驾驶舱的人。

当我们考虑到航空或别的高风险职业（在这些职业中，失手可能意味着有人丧命）时，根据申请人的“优绩”来选择，对社会上的每个人都有明显的好处。我们希望飞行员被选中是由于他们驾驶飞机的能力强，而不是他们的社会关系。我们希望外科医生、工程师、药剂师、教师、水管工，都是能够熟练做手术、建造、配药、教学或修理的人。

然而，即使我们认识到根据良好的视力和空间旋转技能等属性来选择飞行员在工具性的意义上是有益的，我们也可以同时认识到，这些属性，以及拥有这些属性所带来的经济回报，并不是飞行员的道德信誉或美德的标志。拥有那些属性，再加上生活在一个可以运用这些技能以驾驶飞机的形式实现经济价值的时代和地方，就像中了强力球彩票一样。一个人的生活中必须有很多幸运的事件同时发生，才能使这些属性得到开发并获取报酬。借用经济学家和哲学家阿玛蒂亚·森的说法，良好的视力之所以是“优绩”的，是因为“按照一种衍生且依条件而定的方式……奖励［它］可以［给别人］带来好处”。[29] 良好的视力不是一种被分离出来单独接受“赞扬和效仿，而不考虑其带来的好处”的“正确的行为”。

视力好本身不是一种美德，这是很显然的；但说到认知能力，大家的认识就不是这么清楚了；而在自我调节或求知欲等非认知技能的例子里，这一点甚至更加模糊。在为稀缺的教育机会选择学生，或为理想的职位选择雇员时，对整个社会来说，基于某些认知技能的选择，可能在工具性的意义上是有益的。但拥有这些认知技能，并不比拥有 20/20 的视力更高尚，更值得奖励。正如玛德琳·英格在经典的青少年小说《时间的折皱》中所说：“我们当然不能把我们的才能归功于自己。重要的是我们如何运用我们的才能。”[30]

而且，如果对优绩的定义是工具性的，那么我们对优绩的定义就不能与我们对什么样的社会是好社会的定义分开。被认为是“优绩”的东西，就是带来了我们期望的社会结果的东西。这些可取的社会结果包括：将稀缺的机会高效地分配给最有可能从中获利的人，以及将工作分配给最有可能把它们做好的人。但正如阿玛蒂亚·森在其关于优绩的文章中指出的，除了这些，还有别的社会结果可能是可取的。我们也可以将“好社会”概念化为：

一个不存在巨大的经济不平等，不允许任何一个种族群体的成员支配所有精英机构的社会。因此，阿玛蒂亚·森写到，当我们评估“什么算作优绩”时，我们不得不考虑，对这种优绩的奖励是否会缓解或加剧我们关心的经济不平等或种族差异：“对优绩的奖励不能脱离其分配后果。”

在教育体制的每一个阶段，我们都会对优绩的恰当定性进行辩论，往往围绕着标准化考试的作用展开。纽约市的精英公立高中是否应该继续使用单一的标准化考试分数作为录取标准，尽管这种录取程序使得黑人学生的比例严重不足？录取博士生时是否应该要求学生参加研究生入学考试（GRE）？阿玛蒂亚·森在这里的意思是，判断一种优绩定义“好”还是“不好”的唯一标准，是看根据该定义来奖励优绩的后果。例如，如果根据单一的标准化考试录取学生所造成的种族不平等是不可接受的（并且没有被任何社会利益所抵消），那么这种考试就不是“优绩”的良好定义方式。

因此，与其将不平等现象归结为人们在“应得”程度上的固有差异，不如认真考虑遗传在认知能力、非认知技能和一般社会不平等中的作用，再加上对反优生主义的承诺，这使我们得出一个迥然不同的观点：我们当中没有一个人理所当然地“应得”他或她的遗传特征。我们在生活中之所以能够享受美好事物（教育上的成功、良好的收入、稳定的工作、良好的身体健康、幸福和主观幸福感），在很大程度上是因为我们的运气很好。遗传对人类个体差异的影响无处不在，所以我们不可能构建一个纯粹奖励人们在道德上的“应得性”的教育或经济体系。因此，优绩主义思想中的“优绩”是一个空洞的概念，只能从工具性的角度来定义，即如何根据一套特定的标准来做选择，从而实现我们想要的那种社会。

考虑一下，如果你不知道自己会是什么样，你会怎么做？

> 优生学的立场：生物学上的优势者有权获得更多的自由和资源。
>
> 基因盲的立场：在构建社会时，应当认为每个人在生物学层面是完全相同的。
>
> 反优生主义的立场：社会的结构应该有利于那些在基因彩票中最不占优势的人。

在我家附近的咖啡店可以买到大块的巧克力片曲奇饼干。夏天的下午，我会带着孩子们走到那里，买一块饼干来分享。规则是，一个孩子可以选择如何分饼干，但随后饼干片被藏在我身后，他们必须随机挑选。儿童对平等有着强烈的偏好，所以我的孩子们总是选择尽可能平等地分享饼干。

如果你不知道你会得到哪块饼干，你会怎么分？上过政治哲学本科课程的人都会很熟悉这个前提。这个思想实验最有名的版本是由哲学家约翰·罗尔斯提出的，他想象了一种叫“无知之幕”

的东西。在无知之幕的背后[31]，

> 任何人都不知道他在社会中的地位，他的阶级地位和社会地位；任何人都不知道他在自然资产分配中的命运，他的能力，他的才智和力量，等等……任何人都不知道他的关于善的观念，不知道他的理性人生计划的细节，也不知道他的特殊心理倾向，如厌恶风险或倾向于乐观或悲观。

无知之幕的意义在于想象一种假设的情况，在这种情况下，每个人都处于平等的地位，因此可以就正义的原则达成公平的协议：如果你不知道你会怎么样，其他人也不知道，而且你必须在对自身利益的细节完全无知的情况下决定社会的基本结构，那么，决定谁可以做什么、谁可以拥有什么的规则应当是什么？

罗尔斯认为，在无知之幕的背后，人们的公平协议会产生两个原则：

> 1. 每个人都有平等的权利去拥有可以与别人的类似自由权并存的最广泛的基本自由权。
>
> 2. 对社会和经济不平等的安排应能使这种不平等（1）与向所有人开放的地位和职务联系在一起，（2）必须有利于社会中最弱势的群体。

在考虑不平等是否对每个人有利时，罗尔斯的意思并不仅仅是平均水平得到提高。如果原本就处于不利地位的人的处境因不平等而变得更糟，处于有利地位的人的处境却变得更好，那么这还不够好。必须对不平等进行安排，使其对最不富裕的人有利。罗尔斯解释道："得天独厚的人，不管他们是谁，只有按照改善竞争中失败者的地位这种条件，才可以从他们的好运中得到利益。"

我们也可以看看近期的历史[32]，看看人类在寿命、识字率、财富和福祉方面的巨大进步，这些进步最终对每个人都有利。用罗尔斯的话说，"天赋的分配……""在某些方面是一种共同资产"，产生了社会和经济效益。从1820年到1992年，世界人民的平均收入增长了8倍，而极端贫困人口的比例从84%下降到24%。[33]在18世纪初的瑞典，每三个婴儿中就有一个在5岁生日前死亡，如此之高的婴儿夭折率是我在情感上几乎无法理解的。今天，瑞典的婴儿死亡率是千分之二，而18世纪初的数字要高100多倍。[34]

科学、技术和政府的创新改善了人们的生活，但也制造了不平等：一些人的生活比其他人更好，更快捷。这些创新在某些情况下是依赖于不平等的，因为它们是通过一个对不同类型的技能给予不同奖励的体制实现的。[35]但是，生活在一个我们不会失去三分之一孩子的社会里，对每个人都是有利的。正如我在上一节关于优绩的部分所述，奖励某些技能可能对整个社会有工具性的益处，即使我们认识到这些受社会看重的技能在一定程度上是人们继承的遗传变异造成的，而人们并不是理所当然地应得这样的遗传变异。

但请注意，不平等的这种理由与我们在所谓的“优绩主义”体制中经常遇到的理由是多么不同。正如罗尔斯解释的，第二个原则“改变了基本结构的目标，使体制的总体安排不再突出社会效益和专家政治的价值……条件天生有利的人不能仅仅因为他们更有天赋而获得利益，他们获得利益应当是为了弥补他们的训练和教育费用，也是为了把他们的才能用来帮助较不幸的人”。将某些教育机会分配给某些人，理由是这种分配最有可能使所有人受益，这与询问谁“应得”去哈佛大学的机会，是截然不同的。[36]

我在本书中描述的研究表明，“条件天生有利的人”，也就是碰巧继承了某些遗传变异的人，确实在学业、收入、财富和福祉方面有更好的生活结果。这些由遗传造成的不平等并不是自然法则的固定而必然的结果，而是人们在认知能力、个性特征和其他个人特征方面的遗传差异通过我们的经济和社会机构的棱镜折射出来的表现。罗尔斯的正义原则提出的关键问题是：这些不平等是否对*每*个人都有利，包括那些在目前与成功相关的遗传变异分布中最不幸的人？

在我写这一章的时候，我和我的一位前邻居喝了杯咖啡，他的女朋友在摔倒后撞伤了头，不久前死于败血症。她是一个酗酒者，在将近十年的时间里一直在康复中心进进出出，从来没有能够维持很长时间的清醒状态。她的年纪只有五十出头，她的死亡只是经济学家安妮·凯斯和安格斯·迪顿所说的“绝望的死亡”案例之一。“绝望的死亡”指的是自杀、药物过量和酗酒导致的死亡，这种死亡对没有大学学位的美国人有着不成比例的影响。

这种令人不安的、历史上前所未有的死亡率上升，只是健康状况不佳、精神痛苦、经济不稳定、家庭关系破裂和生活混乱的冰山一角。凯斯和迪顿的结论是，虽然资本主义从1700年代末到1900年代末使数百万人摆脱了贫困和健康状况不佳，但资本主义现在已经变得有毒，它产生的不平等是不正当的，因为它没有为集体利益考虑。[37] 我们作为一个国家的繁荣没有得到广泛的分享。

如果你认真对待基因彩票的力量，你可能会意识到，你引以为豪的许多事情，你的高词汇量和快速处理速度，你的有条不紊和你的“坚毅”，你在学校总是表现良好的事实，都是一系列幸运的结果，而不是你自己的功劳。现在，请你认真对待罗尔斯关于无知之幕的思想实验，并思考：如果你不知道基因彩票的结果是什么，你会想要一个什么样的社会？

总 结

在我写作本书的最后一章时，为了减缓新冠病毒的传播，我所在的大学和我孩子的学校已经停课。在作家兼牧师萨拉·贝西（Sarah Bessey）看来，公共卫生官员给出的各种建议都是同一信息的不同版本：“用你的选择爱护弱势群体。”作为一个还不到40岁、身体健康的女性，并且在一个资源丰富的城市地区拥有良好的医疗条件，我可能不会特别容易受到新冠病毒的严重影响。但我的年迈的邻居在新冠病毒面前显得特别脆弱，而且如果因为太多人在同一时间、同一地点以同样的方式生病而挤兑医疗资源，她的处境将进一步恶化。

应对大流行病的威胁，需要我们明确对彼此的责任，以保护我们当中最脆弱的群体。我们对彼此的责任包括个人行为的改变（如洗手和戴口罩），以及有效的机构反应（如采取财政救济措施，以减轻原本会促使病人去工作的压力）。不过，我们对彼此的责任并不包括假装每个人都同样容易患病。事实上，坚持认为每个人（不管是年轻人还是老人，不管是免疫受损的人还是健康人）对新冠病毒的生物脆弱性都完全相同，是既可笑又危险的。要保护最脆弱的人，我们就需要知道谁是最脆弱的，搞清楚是什么因素使他们最脆弱，并为保护他们的利益而改造社会。

但我们对彼此的责任并不是在大流行病的威胁解除后就结束了。如今，社会的结构是这样的：只有在正规教育中取得成功的人，特别是那些拥有大学本科或更高学历的人，才能分享国家的繁荣。没有大学学位的人（仍然占美国的大多数）是脆弱的。他们的情感关系和婚姻很容易解体；他们很容易酗酒和吸毒；他们容易焦虑、绝望和自杀；他们容易因为原本可预防的疾病而承受沉重的医疗债务和不必要的痛苦。

在过去的一个世纪里，那些拥护优生学意识形态的人一直在恶意鼓噪，认为弱势群体由于其生理上的劣势而理应处于弱势。出于善意，那些决心将社会脆弱性与生物学脱钩的人也相应地发出了鼓噪。但是，反优生主义的立场要求我们不能假装社会脆弱性与生物学无关，就像对大流行病的有效反应要求我们不能假装老年人并不比年轻人更容易受到影响。一个用自己的选择来保护（和关爱）最脆弱群体的社会，需要能够看到谁是最脆弱的，这样社会才能看到自己的选择是如何影响弱势群体的。

有些人碰巧继承了特定的遗传变异的组合，再加上父母、教师和社会机构提供的环境，使他们更有可能发展出一套目前在西方资本主义社会正规教育体制中受看重的技能和行为。这些人并不因此就是更好的人。他们在本质上并不更优秀。我们只能说，鉴于我们的社会目前的构建方式，他们是最不脆弱的。而且，如果你正在读这本书，你可能就是其中之一。

随着新冠病毒的威胁在美国和世界范围内蔓延，学校停课，企业停业，有社会责任感的人正在问自己：我需要做什么，来保护我的社区中最脆弱的人群？在大流行病消退之后的很长一段时间内，这也是我们应该扪心自问的问题。

致 谢

本书的卷首引语出自爱尔兰小说家塔娜·法兰奇的《女巫榆树》，版权归塔娜·法兰奇所有，经企鹅兰登旗下的企鹅出版社许可转载。保留所有权利。

2015—2016学年，我从大学休假，在罗素·塞奇基金会待了一段时间。与那里的学者的谈话，让我产生了写一本关于遗传学和平等的书的想法。此后，我有机会在一些跨学科论坛上讨论这项工作并向同行学习，包括由埃里克·特克海默组织、约翰·坦普尔顿基金会资助的“遗传学与人类能动性”项目会议；黑斯廷斯中心的工作组“努力应对社会基因组学和行为基因组学：风险、潜在收益与伦理责任”，该工作组由埃里克·帕伦斯和米歇尔·迈尔组织，由罗伯特·伍德·约翰逊基金会、罗素·塞奇基金会和JPB基金会资助；由丹妮尔·艾伦、安娜·迪里恩佐、伊芙琳·哈蒙兹、莫莉·普热沃尔斯基和阿隆德拉·纳尔逊组织的关于解释人群间差异的遗传基础以及用于社会和自然科学研究的概念之间的互动的研讨会，该研讨会由哈佛大学的埃德蒙·J. 萨夫拉中心赞助；由芝加哥大学人力资本和经济机会全球工作组赞助，我与大卫·耶格尔共同组织的“基因、学校和解决教育不平等的干预措施”研讨会；以及由雅各布斯基金会赞助，我与丹尼尔·贝尔斯基共同组织的“基因与发展”驻会项目。我非常感谢这些研讨会和会议的所有参与者，感谢他们的精辟评论。本书的研究得到了坦普尔顿基金会和雅各布斯基金会的进一步支持。

我曾有机会向一些听众介绍本书的观点，包括杜克大学人口研究所、普林斯顿大学人口研究办公室、威斯康星大学心理学系、全球教育和技能论坛、巴黎高等师范学院认知学系，以及美国哲学协会、科学哲学协会、行为遗传学协会、整合遗传学与社会科学会议、心理科学协会（APS）、美国人类遗传学协会和美国生物伦理学与人文科学协会的与会者。感谢这些听众提出的富有启发性的问题和评论。

写书意味着我要从日常的职责中分心很长时间，受影响最大的就是我的学生们。梅根·帕特森、斯蒂芬妮·萨维茨基、玛格丽塔·马兰奇尼、詹姆斯·马多勒、劳雷尔·拉芬顿、安德鲁·格罗青格、特拉维斯·马拉德、阿迪蒂·萨布洛克和彼得·唐克斯利都是很不一般的年轻同事，我期待着在未来几年里与他们相知、共事。

大卫·耶格尔慷慨地帮助我，让我在一个学期里不必授课，而杰米·潘贝克代替我授课，为我提供了宝贵的写作时间。

埃里克·特克海默近二十年来一直是我的导师，本书几乎每一页都有他的影响印记（即使他不同意其中的许多内容）。我还从与本杰明·莱利、卡尔·舒尔曼、格雷厄姆·库普、多克·埃奇、约翰·诺文布雷、斯图尔特·赖克、贾斯敏·韦尔茨和拉齐布·汗的对话中受益匪浅。帕特里克·特利、桑贾伊·斯里瓦斯塔瓦、本·多明戈、乔治·戴维·史密斯和几位匿名审稿人帮助审阅了本书的早期草稿。艾莉森·卡莱特是一位一丝不苟的编辑和热情的支持者。不计其数的人在推特上对我的不成熟思考给予了有益的回应。

我特别感谢在这个漫长的过程中为我提供零食、葡萄酒、建议和鼓励的朋友的支持，包括丹尼尔·贝尔斯基、科尔特·米切尔、菲利普·科林格、尼科·多森巴赫、萨姆·高斯林、乔·普弗利格、简·门德尔、萨曼莎·平托、詹·多赖克、萨拉·贝克曼和娜塔莉亚·沃尔夫。每一天都因为有特拉维斯·艾弗里的陪伴而更美好："你和一场禽流感可以让我相信命运。"迈卡·哈登同意为本书接受基因型分型，这是姐弟之爱的众多表现之一。埃利奥特·塔克–德罗布一直是我的合作者和朋友，与我风雨同舟。他和芭芭拉·温德尔伯格·德罗布忠实地与我共同养育子女*，没

* 埃利奥特·塔克–德罗布为得克萨斯大学奥斯汀分校的心理学教授，是本书作者的前夫。芭芭拉是埃利奥特的第二任妻子。

有他们的配合，就不可能有这本书。最后，我最感激的是我的孩子们，他们是我对家族内遗传多样性的自然实验，是我最宝贵的关注点，也是我希望有一个更美好世界的理由。

注 释

导 言

1 Alex Shaw and Kristina R. Olson, "Children Discard a Resource to Avoid Inequity," *Journal of Experimental Psychology: General* 141, no. 2 (2012): 382–95, https://doi.org/10.1037/a0025907.

2 Sarah F. Brosnan and Frans B. M. de Waal, "Monkeys Reject Unequal Pay," *Nature* 425, no. 6955 (September 2003): 297–99, https://doi.org/10.1038 /nature01963.

3 "Bernie's Right: 3 Billionaires Really Do Have More Wealth Than Half of America," Inequality.org, accessed July 24, 2020, https://inequality.org/great -divide/bernie-3-billionaires-more-wealth-half-america/.

4 Noah Snyder-Mackler et al., "Social Determinants of Health and Survival in Humans and Other Animals," *Science* 368, no. 6493 (May 22, 2020): eaax9553, https://doi.org/10.1126/science.aax9553.

5 Raj Chetty et al., "The Association Between Income and Life Expectancy in the United States, 2001–2014," *JAMA* 315, no. 16 (April 26, 2016): 1750–66, https://doi.org/10.1001/jama.2016.4226.

6 Laurel Raffington et al., "Analysis of Socioeconomic Disadvantage and Pace of Aging Measured in Saliva DNA Methylation of Children and Adolescents," *bioRxiv*, June 5, 2020, 134502, https://doi.org/10.1101/2020.06.04.134502.

7 遵照美国心理学会的 APA 格式，我将 Black（黑人）和 White（白人）等种族术语大写。虽然在这个问题上没有共识，但社会政策研究中心认为，大写 Black "指的不仅仅是一种肤色，而且标志着美国黑人的历史和种族身份"。并且，该中心认为，"不把'白人'命名为一个种族，实际上是一种反黑人的行为，它将白人定位为中性的、标准的……虽然我们谴责那些为了煽动暴力而将 White 大写的人，但我们有意识地将 White 大写，部分是为了邀请人们和我们自己去深入思考'白人特性'（Whiteness）继续存在的方式，以及它如何得到明确和隐含的支持"。"Racial and Ethnic Identity," APA Style, accessed February 8, 2021, https://apastyle.apa.org/style-grammar-guidelines/bias-free-language/racial-ethnic-minorities; Ann Thúy Nguyên and Maya Pendleton, "Recognizing Race in Language: Why We Capitalize 'Black' and 'White,' " Center for the Study of Social Policy, March 23, 2020, https://cssp.org/2020/03/recognizing-race-in-language-why-we-capitalize-black-and-white/.

8 Anne Case and Angus Deaton, "Mortality and Morbidity in the 21st Century," *Brookings Papers on Economic Activity* 2017, no. 1 (2017): 397–476, https://doi.org/10.1353/eca.2017.0005.

9 Case and Deaton.

10 "The Fed—Publications: Report on the Economic Well-Being of U.S. Households (SHED)," Board of Governors of the Federal Reserve System, accessed July 24, 2020, https://www.federalreserve.gov/publications/2020-economic-well-being-of-us-households-in-2019-financial-repercussions-from-covid-19.htm; "Hispanic Women, Immigrants, Young Adults, Those with Less Education Hit Hardest by COVID-19 Job Losses," *Pew Research Center* (blog), accessed July 13, 2020, https://www.pewresearch.org/fact-tank/2020/06/09/hispanic-women -immigrants-young-adults-those-with-less-education-hit-hardest-by-covid-19-job-losses/.

11 David H. Autor, "Skills, Education, and the Rise of Earnings Inequality among the 'Other 99 Percent,'" *Science* 344, no. 6186 (May 23, 2014): 843–51, https://doi.org/10.1126/science.1251868.

12 Paul Myerscough, "Short Cuts: The Pret Buzz," *London Review of Books*, January 3, 2013, https://www.lrb.co.uk/the-paper/v35/n01/paul-myerscough/short-cuts.

13 Fredrik deBoer, *The Cult of Smart: How Our Broken Education System Per*

petuates Social Injustice (New York: All Points Books, 2020).

14 Organisation for Economic Co-operation and Development, "Education and Earnings," accessed February 3, 2021, https://stats.oecd.org/Index.aspx?DataSetCode=EAG_EARNINGS.

15 James J. Heckman and Paul A. LaFontaine, "The American High School Graduation Rate: Trends and Levels," *The Review of Economics and Statistics* 92, no. 2 (May 2010): 244–62, https://doi.org/10.1162/rest.2010.12366.

16 Jeremy Greenwood et al., "Marry Your Like: Assortative Mating and Income Inequality," *American Economic Review* 104, no. 5 (May 2014): 348–53, https://doi .org/10.1257/aer.104.5.348

17 "Dramatic Increase in the Proportion of Births Outside of Marriage in the United States from 1990 to 2016," *Child Trends* (blog), accessed November 5, 2019, https://www.childtrends.org/publications/dramatic-increase-in-percentage-of-births-outside-marriage-among-whites-hispanics-and-women-with-higher-education-levels; T.J. Mathews and Brady E. Hamilton, "Educational Attainment of Mothers Aged 25 and Overs: United States, 2017," NCHS Data Brief (Hyattsville, MD: National Center for Health Statistics, June 10, 2019), https://www.cdc.gov/nchs/products/databriefs/db332.htm.

18 卡尼曼和迪顿在 2010 年发表的一篇有影响力的论文发现，每天的负面情绪体验随着家庭收入的增加而下降，但收入达到每年 7 万美元左右之后，这种影响就消失了；而在全球范围，人们对生活的积极评价（“我目前的生活对我来说是最好的生活”）随着收入的增加而继续增加，甚至可以超过每年 7 万美元的收入。基林斯沃思在 2021 年的一份更新的报告中使用了不同的策略来测量情绪体验：实验者向参与者的智能手机发信息，要求参与者报告他们在那一刻的感受，而不是在前一天是否经历了特定类型的情绪。与卡尼曼和迪顿的研究结果相反，基林斯沃思报告说，情绪幸福感随着收入的增加而继续增加，甚至在高收入者中也是如此。Daniel Kahneman and Angus Deaton, "High Income Improves Evaluation of Life but Not Emotional Well-Being," *Proceedings of the National Academy of Sciences* 107, no. 38 (September 21, 2010): 16489–93, https://doi.org/10.1073/pnas.1011492107; Matthew A. Killingsworth, "Experienced Well-Being Rises with Income, Even above $75,000 per Year," *Proceedings of the National Academy of Sciences* 118, no. 4 (January 26, 2021): e2016976118, https://doi.org/10.1073/pnas.2016976118.

19 Jack Pitcher, "Jeff Bezos Adds Record $13 Billion in Single Day to His Fortune," Bloomberg Quint, July 21, 2020, https://www.bloombergquint.com/markets/jeff-

bezos-adds-record-13-billion-in-single-day-to-his-fortune.

20 Alicia Adamczyk, "32% of U.S. Households Missed Their July Housing Payments," CNBC, July 8, 2020, https://www.cnbc.com/2020/07/08/32-percent-of-us-households-missed-their-july-housing-payments.html.

21 Richard Arneson, "Four Conceptions of Equal Opportunity," *The Economic Journal* 128, no. 612 (July 1, 2018): F152–73, https://doi.org/10.1111/ecoj.12531.

22 Susan E. Mayer, *What Money Can't Buy: Family Income and Children's Life Chances* (Cambridge, MA: Harvard University Press, 1997).

23 Duncan, Greg J., and Richard J. Murnane, eds. *Whither Opportunity?: Rising Inequality, Schools, and Children's Life Chances* (New York: Chicago: Russell Sage Foundation, 2011).

24 James J. Lee et al., "Gene Discovery and Polygenic Prediction from a Genome-Wide Association Study of Educational Attainment in 1.1 Million Individuals," *Nature Genetics* 50, no. 8 (August 2018): 1112–21, https://doi.org/10.1038/s41588-018-0147-3.

25 Nathaniel Comfort, "Nature Still Battles Nurture in the Haunting World of Social Genomics," *Nature* 553 (January 15, 2018): 278–80, https://doi.org/10.1038/d41586-018-00578-5.

26 Ivar R. Hannikainen, "Ideology Between the Lines: Lay Inferences About Scientists' Values and Motives," *Social Psychological and Personality Science* 10, no. 6 (August 1, 2019): 832–41, https://doi.org/10.1177/1948550618790230.

27 Francis Galton, *Hereditary Genius: An Inquiry into Its Laws and Consequences* (London and New York: Macmillan, 1892).

28 Francis Galton, *Natural Inheritance* (New York and London: Macmillan, 1894).

29 Daniel J. Kevles, *In the Name of Eugenics: Genetics and the Uses of Human Heredity* (New York: Alfred A. Knopf, 1985; repr., Cambridge, MA: Harvard University Press, 1998).

30 Kevles.

31 Francis Galton, *Inquiries into Human Faculty and Its Development* (London: Macmillan, 1883; second edition, Macmillan, 1907, online at Project Gutenberg, http://www.gutenberg.org/ebooks/11562.

32 Kevles, *In the Name of Eugenics.*

33 Kevles.

34 Harry Hamilton Laughlin, *Eugenical Sterilization in the United States* (Chicago: Psychopathic Laboratory of the Municipal Court of Chicago, 1922), http://hdl.handle.net/2027/hvd.hc4mzw.

35 "Harry Laughlin and Eugenics: Laughlin's Model Law," a selection from the Harry H. Laughlin Papers, Truman State University, accessed November 28, 2020, https://historyofeugenics.truman.edu/altering-lives/sterilization/model-law/.

36 "Carrie Buck Revisited and Virginia's Expression of Regret for Eugenics," *Eugenics: Three Generations, No Imbeciles: Virginia, Eugenics & Buck v. Bell* (blog), accessed February 3, 2021, http://exhibits.hsl.virginia.edu/eugenics/5-epilogue/.

37 Paul Lombardo, "Three Generations, No Imbeciles: New Light on *Buck v. Bell*," *New York University Law Review* 60, no. 1 (April 1985): 30–63, https://readingroom.law.gsu.edu/cgi/viewcontent.cgi?article=2593&context=faculty_pub.

38 "DeJarnette, Joseph S. (1866–1957)," *Encyclopedia Virginia*, accessed November 28, 2020, https://www.encyclopediavirginia.org/DeJarnette_Joseph_Spencer_1866-1957#start_entry.

39 Paul A. Lombardo, "'The American Breed' : Nazi Eugenics and the Origins of the Pioneer Fund," *Albany Law Review* 65, no. 3 (2002): 743–830, available at SSRN: https://papers.ssrn.com/abstract=313820.

40 Lombardo, "'The American Breed.'"

41 Lombardo.

42 "Jared Taylor," Southern Poverty Law Center, accessed November 28, 2020, https://www.splcenter.org/fighting-hate/extremist-files/individual/jared-taylor.

43 Jared Taylor, "Blueprint: How DNA Makes Us Who We Are," review, *American Renaissance*, January 4, 2019, https://www.amren.com/features/2019/01/blueprint-how-dna-makes-us-who-we-are/; Robert Plomin, *Blueprint: How DNA Makes Us Who We Are* (MIT Press, 2018).

44 Hawes Spencer and Sheryl Gay Stolberg, "White Nationalists March on University of Virginia," *The New York Times*, A12, August 11, 2017, https://www.nytimes.com/2017/08/11/us/white-nationalists-rally-charlottesville-virginia.html.

45 Richard J. Herrnstein and Charles Murray, *The Bell Curve: Intelligence and Class Structure in American Life* (New York: Free Press, 1994).

46 Richard J. Herrnstein, *I.Q. in the Meritocracy* (Boston: Little, Brown, 1973).

47 Elizabeth S. Anderson, "What Is the Point of Equality?," *Ethics* 109, no. 2 (January 1999): 287–337, https://doi.org/10.1086/233897.

48 "Remarks by the President . . . on the Completion of the First Survey of the Entire Human Genome Project," White House press release, June 26, 2000, https://clintonwhitehouse3.archives.gov/WH/New/html/genome-20000626.html.

49 J.B.S. Haldane, "KARL PEARSON, 1857–1957," *Biometrika* 44, no. 3–4 (December 1957): 303–13, https://doi.org/10.1093/biomet/44.3-4.303.

50 Roberto Mangabeira Unger, *Social Theory: Its Situation and Its Task* (Cambridge, UK: Cambridge University Press, 1987; repr., London and Brooklyn: Verso, 2004); "Roberto Mangabeira Unger's Alternative Progressive Vision," *The Nation*, July 21, 2020, https://www.thenation.com/article/culture/roberto-mangabeira -ungers-alternative-progressive-vision/.

51 Jeremy Freese, "Genetics and the Social Science Explanation of Individual Outcomes," *American Journal of Sociology* 114, suppl. S1 (2008): S1–35, https://doi.org/10.1086/592208.

52 "Susan Mayer on What Money Can't Buy," Econlib, accessed July 22, 2020, http://www.econtalk.org/susan-mayer-on-what-money-cant-buy/.

53 Jedidiah Carlson and Kelley Harris, "Quantifying and Contextualizing the Impact of *bioRxiv* Preprints through Automated Social Media Audience Segmentation," *PLOS Biology* 18, no. 9 (September 22, 2020): e3000860, https://doi.org/10.1371/journal.pbio.3000860.

54 Amy Harmon, "Why White Supremacists Are Chugging Milk (and Why Geneticists Are Alarmed)," *The New York Times*, October 17, 2018, https://www.nytimes.com/2018/10/17/us/white-supremacists-science-dna.html; Aaron Panofsky and Joan Donovan, "Genetic Ancestry Testing among White Nationalists: From Identity Repair to Citizen Science," *Social Studies of Science* 49, no. 5 (October 1, 2019): 653–81, https://doi.org/10.1177/0306312719861434; Michael Price, "'It's a Toxic Place.' How the Online World of White Nationalists Distorts Population Genetics," *Science*, May 22, 2018, https://www.sciencemag.org/news/2018/05/it-s-toxic-place-how-online-world-white-nationalists-distorts-population-genetics.

55 Perline Demange et al., "Investigating the Genetic Architecture of Noncognitive Skills Using GWAS-by-Subtraction," *Nature Genetics* 53 (January 7, 2021): 35–

44, https://doi.org/10.1038/s41588-020-00754-2.

56 "Pepe the Frog," Anti-Defamation League, accessed August 6, 2020, https://www.adl.org/education/references/hate-symbols/pepe-the-frog.

57 Eric Turkheimer, Kathryn Paige Harden, and Richard E. Nisbett, "Charles Murray Is Once Again Peddling Junk Science about Race and IQ," Vox, May 18, 2017, https://www.vox.com/the-big-idea/2017/5/18/15655638/charles-murray-race-iq-sam-harris-science-free-speech.

58 Allen Buchanan et al., *From Chance to Choice: Genetics and Justice* (Cambridge, UK: Cambridge University Press, 2000).

59 令人沮丧的是，对于用什么措辞来描述遗传血统的模式，学界仍然没有达成共识。我按照惯例，用"欧洲的"这个形容词来描述具有某些遗传血统模式的人，但我认识到这种措辞并不精确，对不同的读者可能有不同的直观含义，而且有可能将种族的社会类别具体化为"纯"生物学的实体。我将在第四章更详细地讨论这些问题。Adam Auton et al., "A Global Reference for Human Genetic Variation," *Nature* 526, no. 7571 (October 2015): 68–74, https://doi.org/10.1038/nature15393.

第二章 基因彩票

1 Roberto Tuchman and Isabelle Rapin, "Epilepsy in Autism," *The Lancet Neurology* 1, no. 6 (October 1, 2002): 352–58, https://doi.org/10.1016/S1474-4422(02)00160-6.

2 Christine A. Olson et al., "The Gut Microbiota Mediates the Anti-Seizure Effects of the Ketogenic Diet," *Cell* 173, no. 7 (June 14, 2018): 1728–41.e13, https://doi.org/10.1016/j.cell.2018.04.027.

3 Emily Perl Kingsley, "Welcome to Holland," *Contact* 136, no. 1 (January 2001): 14, https://doi.org/10.1080/13520806.2001.11758925.

4 Tara Lakes, "I'm Tired of Holland and I Want to Go Home," *Grace for That* (blog), June 10, 2015, https://momlakes.wordpress.com/2015/06/10/im-tired-of-holland-and-i-want-to-go-home/.

5 Raj Rai and Lesley Regan, "Recurrent Miscarriage," *The Lancet* 368, no. 9535 (August 12, 2006): 601–11, https://doi.org/10.1016/S0140-6736(06)69204-0.

6 Emily A. Willoughby et al., "Free Will, Determinism, and Intuitive Judgments About

the Heritability of Behavior," *Behavior Genetics* 49, no. 2 (March 2019): 136–53, https://doi.org/10.1007/s10519-018-9931-1.

7 Eric R. Olson, "Why Are Over 250 Million Sperm Cells Released from the Penis during Sex?," Scienceline, June 2, 2008, https://scienceline.org/2008/06/ask-olson-sperm/.

8 Sean B. Carroll, *A Series of Fortunate Events: Chance and the Making of the Planet, Life, and You* (Princeton, NJ: Princeton University Press, 2020).

9 "The American Family Today," Pew Research Center Social & Demographic Trends, December 17, 2015, https://www.pewsocialtrends.org/2015/12/17/1-the-american-family-today/.

10 Lisa Pickoff-White and Ryan Levi, "Are There Really More Dogs Than Children in S.F.?," KQED, May 24, 2018, https://www.kqed.org/news/11669269/are-there-really-more-dogs-than-children-in-s-f.

11 Naomi R. Wray et al., "Complex Trait Prediction from Genome Data: Contrasting EBV in Livestock to PRS in Humans," *Genetics* 211, no. 4 (April 1, 2019): 1131–41, https://doi.org/10.1534/genetics.119.301859.

12 Wray et al.

13 Names have been changed to protect privacy.

14 Francis Galton, *Natural Inheritance* (New York and London: Macmillan, 1894).

15 C. P. Blacker, "The Sterilization Proposals," *The Eugenics Review* 22, no. 4 (January 1931): 239–47.

16 A.W.F. Edwards, "Ronald Aylmer Fisher," in *Time Series and Statistics*, ed. John Eatwell, Murray Milgate, and Peter Newman, first published in *The New Palgrave: A Dictionary of Economics* (London: Palgrave Macmillan UK, 1990), 95–97, https://doi.org/10.1007/978-1-349-20865-4_10.

17 R. A. Fisher, "XV.—The Correlation between Relatives on the Supposition of Mendelian Inheritance," *Earth and Environmental Science Transactions of The Royal Society of Edinburgh* 52, no. 2 (1918): 399–433, https://doi.org/10.1017/S0080456800012163.

18 Ben Cohen, "Shawn Bradley Is Really, Really Tall. But Why?," *Wall Street Journal*, September 18, 2018, https://www.wsj.com/articles/shawn-bradley-genetic-test-height-1537278144.

19 Corinne E. Sexton et al., "Common DNA Variants Accurately Rank an Individual of Extreme Height," *International Journal of Genomics* 2018 (September 4, 2018): 5121540, https://doi.org/10.1155/2018/5121540.

20 "Biologists Checked Out This NBA Player's DNA for Clues to His Immense Height," *MIT Technology Review*, September 1, 2018, https://www.technologyreview.com/s/612014/biologists-checked-out-this-nba-players-dna-for-clues-to-his-immense-height/.

21 Cohen, "Shawn Bradley Is Really, Really Tall. But Why?"

22 在整本书中，我将在狭义上使用"父母""子女""家庭""兄弟姐妹"等词语，指的是通过遗传过程相互关联的人。这并不是要否认定义"家庭"的社会关系的重要性，而只是反映了本书对遗传影响的关注。

23 "*ALDH2* Gene," Genetics Home Reference, accessed July 28, 2020, https://ghr.nlm.nih.gov/gene/ALDH2.

24 D. Hamer and L. Sirota, "Beware the Chopsticks Gene," *Molecular Psychiatry* 5, no. 1 (January 2000): 11–13, https://www.nature.com/articles/4000662.

25 Simon Haworth et al., "Apparent Latent Structure within the UK Biobank Sample Has Implications for Epidemiological Analysis," *Nature Communications* 10, no. 1 (January 18, 2019): 333, https://doi.org/10.1038/s41467-018-08219-1.

26 Daniel Barth, Nicholas W. Papageorge, and Kevin Thom, "Genetic Endowments and Wealth Inequality," *The Journal of Political Economy* 128, no. 4 (April 2020): 1474–1522, https://doi.org/10.1086/705415.

27 多基因指数更经常被称为"多基因评分"。但是，在应用于有关人类DNA的信息时，"分数"（score）一词可能暗含价值分三六九等的意思。根据我的同事帕特里克·特利和丹·本杰明的建议，我自始至终使用"多基因指数"这一替代术语。

28 Daniel W. Belsky et al., "Genetic Analysis of Social-Class Mobility in Five Longitudinal Studies," *Proceedings of the National Academy of Sciences* 115, no. 31 (July 31, 2018): E7275–84, https://doi.org/10.1073/pnas.1801238115.

29 Arthur S. Goldberger, "Heritability," *Economica* 46, no. 184 (1979): 327–47, https://doi.org/10.2307/2553675.

30 George E. P. Box, "Science and Statistics," *Journal of the American Statistical Association* 71, no. 356 (December 1976): 791–99, https://doi.org/10.1080/01621459.1976.10480949.

第三章 食谱和大学

1 “Neurofibromatosis Type 1,” Genetics Home Reference, accessed November 7, 2019, https://ghr.nlm.nih.gov/condition/neurofibromatosis-type-1.

2 John Milton, *Lycidas*, accessed November 7, 2019, https://www.poetry foundation.org/poems/44733/lycidas.

3 Cornelius A. Rietveld et al., “GWAS of 126,559 Individuals Identifies Genetic Variants Associated with Educational Attainment,” *Science* 340, no. 6139 (June 21, 2013): 1467–71, https://doi.org/10.1126/science.1235488.

4 Avshalom Caspi et al., “Influence of Life Stress on Depression: Moderation by a Polymorphism in the 5-HTT Gene,” *Science* 301, no. 5631 (July 18, 2003): 386–89, https://doi.org/10.1126/science.1083968.

5 Richard Border et al., “No Support for Historical Candidate Gene or Candidate Gene-by-Interaction Hypotheses for Major Depression Across Multiple Large Samples,” *The American Journal of Psychiatry* 176, no. 5 (May 1, 2019): 376–87, https://doi.org/10.1176/appi.ajp.2018.18070881.

6 Scott Alexander [Siskind], “5-HTTLPR: A Pointed Review,” *Slate Star Codex*, May 8, 2019, https://slatestarcodex.com/2019/05/07/5-httlpr-a-pointed-review/.

7 Caspi et al., “Influence of Life Stress on Depression” ; Border et al., “No Support for Historical Candidate Gene or Candidate Gene-by-Interaction Hypotheses for Major Depression.”

8 Naomi R. Wray et al., “Genome-Wide Association Analyses Identify 44 Risk Variants and Refine the Genetic Architecture of Major Depression,” *Nature Genetics* 50, no. 5 (May 2018): 668–81, https://doi.org/10.1038/s41588-018-0090-3.

9 Evan A. Boyle, Yang I. Li, and Jonathan K. Pritchard, “An Expanded View of Complex Traits: From Polygenic to Omnigenic,” *Cell* 169, no. 7 (June 15, 2017): 1177–86, https://doi.org/10.1016/j.cell.2017.05.038.

10 James J. Lee et al., “Gene Discovery and Polygenic Prediction from a Genome-Wide Association Study of Educational Attainment in 1.1 Million Individuals,” *Nature Genetics* 50, no. 8 (August 2018): 1112–21, https://doi.org/10.1038/s41588-018-0147-3.

11 Rietveld et al., “GWAS of 126,559 Individuals Identifies Genetic Variants

Associated with Educational Attainment" ; Aysu Okbay et al., "Genome-Wide Association Study Identifies 74 Loci Associated with Educational Attainment," *Nature* 533, no. 7604 (May 2016): 539–42, https://doi.org/10.1038/nature17671; Lee et al.

12 A. G. Allegrini et al., "Genomic Prediction of Cognitive Traits in Childhood and Adolescence," *Molecular Psychiatry* 24, no. 6 (June 2019): 819–27, https://doi.org/10.1038/s41380-019-0394-4.

13 Robert Plomin, *Blueprint: How DNA Makes Us Who We Are* (Cambridge, MA: MIT Press, 2018).

14 David C. Funder and Daniel J. Ozer, "Evaluating Effect Size in Psychological Research: Sense and Nonsense," *Advances in Methods and Practices in Psychological Science* 2, no. 2 (June 1, 2019): 156–68, https://doi.org/10.1177/2515245919847202.

15 Lee et al., "Gene Discovery and Polygenic Prediction from a Genome-Wide Association Study of Educational Attainment in 1.1 Million Individuals."

16 Funder and Ozer, "Evaluating Effect Size in Psychological Research."

17 Matthew J. Salganik et al., "Measuring the Predictability of Life Outcomes with a Scientific Mass Collaboration," *Proceedings of the National Academy of Sciences* 117, no. 15 (April 14, 2020): 8398–8403, https://doi.org/10.1073/pnas.1915006117.

18 Salganik et al.

第四章 血统与种族

1 Aaron Panofsky and Joan Donovan, "Genetic Ancestry Testing among White Nationalists: From Identity Repair to Citizen Science," *Social Studies of Science* 49, no. 5 (October 1, 2019): 653–81, https://doi.org/10.1177/0306312719861434; Jedidiah Carlson and Kelley Harris, "Quantifying and Contextualizing the Impact of BioRxiv Preprints through Automated Social Media Audience Segmentation," *PLOS Biology* 18, no. 9 (September 22, 2020): e3000860, https://doi.org/10.1371/journal.pbio.3000860.

2 Alex Shoumatoff, "The Mountain of Names," *The New Yorker*, May 6, 1985, 51ff., https://www.newyorker.com/magazine/1985/05/13/the-mountain-of-names.

3 Quoctrung Bui and Claire Cain Miller, "The Typical American Lives Only 18 Miles From Mom," *The New York Times*, December 23, 2015, https://www.nytimes.com/interactive/2015/12/24/upshot/24up-family.html.

4 Douglas L. T. Rohde, Steve Olson, and Joseph T. Chang, "Modelling the Recent Common Ancestry of All Living Humans," *Nature* 431, no. 7008 (September 30, 2004): 562–66, https://doi.org/10.1038/nature02842; Graham Coop, "Our Vast, Shared Family Tree.," *gcbias* (blog), November 20, 2017, https://gcbias.org/2017/11/20/our-vast-shared-family-tree/.

5 Coop.

6 Dorothy Roberts, *Fatal Invention: How Science, Politics, and Big Business Re-Create Race in the Twenty-First Century* (New York and London: The New Press, 2011).

7 Michael Yudell et al., "Taking Race out of Human Genetics," *Science* 351, no. 6273 (February 5, 2016): 564–65, http://www.ask-force.org/web/Golden-Rice/Yudell-Taking-Race-out-of-human-genetics-2016.pdf.

8 Sam Harris, *Making Sense Podcast* #73, "Forbidden Knowledge," April 22, 2017, https://samharris.org/podcasts/forbidden-knowledge/.

9 Audrey Smedley and Brian D. Smedley, "Race as Biology Is Fiction, Racism as a Social Problem Is Real: Anthropological and Historical Perspectives on the Social Construction of Race," *American Psychologist* 60, no. 1, special issue: Genes, Race, and Psychology in the Genome Era (January 2005): 16–26, https://doi.org/10.1037/0003-066X.60.1.16.

10 Yambazi Banda et al., "Characterizing Race/Ethnicity and Genetic Ancestry for 100,000 Subjects in the Genetic Epidemiology Research on Adult Health and Aging (GERA) Cohort," *Genetics* 200, no. 4 (August 1, 2015): 1285–95, https://doi.org/10.1534/genetics.115.178616.

11 Carl Campbell Brigham, *A Study of American Intelligence* (Princeton, NJ: Princeton University Press, 1922).

12 Noel Ignatiev, *How the Irish Became White* (New York: Routledge, 1995).

13 The 1000 Genomes Project Consortium, "A Global Reference for Human Genetic Variation," *Nature* 526, no. 7571 (October 2015): 68–74, https://doi.org/10.1038/nature15393.

14 United States Census Bureau, "Race: About This Topic," accessed November 7,

2019, https://www.census.gov/topics/population/race/about.html.

15 Banda et al., "Characterizing Race/Ethnicity and Genetic Ancestry for 100,000 Subjects in the Genetic Epidemiology Research on Adult Health and Aging (GERA) Cohort."

16 Alkes L. Price et al., "Principal Components Analysis Corrects for Stratification in Genome-Wide Association Studies," *Nature Genetics* 38, no. 8 (August 2006): 904–9, https://doi.org/10.1038/ng1847.

17 Clare Bycroft et al., "The UK Biobank Resource with Deep Phenotyping and Genomic Data," *Nature* 562, no. 7726 (October 2018): 203–9, https://doi.org/10.1038/s41586-018-0579-z.

18 Yudell et al., "Taking Race out of Human Genetics."

19 Dalton Conley and Jason Fletcher, "What Both the Left and Right Get Wrong About Race," *Nautilus*, June 1, 2017, http://nautil.us/issue/48/chaos/what-both-the-left-and-right-get-wrong-about-race.

20 The 1000 Genomes Project Consortium, "A Global Reference for Human Genetic Variation."

21 Cheryl Stewart and Michael S. Pepper, "Cystic Fibrosis in the African Diaspora," *Annals of the American Thoracic Society* 14, no. 1 (January 2017): 1–7, https://doi.org/10.1513/AnnalsATS.201606-481FR; Giorgio Sirugo, Scott M. Williams, and Sarah A. Tishkoff, "The Missing Diversity in Human Genetic Studies," *Cell* 177, no. 1 (March 21, 2019): 26–31, https://doi.org/10.1016/j.cell.2019.02.048.

22 Nicholas G. Crawford et al., "Loci Associated with Skin Pigmentation Identified in African Populations," *Science* 358, no. 6365 (November 17, 2017), https://doi.org/10.1126/science.aan8433; Sirugo, Williams, and Tishkoff, "The Missing Diversity in Human Genetic Studies."

23 Michael C. Campbell and Sarah A. Tishkoff, "African Genetic Diversity: Implications for Human Demographic History, Modern Human Origins, and Complex Disease Mapping," *Annual Review of Genomics and Human Genetics* 9 (September 22, 2008): 403–33, https://doi.org/10.1146/annurev.genom.9.081307.164258.

24 L. Duncan et al., "Analysis of Polygenic Risk Score Usage and Performance in Diverse Human Populations," *Nature Communications* 10 (July 25, 2019): 3328, https://doi.org/10.1038/s41467-019-11112-0.

25 James J. Lee et al., "Gene Discovery and Polygenic Prediction from a Genome-

Wide Association Study of Educational Attainment in 1.1 Million Individuals," *Nature Genetics* 50, no. 8 (August 2018): 1112–21, https://doi.org/10.1038/s41588-018-0147-3.

26 Alicia R. Martin et al., "Clinical Use of Current Polygenic Risk Scores May Exacerbate Health Disparities," *Nature Genetics* 51, no. 4 (April 2019): 584–91, https://doi.org/10.1038/s41588-019-0379-x; Duncan et al., "Analysis of Polygenic Risk Score Usage and Performance in Diverse Human Populations."

27 Martin et al., "Clinical Use of Current Polygenic Risk Scores May Exacerbate Health Disparities."

28 W. S. Robinson, "Ecological Correlations and the Behavior of Individuals," *American Sociological Review* 15, no. 3 (June 1950): 351–57.

29 Arthur Jensen, "How Much Can We Boost IQ and Scholastic Achievement?," *Harvard Educational Review* 39, no. 1 (Winter 1969): 1–123, https://doi.org/10.17763/haer.39.1.l3u15956627424k7.

30 Richard J. Herrnstein and Charles Murray, *The Bell Curve: Intelligence and Class Structure in American Life* (New York: Free Press, 1994).

31 John Novembre and Nicholas H. Barton, "Tread Lightly Interpreting Polygenic Tests of Selection," *Genetics* 208, no. 4 (April 1, 2018): 1351–55, https://doi.org/10.1534/genetics.118.300786.

32 David Reich, "How Genetics Is Changing Our Understanding of 'Race,'" *The New York Times*, March 23, 2018, https://www.nytimes.com/2018/03/23/opinion/sunday/genetics-race.html.

33 Sam Harris, "A Conversation with Kathryn Paige Harden," Making Sense, July 29, 2020, https://samharris.org/subscriber-extras/212-july-29-2020/.

34 Ibram X. Kendi, *How to Be an Antiracist* (New York: One World, 2019).

35 哲学家托马斯·内格尔描述了对种族之间"先天"差异或"生物学"差异的兴趣是如何在人们心中与责任的问题联系起来的。"如果一个人认为社会的责任……只延伸到那些由社会不公正造成的劣势，那么他就会对平均智商的种族差异受遗传影响的程度（如果有的话）赋予政治上的重要性。" Thomas Nagel, *Mortal Questions* (Cambridge, UK, and New York: Cambridge University Press, 1979).

36 "Paperback Nonfiction Books—Best Sellers," *The New York Times*, July 26, 2020, https://www.nytimes.com/books/best-sellers/2020/07/26/paperback-nonfiction/; Ijeoma Oluo, *So You Want to Talk About Race*, illustrated ed. (Seal Press, 2019);

Robin DiAngelo, *White Fragility: Why It's So Hard for White People to Talk About Racism*, foreword by Michael Eric Dyson (Boston: Beacon Press, 2018).

37 Kate Manne, *Down Girl: The Logic of Misogyny* (New York: Oxford University Press, 2017).

38 Theodosius Dobzhansky, "Genetics and Equality: Equality of Opportunity Makes the Genetic Diversity among Men Meaningful," *Science* 137, no. 3524 (July 13, 1962): 112–15, https://doi.org/10.1126/science.137.3524.112.

第五章 生活机遇的抽彩

1 Amy Mackinnon, "What Actually Happens When a Country Bans Abortion," *Foreign Policy* (blog), May 16, 2019, https://foreignpolicy.com/2019/05/16/what-actually-happens-when-a-country-bans-abortion-romania-alabama/.

2 Vlad Odobescu, "Half a Million Kids Survived Romania's 'Slaughterhouses of Souls.' Now They Want Justice," The World, GlobalPost, PRX (Public Radio Exchange), December 28, 2015, https://www.pri.org/stories/2015-12-28/half-million-kids-survived-romanias-slaughterhouses-souls-now-they-want-justice.

3 Harry F. Harlow, "Love in Infant Monkeys," *Scientific American* 200, no. 6 (June 1959): 68–75.

4 Inge Bretherton, "The Origins of Attachment Theory: John Bowlby and Mary Ainsworth," *Developmental Psychology* 28, no. 5 (September 1992): 759–75, https://doi.org/10.1037/0012-1649.28.5.759.

5 Charles H. Zeanah et al., "Designing Research to Study the Effects of Institutionalization on Brain and Behavioral Development: The Bucharest Early Intervention Project," *Development and Psychopathology* 15, no. 4 (December 2003): 885–907, https://doi.org/10.1017/S0954579403000452.

6 Charles H. Zeanah, Nathan A. Fox, and Charles A. Nelson, "The Bucharest Early Intervention Project: Case Study in the Ethics of Mental Health Research," *The Journal of Nervous and Mental Disease* 200, no. 3 (March 2012): 243–47, https://doi.org/10.1097/NMD.0b013e318247d275; Stephen T. Ziliak and Edward R. Teather-Posadas, "The Unprincipled Randomization Principle in Economics and

Medicine," in *The Oxford Handbook of Professional Economic Ethics*, ed. George F. DeMartino and Deirdre N. McCloskey (New York: Oxford University Press, 2016).

7 Charles A. Nelson et al., "Cognitive Recovery in Socially Deprived Young Children: The Bucharest Early Intervention Project," *Science* 318, no. 5858 (December 21, 2007): 1937–40, https://doi.org/10.1126/science.1143921.

8 David Hume, *An Enquiry concerning Human Understanding*, ed. Peter Millican (New York: Oxford University Press, 2008; orig. pub. 1748). [引文译文借用《人类理智研究》，吕大吉译，商务印书馆，1999 年，第 68 页。]

9 David Lewis, "Causation," *Journal of Philosophy* 70, no. 17 (October 1973): 556–67, https://people.stfx.ca/cbyrne/Byrne/Lewis%20-%20Causation.pdf.

10 John Stuart Mill, "A System of Logic: Ratiocinative and Inductive," in *Collected Works of John Stuart Mill*, vol. 7 (Toronto: University of Toronto Press, 1974), 327, https://oll.libertyfund.org/title/mill-the-collected-works-of-john-stuart-mill-volume-vii-a-system-of-logic-part-i.

11 Donald B. Rubin, "Estimating Causal Effects of Treatments in Randomized and Nonrandomized Studies," *Journal of Educational Psychology* 66, no. 5 (1974): 688–701, https://doi.org/10.1037/h0037350.

12 Paul W. Holland, "Statistics and Causal Inference," *Journal of the American Statistical Association* 81, no. 396 (1986): 945–60, https://doi.org/10.2307/2289064.

13 更具体地说，这种方法允许我们估计平均处理效应（Average Treatment Effect，缩写为 ATE）。但 ATE 并不是研究者可能感兴趣的唯一数值。例如，他们可能对处理反应（treatment response）的异质性特别感兴趣。进一步的讨论见 Angus Deaton and Nancy Cartwright, "Understanding and Misunderstanding Randomized Controlled Trials," *Social Science & Medicine* 210, special issue: Randomized Controlled Trials and Evidence-based Policy: A Multidisciplinary Dialogue (August 2018): 2–21, https://doi.org/10.1016/j.socscimed.2017.12.005。

14 Kevin Hartnett, "To Build Truly Intelligent Machines, Teach Them Cause and Effect," *Quanta* Magazine, May 15, 2018, https://www.quantamagazine.org/to-build-truly-intelligent-machines-teach-them-cause-and-effect-20180515/.

15 演化生物学家理查德·道金斯（Richard Dawkins）指出，即使是对于相对简单的、在直觉上是"可遗传的"表型，如眼睛的颜色，也应将遗传原因定义为差异制造者。他写道："任何可能原因的'效果'（effect），只有在与至少一个替代原因的比较中才有意义，即使只是隐含的比较。把蓝眼睛说成某个基因 *G1* 的'效果'，严格来说是不完整的。如果我们说这样的话，我们实际上在暗示至少有一个替代的等位基因潜在地存在，姑且称之为 *G2*，以及至少有一个替代的表型 *P2*，比如说，棕色眼睛。”

他又举了一个例子，即有两个基因都与皮肤色素有关："可以肯定的是，A 基因的蛋白质产物是黑色色素，是个体成为黑人的必要条件……但我不会把 A 基因称为黑人的基因，除非人群中的一些变异是由于缺乏 A 基因……这里有意义的一点是，A 和 B 都有可能被称为黑人的基因，*这取决于人群中存在的替代情况*（强调是我后加的）。将 A 基因与黑色色素分子的产生联系起来的因果链很短，而 B 的因果链很长，很曲折，这一事实是没有意义的。”

最后，道金斯指出，自然选择关注的是差异：某些版本的基因变得比其他版本的基因更常见，是因为这些版本造成了身体健康方面的差异。演化是需要比较的。

哲学家内德·布洛克（Ned Block）一篇至今仍被广泛引用的文章中的推理的主要缺陷是，他没有认识到这样一个事实：遗传原因，像所有其他原因一样，是差异的制造者，这暗示着与某种替代情况的比较。布洛克写道（强调是我加的）："遗传决定（Genetic determination）是一个关于*什么导致某个特征*的问题：脚趾的数量是遗传决定的，因为我们的基因导致我们每只脚有五个脚趾。相比之下，遗传率是什么*导致某个特征的差异*的问题：脚趾数量的遗传率，是遗传差异导致脚趾数量变化的程度的问题（有些猫每只脚有五个脚趾，有些有六个）。”布洛克的错误是显而易见的。根据原因的定义，导致某一特征的原因，就是导致某一特征的差异的原因。说基因 *G1* 导致我们每只脚有五个脚趾，就是暗示存在另一种等位基因和另一种表型，也就是说拥有 *G1* 以外的基因会导致你有不同数量的脚趾。

事实上，基因是差异的制造者，这一点可以用布洛克的五个脚趾的例子来经验性地说明。决定脚趾数量的两个基因是 *EVC1* 和 *EVC2*。这些基因的罕见突变会导致多指畸形（有额外的手指或脚趾），以及短肋、牙齿异常和心脏缺陷，这种综合征被称为“埃利伟氏综合征”。*EVC* 基因编码的蛋白存在于每个细胞周围的小小的毛发状突起上；这种蛋白质帮助细胞相互沟通，使其能够将自己排列成正确的形状。科学界通过研究 9 个阿米什人（Amish）家庭发现了 *EVC1* 和 *EVC2* 基因，这些家庭的一些成员天生就有额外的手指和脚趾。该研究中的科学家们关注的正是被布洛克错误地认定为有别于遗传因果关系的问题。科学家们问道：哪些基因与你是否有五个手指和五个脚趾的差异有关？那些继承了两个拷贝的 *EVC1* 或 *EVC2* 突变基因的人，有额外的脚趾；没有继承的人则每只脚有五个脚趾。Richard Dawkins, *The Extended Phenotype: The Long Reach of the Gene*, rev. ed. (Oxford and New York: Oxford University Press, 1999); Ned Block, “How Heritability Misleads about Race,” *The Boston Review* 20, no. 6 (January 1996):

30–35; Victor A. McKusick, "Ellis-van Creveld Syndrome and the Amish," *Nature Genetics* 24, no. 3 (March 2000): 203–4, https://doi.org/10.1038/73389.

16 John March et al., "Fluoxetine, Cognitive-Behavioral Therapy, and Their Combination for Adolescents with Depression: Treatment for Adolescents With Depression Study (TADS) Randomized Controlled Trial," *JAMA* 292, no. 7 (August 1, 2004): 807–20, https://doi.org/10.1001/jama.292.7.807.

17 Robert Ross et al., "Reduction in Obesity and Related Comorbid Conditions after Diet-Induced Weight Loss or Exercise-Induced Weight Loss in Men: A Randomized Controlled Trial," *Annals of Internal Medicine* 133, no. 2 (July 18, 2000): 92–103, https://doi.org/10.7326/0003-4819-133-2-200007180-00008.

18 MRC Vitamin Research Study Group1, "Prevention of Neural Tube Defects: Results of the Medical Research Council Vitamin Study," *The Lancet* 338, no. 8760 (July 20, 1991): 131–37, https://doi.org/10.1016/0140-6736(91)90133-A.

19 Urie Bronfenbrenner and Pamela L. Morris, "The Bioecological Model of Human Development," in *Handbook of Child Psychology*, vol. 1, *Theoretical Models of Human Development, ed. Richard M. Lerner and William Damon*, 6th ed. (Hoboken, NJ: John Wiley and Sons, 2007), https://onlinelibrary.wiley.com/doi/abs/10.1002/9780470147658.chpsy0114.

20 Pamela Herd et al., "Genes, Gender Inequality, and Educational Attainment," *American Sociological Review* 84, no. 6 (December 1, 2019): 1069–98, https://doi.org/10.1177/0003122419886550.

21 Richard C. Lewontin, "The Analysis of Variance and the Analysis of Causes," *International Journal of Epidemiology* 35, no. 3 (June 2006): 520–25, https://doi.org/10.1093/ije/dyl062.

22 我感谢本杰明 · 多明戈（Benjamin Domingue）指出我这里的措辞与格尔茨对行为的“弱”和“强”的描述之间的相似之处，例如，“迅速收缩他的右眼皮”与“对一位朋友进行滑稽模仿，假装眨眼，欺骗一个天真的人，让他以为一个阴谋正在进行中”。Clifford Geertz, "Thick Description: Toward an Interpretive Theory of Culture," in *The Interpretation of Culture* (New York: Basic Books, 1973), https://philpapers.org/archive/geettd.pdf.

第六章　大自然的随机分配

1 Peter M. Visscher et al., "Assumption-Free Estimation of Heritability from Genome-Wide Identity-by-Descent Sharing between Full Siblings," *PLOS Genetics* 2, no. 3 (March 24, 2006): e41, https://doi.org/10.1371/journal.pgen.0020041.

2 Nancy L. Segal, *Born Together Reared Apart: The Landmark Minnesota Twin Study*, illustrated edition (Cambridge, MA: Harvard University Press, 2012).

3 *Three Identical Strangers* (2018), IMDb, accessed February 9, 2021, https://www.imdb.com/title/tt7664504/.

4 Tinca J. C. Polderman et al., "Meta-Analysis of the Heritability of Human Traits Based on Fifty Years of Twin Studies," *Nature Genetics* 47, no. 7 (July 2015): 702–9, https://doi.org/10.1038/ng.3285.

5 Sophie von Stumm, Benedikt Hell, and Tomas Chamorro-Premuzic, "The Hungry Mind: Intellectual Curiosity Is the Third Pillar of Academic Performance," *Perspectives on Psychological Science* 6, no. 6 (November 1, 2011): 574–88, https://doi.org/10.1177/1745691611421204.

6 Richard C. Lewontin, "The Analysis of Variance and the Analysis of Causes," *International Journal of Epidemiology* 35, no. 3 (June 2006): 520–25, https://doi.org/10.1093/ije/dyl062

7 Richard M. Lerner, "Another Nine-Inch Nail for Behavioral Genetics!," *Human Development* 49, no. 6 (2007): 336–42, https://doi.org/DOI:10.1159/000096532.

8 Charles F. Manski, "Genes, Eyeglasses, and Social Policy," *Journal of Economic Perspectives* 25, no. 4 (Fall 2011): 83–94, https://doi.org/10.1257/jep.25.4.83.

9 另一种反对意见：这些性状是否可遗传并不重要，因为一切都是可遗传的。也就是说，你能测量到的个体在人群中的一切差异，都显示出一些可遗传变异的证据。这甚至适用于一些愚蠢的性状，如你看多少电视或你喜欢吃多少马麦酱。愚蠢的例子对于反击我在上一章讨论的那种直觉很有用，即认为遗传因果关系意味着类似生物决定论的机制。我们不会在“基因组水平”上理解为什么某人喜欢马麦酱和看电视。但我们并不关心喜欢马麦酱的遗传率，不是因为遗传率是一个无用的和“比喻的”统计数字，而是因为我们并不关心人们是否喜欢马麦酱。但我们确实关心人们能否从大学毕业。遗传率统计在科学和哲学层面的重要性，来自表型在科学和哲学层面的重要性。Eric Turkheimer, "Three Laws of Behavior Genetics and What They Mean," Current Directions in Psychological *Science* 9, no. 5 (October 1, 2000),

160–64, https://journals.sagepub.com/doi/10.1111/1467-8721.00084.

10 遗传率和遗传因果关系之间的联系，可以通过考虑在农业选种计划中如何使用遗传率系数来进一步澄清。所谓的“育种公式”（breeder's equation）是这样给出的。$R = h^2 \times S$，其中 h^2 是种群中的遗传系数，R 是对选择的反应，定义为各代之间平均表型的变化，S 是被选作育种的亲代的性状与种群中平均值的差别。

在 2019 年的美国，男性的平均身高是 176 厘米。想象一下，一个反乌托邦式的独裁政权规定，只有身高超过某个阈值的男人才可以生儿育女。结果，被选去生育的父亲的平均身高是 183 厘米。那么在这个例子中，被选去生育的亲代的身高与人群平均身高之间的差异是 7 厘米。假设母亲也受到类似程度的选择，那么，假设环境中的其他一切都保持完全相同，下一代的男性孩子平均会比没有亲代选择的情况下高多少？根据我在本章开始时描述的维舍尔的研究，身高的遗传率估计为 0.80，而不是 1.0，所以下一代的儿子不会平均高 7 厘米。但高遗传率意味着，经过选择培育的亲代的后代的身高确实会大幅增加，平均增高 5 厘米多一点。人群中平均数的变化对“极端”值的出现频率有影响。在一个平均身高为 176 厘米的人群中，大约有 1% 的男性身高超过 198 厘米。将平均身高上移 5 厘米至 181 厘米，就约有 4% 的男性身高超过 198 厘米。

因为它决定了对选择的反应，所以遗传率的因果关系可以在操纵主义因果关系理论（manipulationist theory of causation）的框架内进一步理解。与我在上一章描述的理论——因果关系作为反事实的条件依赖（counterfactual dependence）——相关，操纵主义理论不是以“如果 X 没有发生，Y 会发生什么？”这个问题为中心，而是以“如果你改变 X，Y 会发生什么？”这个问题为中心。詹姆斯 · 伍德沃德在《让事情发生》（第 40 页）中更准确地描述了这一点：“X 导致 Y 的说法意味着，至少对某些人来说，他们拥有的 X 的某些值可能受到操纵，在其他适当的条件下（也许包括将不同于 X 的其他变量固定在某些值上），这将改变 Y 的值或这些人的 Y 的概率分布。”

选择实验（selection experiments）是这个要求的一个有趣的转折。基因（X）导致表型（Y）的说法意味着，至少对某些个体来说，他们拥有的 X 的某些值有可能被操纵。在选择的情况下，这种操纵是为了限制被允许繁衍的基因型的范围。考虑到其他适当的条件，包括将不同于 X 的其他变量（即环境条件）固定在某些数值上，这将改变这些个体的后代的 Y 的概率分布。

如果选择实验证明了基因对表型的因果作用，而遗传率决定了对选择的反应，那么就不可能得出结论说遗传率在某种程度上与因果关系无关。正如彼得 · 维舍尔在另一篇论文中所述的：“遗传率是遗传学的一个基本参数……它是生物演化和农业生产中选择的关键，也是医学中疾病风险预测的关键。”

James Woodward, *Making Things Happen: A Theory of Causal Explanation, Oxford Studies in Philosophy of Science* (Oxford: Oxford University Press, 2003); Peter M. Visscher, William G. Hill, and Naomi R. Wray, "Heritability in the Genomics Era—Concepts and Misconceptions," *Nature Reviews Genetics* 9, no. 4 (April 2008): 255–66, https://doi.org/10.1038/nrg2322.

11 平等环境的假设受到了很多审视，而利用 DNA 测量进行的较新研究在很大程度上发现了支持它的证据。一项值得注意的研究利用了这样一个事实：父母、儿科医生，甚至双胞胎自己也经常误判双胞胎的接合性（zygosity），即认为他们是同卵双胞胎，而实际上是异卵双胞胎，或者反之亦然。一项对大约 300 名荷兰双胞胎的研究发现，父母对他们孩子的接合性有 19% 的错误判断。我在得克萨斯州进行的双生子研究中发现了类似的情况：在猜测 DNA 结果将显示双胞胎是同卵双胞胎还是异卵双胞胎方面，见过一组双胞胎的大学生比双胞胎的父母更容易猜对。社会学家道尔顿 · 康利和他的同事利用父母的这种偏见来检验平等环境假设。康利等人推断，如果同卵双胞胎比异卵双胞胎更相似是因为他们的父母对待他们的方式更相似（这违反了平等环境假设），那么，实际上是异卵双胞胎、却被错误归类为同卵双胞胎的双胞胎，将比被正确归类为异卵双胞胎的双胞胎更相似。事实上，这正是康利希望发现的结果。对于一位惯于以恐惧和厌恶的态度看待行为遗传学结果的社会学家来说，这个实验的设计似乎很聪明，可以驳斥稳步增长的证据，即基因对于理解社会不平等很重要。但他没有发现自己想要的结果！相反，康利的研究发现，双胞胎的表型相似性（即双胞胎的结果有多相似）跟随了他们的实际遗传关系，而不是他们的父母认为他们的接合性是什么。这就支持了同等环境假设。Dalton Conley et al., "Heritability and the Equal Environments Assumption: Evidence from Multiple Samples of Misclassified Twins," *Behavior Genetics* 43, no. 5 (September 2013): 415–26, https://doi.org/10.1007/s10519-013-9602-1.

12 James J. Lee et al., "Gene Discovery and Polygenic Prediction from a Genome-Wide Association Study of Educational Attainment in 1.1 Million Individuals," *Nature Genetics* 50, no. 8 (August 2018): 1112–21, https://doi.org/10.1038/s41588-018-0147-3.

13 Matthew J. Salganik et al., "Measuring the Predictability of Life Outcomes with a Scientific Mass Collaboration," *Proceedings of the National Academy of Sciences* 117, no. 15 (April 14, 2020): 8398–8403, https://doi.org/10.1073/pnas.1915006117.

14 Amelia R. Branigan, Kenneth J. McCallum, and Jeremy Freese, "Variation in the Heritability of Educational Attainment: An International Meta-Analysis," *Social Forces* 92, no. 1 (September 2013): 109–40.

15 Alexander I. Young, "Solving the Missing Heritability Problem," *PLOS Genetics* 15, no. 6 (June 24, 2019): e1008222, https://doi.org/10.1371/journal.pgen.1008222.

16 Young.

17 Alexander I. Young et al., "Relatedness Disequilibrium Regression Estimates Heritability without Environmental Bias," *Nature Genetics* 50, no. 9 (September 2018): 1304–10, https://doi.org/10.1038/s41588-018-0178-9.

18 Lee et al., "Gene Discovery and Polygenic Prediction from a Genome-Wide Association Study of Educational Attainment in 1.1 Million Individuals."

19 Saskia Selzam et al., "Comparing Within- and Between-Family Polygenic Score Prediction," *The American Journal of Human Genetics* 105, no. 2 (August 1, 2019): 351–63, https://doi.org/10.1016/j.ajhg.2019.06.006.

20 Daniel W. Belsky et al., "Genetic Analysis of Social-Class Mobility in Five Longitudinal Studies," *Proceedings of the National Academy of Sciences* 115, no. 31 (July 31, 2018): E7275–84, https://doi.org/10.1073/pnas.1801238115.

21 Rosa Cheesman et al., "Comparison of Adopted and Nonadopted Individuals Reveals Gene–Environment Interplay for Education in the UK Biobank," *Psychological Science* 31, no. 5 (May 1, 2020): 582–91, https://doi.org/10.1177/0956797620904450.

22 Augustine Kong et al., "The Nature of Nurture: Effects of Parental Genotypes," *Science* 359, no. 6374 (January 26, 2018): 424–28, https://doi.org/10.1126/science.aan6877.

23 Theodosius Dobzhansky, "Genetics and Equality: Equality of Opportunity Makes the Genetic Diversity among Men Meaningful," *Science* 137, no. 3524 (July 13, 1962): 112–15, https://doi.org/10.1126/science.137.3524.112.

第七章　作用机制的奥秘

1 Christopher Jencks et al., *Inequality: A Reassessment of the Effect of Family and Schooling in America* (New York: Basic Books, 1972).

2 复杂的人类行为并不是唯一通过长因果链与基因型相连的表型。正如演化生物学家理查德 · 道金斯所说："任何遗传特征……无论是形态的、生理的还是行为的，如果不是某种更基本的东西的‘副产品’,那还能是什么？如果我们把这个问题想清楚，我们会发现所有的遗传效应都是‘副产品’，除了蛋白质分子。”类似地，现在我们越来越清楚地看到，即使是表面上简单的环境干预措施，如同伴规范（peer norms）和教师效应（teacher effects），也可能依赖于涉及复杂社会过程的长因果链才能奏效。Richard Dawkins, *The Extended Phenotype: The Long Reach of the Gene*, rev. ed. (Oxford and New York: Oxford University Press, 1999).

3 Paul Oppenheim and Hilary Putnam, "Unity of Science as a Working Hypothesis," in *Concepts, Theories, and the Mind-Body Problem, Minnesota Studies in the Philosophy of Science*, vol. 2 (Minneapolis: University of Minnesota Press, 1958), 3–36, http://conservancy.umn.edu/handle/11299/184622.

4 Carl F. Craver and Lindley Darden, *In Search of Mechanisms: Discoveries across the Life Sciences* (Chicago: University of Chicago Press, 2013).

5 Francis Galton, *Hereditary Genius: An Inquiry into Its Laws and Consequences* (London and New York: Macmillan, 1892).

6 Charles Murray, *Human Diversity: The Biology of Gender, Race, and Class* (New York: Twelve, 2020).

7 Kate Manne, *Down Girl: The Logic of Misogyny* (New York: Oxford University Press, 2017).

8 Theodosius Dobzhansky, "Genetics and Equality: Equality of Opportunity Makes the Genetic Diversity among Men Meaningful," *Science* 137, no. 3524 (July 13, 1962): 112–15, https://doi.org/10.1126/science.137.3524.112.

9 重要的是要记住，机制未知（也许是通过不直观的媒介运作）的问题，并不是遗传原因特有的问题。事实上，这个问题可能伴随着任何从随机对照试验（RCT）中做出的因果推断。诺贝尔经济学奖得主安格斯·迪顿和科学哲学家南希·卡特赖特（Nancy Cartwright）在评论 RCT 的优缺点时指出，“还需要做大量的其他工作——经验性的、理论性的和概念性的，才能使 RCT 的结果可用”。你也许知道在这一组控制条件下以这种方式进行干预会产生这种平均处理效应（ATE），但边界条件（boundary conditions）是什么？干预和最终结果之间的因果链是什么？人们对干预措施的反应有何不同？因此，仅仅利用自然界的随机化来测试一组遗传变异对结果的平均处理效应，是不够的。要使这种因果推断的结果具有科学性和实用性，还有经验性、理论性和概念性的工作要做。Deaton and Cartwright, "Understanding and Misunderstanding Randomized Controlled Trials," *Social Science & Medicine* 210, special issue: Randomized Controlled Trials and Evidence-based Policy: A Multidisciplinary Dialogue (August 2018): 2–21, https://doi.org/10.1016/

j.socscimed.2017.12.005.

10 James J. Lee et al., "Gene Discovery and Polygenic Prediction from a Genome-Wide Association Study of Educational Attainment in 1.1 Million Individuals," *Nature Genetics* 50, no. 8 (August 2018): 1112–21, https://doi.org/10.1038/s41588-018-0147-3.

11 Elliot M. Tucker-Drob et al., "Emergence of a Gene × Socioeconomic Status Interaction on Infant Mental Ability Between 10 Months and 2 Years," *Psychological Science* 22, no. 1 (January 2011): 125–33, https://doi.org/10.1177/0956797610392926.

12 Daniel W. Belsky et al., "Genetic Analysis of Social-Class Mobility in Five Longitudinal Studies," *Proceedings of the National Academy of Sciences* 115, no. 31 (July 31, 2018): E7275–84, https://doi.org/10.1073/pnas.1801238115; Daniel W. Belsky and K. Paige Harden, "Phenotypic Annotation: Using Polygenic Scores to Translate Discoveries from Genome-Wide Association Studies from the Top Down," *Current Directions in Psychological Science* 28, no. 1 (February 1, 2019): 82–90, https://doi.org/10.1177/0963721418807729; J. Wertz et al., "Genetics and Crime: Integrating New Genomic Discoveries Into Psychological Research About Antisocial Behavior," *Psychological Science* 29, no. 5 (May 1, 2018): 791–803, https://doi.org/10.1177/0956797617744542; Daniel W. Belsky et al., "The Genetics of Success: How Single-Nucleotide Polymorphisms Associated with Educational Attainment Relate to Life Course Development," *Psychological Science* 27, no. 7 (July 1, 2016): 957–72; Emily Smith-Woolley et al., "Differences in Exam Performance between Pupils Attending Selective and Non-Selective Schools Mirror the Genetic Differences between Them," *Npj Science of Learning* 3 (March 2018): 3, https://www.nature.com/articles/s41539-018-0019-8; Eveline L. de Zeeuw et al., "Polygenic Scores Associated with Educational Attainment in Adults Predict Educational Achievement and ADHD Symptoms in Children," *American Journal of Medical Genetics Part B: Neuropsychiatric Genetics 165B*, no. 6 (September 2014), 510–20, https://onlinelibrary.wiley.com/doi/full/10.1002/ajmg.b.32254; Robert Plomin and Sophie von Stumm, "The New Genetics of Intelligence," *Nature Reviews Genetics* 19, no. 3 (March 2018): 148–59, https://doi.org/10.1038/nrg.2017.104; Andrea G. Allegrini et al., "Genomic Prediction of Cognitive Traits in Childhood and Adolescence," *Molecular Psychiatry* 24, no. 6 (June 2019): 819–27, https://www.nature.com/articles/s41380-019-0394-4.

13 Laura E. Engelhardt et al., "Genes Unite Executive Functions in Childhood," *Psychological Science* 26, no. 8 (August 1, 2015): 1151–63, https://doi.org/10.1177/0956797615577209.

14 对双生子研究的一个常见批评是，它可能低估了同一家庭的孩子所共有的环境因素对其生活结果差异的贡献程度，因为研究没有包括足够多的来自弱势背景的家庭。请记住，遗传率是一个比例，样本中的环境差异越多，分母就越大，遗传率就越小。但就得克萨斯双生子项目（Texas Twin Project）而言，我们的样本确实代表了广泛的环境逆境条件：三分之一的参与家庭在孩子出生后接受过某种公共援助（如 SNAP，即帮助购买食物）。我们还计算了我们的样本的基尼指数（衡量收入不平等的指标），结果为 0.35，而整个美国的基尼指数为 0.39，这表明，特别是考虑到我们样本的地理限制，我们比较合理地捕捉到了美国社会中更广泛的收入不平等模式。

我们样本的构成很重要，因为它意味着我们不会因为只抽到来自富裕程度类似的背景的孩子就看到 EF 的高遗传性。更重要的是，由心理学家纳奥米 · 弗里德曼在科罗拉多州领导的一个独立实验室发现了完全相同的结果，即完美的遗传性，而其所用的双胞胎样本在接受测试时年龄较大。Naomi P. Friedman et al., "Individual Differences in Executive Functions Are Almost Entirely Genetic in Origin," *Journal of Experimental Psychology: General* 137, no. 2 (May 2008): 201–25, https://doi.org/10.1037/0096-3445.137.2.201.

15 Elliot M. Tucker-Drob and Daniel A. Briley, "Continuity of Genetic and Environmental Influences on Cognition across the Life Span: A Meta-Analysis of Longitudinal Twin and Adoption Studies," *Psychological Bulletin* 140, no. 4 (July 2014): 949–79, https://doi.org/10.1037/a0035893.

16 Fyodor Dostoyevsky, *Crime and Punishment*, translated by Richard Pevear and Larissa Volokhonsky (New York: Alfred A. Knopf, 1991).

17 Paul Tough, *How Children Succeed: Grit, Curiosity, and the Hidden Power of Character* (Houghton Mifflin Harcourt, 2012), https://www.amazon.com/How-Children-Succeed-Curiosity-Character/dp/0544104404.

18 James J. Heckman, "Skill Formation and the Economics of Investing in Disadvantaged Children," *Science* 312, no. 5782 (June 30, 2006): 1900–1902, https://doi.org/10.1126/science.1128898.

19 Carol Dweck, *The Power of Believing That You Can Improve*, TEDx Norrkoping, November 2014, https://www.ted.com/talks/carol_dweck_the_power_of_believing_that_you_can_improve.

20 Tough, *How Children Succeed*.

21 Jonah Lehrer, "Which Traits Predict Success? (The Importance of Grit)," *Wired*, March 14, 2011, https://www.wired.com/2011/03/what-is-success-true-grit/.

22 Belsky et al., "Genetic Analysis of Social-Class Mobility in Five Longitudinal Studies" ; Belsky et al., "The Genetics of Success: How SNPs Associated with Educational Attainment Relate to Life Course Development" ; Wertz et al., "Genetics and Crime" ; Smith-Woolley et al., "Differences in Exam Performance between Pupils Attending Selective and Non-Selective Schools Mirror the Genetic Differences between Them" ; de Zeeuw et al., "Polygenic Scores Associated with Educational Attainment in Adults Predict Educational Achievement and ADHD Symptoms in Children" ; Plomin and Stumm, "The New Genetics of Intelligence" ; Allegrini et al., "Genomic Prediction of Cognitive Traits in Childhood and Adolescence."

23 Perline Demange et al., "Investigating the Genetic Architecture of Noncognitive Skills Using GWAS-by-Subtraction," *Nature Genetics* 53 (January 7, 2021): 35–44, https://doi.org/10.1038/s41588-020-00754-2.

24 Perline Demange et al., "Genetic Associations between Non-Cognitive Skills and Educational Outcomes: The Role of Parental Environment," BGA 2020, Behavior Genetics Association 50th annual meeting, online, June 25–26, 2020, http://bga.org/wp-content/uploads/2020/06/Cheesman_Abstract_BGA2020.pdf.

25 Brendan Bulik-Sullivan et al., "An Atlas of Genetic Correlations across Human Diseases and Traits," *Nature Genetics* 47, no. 11 (November 2015): 1236–41, https://doi.org/10.1038/ng.3406.

26 Demange et al., "Investigating the Genetic Architecture of Non-Cognitive Skills Using GWAS-by-Subtraction."

27 Tucker-Drob and Briley, "Continuity of Genetic and Environmental Influences on Cognition across the Life Span."

28 Elliot M. Tucker-Drob, Daniel A. Briley, and K. Paige Harden, "Genetic and Environmental Influences on Cognition Across Development and Context," *Current Directions in Psychological Science* 22, no. 5 (October 1, 2013): 349–55, https://doi.org/10.1177/0963721413485087.

29 Elliot M. Tucker-Drob and K. Paige Harden, "Early Childhood Cognitive Development and Parental Cognitive Stimulation: Evidence for Reciprocal Gene–

Environment Transactions," *Developmental Science* 15, no. 2 (March 2012): 250–59, https://doi.org/10.1111/j.1467-7687.2011.01121.x.

30 Jasmin Wertz et al., "Genetics of Nurture: A Test of the Hypothesis That Parents' Genetics Predict Their Observed Caregiving," *Developmental Psychology* 55, no. 7 (2019): 1461–72, https://doi.org/10.1037/dev0000709.

31 K. Paige Harden et al., "Genetic Associations with Mathematics Tracking and Persistence in Secondary School," *Npj Science of Learning* 5 (February 5, 2020): 1, https://doi.org/10.1038/s41539-020-0060-2.

32 David Lee Stevenson and Kathryn S. Schiller, "State Education Policies and Changing School Practices: Evidence from the National Longitudinal Study of Schools, 1980–1993," *American Journal of Education* 107, no. 4 (August 1999): 261–88.

第八章 其他可能的世界

1 Arthur Jensen, "How Much Can We Boost IQ and Scholastic Achievement?," *Harvard Educational Review* 39, no. 1 (Winter 1969): 1–123, https://doi.org/10.17763/haer.39.1.l3u15956627424k7.

2 Charles Murray, *Human Diversity: The Biology of Gender, Race, and Class* (New York: Twelve, 2020).

3 Arthur S. Goldberger, "Heritability," *Economica* 46, no. 184 (1979): 327–47, https://doi.org/10.2307/2553675.

4 遗传率不能明确说明环境诱导的变化对一个表型是否可能产生影响，但它可能说明环境诱导的变化是否会跨代地、持续地产生影响。回到戈德伯格的眼镜的例子，你的视力可以通过眼镜得到矫正，但是如果你的孩子没有机会获得眼镜，那么你的视力改善就不会持续到你的孩子身上。正如康利和弗莱彻所说："任何预防或修复[像视力不佳这样的不良结果]的干预措施，都不太可能在下一代产生跨代的回报，因为种系[germ line，即从父母到后代的遗传]中固有的风险没有被改变……如果想让有益的效果持续下去，我们必须不断地为每一代人应用这些解决方案。" Dalton Conley and Jason Fletcher, *The Genome Factor: What the Social Genomics Revolution Reveals about Ourselves, Our History, and the Future* (Princeton, NJ: Princeton University Press, 2017).

5 Theodosius Dobzhansky, "Genetics and Equality: Equality of Opportunity Makes the Genetic Diversity among Men Meaningful," *Science* 137, no. 3524 (July 13, 1962): 112–15, https://doi.org/10.1126/science.137.3524.112.

6 Stephanie Welch, *A Dangerous Idea: Eugenics, Genetics and the American Dream*, documentary (Paragon Media), accessed November 13, 2019, http://adangerousideafilm.com/.

7 Mikk Titma, Nancy Brandon Tuma, and Kadi Roosma, "Education as a Factor in Intergenerational Mobility in Soviet Society," *European Sociological Review* 19, no. 3 (July 1, 2003): 281–97, https://doi.org/10.1093/esr/19.3.281.

8 OECD, *Equity and Quality in Education: Supporting Disadvantaged Students and Schools* (Paris: OECD Publishing, 2012).

9 Pamela Herd et al., "Genes, Gender Inequality, and Educational Attainment," *American Sociological Review* 84, no. 6 (December 1, 2019): 1069–98, https://doi.org/10.1177/0003122419886550.

10 A. C. Heath et al., "Education Policy and the Heritability of Educational Attainment," *Nature* 314, no. 6013 (April 25, 1985): 734–36, https://doi.org/10.1038/314734a0.

11 Per Engzell and Felix C. Tropf, "Heritability of Education Rises with Intergenerational Mobility," *Proceedings of the National Academy of Sciences* 116, no. 51 (November 29, 2019): 25386–88, https://doi.org/10.1073/pnas.1912998116; Wendy Johnson et al., "Family Background Buys an Education in Minnesota but Not in Sweden," *Psychological Science* 21, no. 9 (September 1, 2010): 1266–73, https://doi.org/10.1177/0956797610379233.

12 Elliot M. Tucker-Drob and Timothy C. Bates, "Large Cross-National Differences in Gene × Socioeconomic Status Interaction on Intelligence," *Psychological Science* 27, no. 2 (February 1, 2016): 138–49, https://doi.org/10.1177/0956797615612727.

13 Ned Block, "How Heritability Misleads about Race," *The Boston Review* 20, no. 6 (January 1996): 30–35.

14 Block.

15 Stephen J. Ceci and Paul B. Papierno, "The Rhetoric and Reality of Gap Closing: When the 'Have-Nots' Gain but the 'Haves' Gain Even More," *American Psychologist* 60, no. 2 (2005): 149–60, https://doi.org/10.1037/0003-066X.60.2.149.

16 Richard J. Herrnstein, *I.Q. in the Meritocracy* (Boston: Little, Brown, 1973).

17 Conley and Fletcher, *The Genome Factor*.

18 Conley and Fletcher.

19 Hiu Man Grisch-Chan et al., “State-of-the-Art 2019 on Gene Therapy for Phenylketonuria,” *Human Gene Therapy* 30, no. 10 (October 2019): 1274–83, https://doi.org/10.1089/hum.2019.111.

20 Evan A. Boyle, Yang I. Li, and Jonathan K. Pritchard, “An Expanded View of Complex Traits: From Polygenic to Omnigenic,” *Cell* 169, no. 7 (June 2017): 1177–86, https://doi.org/10.1016/j.cell.2017.05.038.

21 V. Bansal et al., “Genome-Wide Association Study Results for Educational Attainment Aid in Identifying Genetic Heterogeneity of Schizophrenia,” *Nature Communications* 9, no. 1 (August 6, 2018): 3078, http://dx.doi.org/10.1038/s41467-018-05510-z; Demange et al., “Investigating the Genetic Architecture of Non-cognitive Skills Using GWAS-by-Subtraction.”

22 Richard Haier, “No Voice at VOX: Sense and Nonsense about Discussing IQ and Race,” *Quillette*, June 11, 2017, https://quillette.com/2017/06/11/no-voice-vox-sense-nonsense-discussing-iq-race/; Ann Brown, “John McWhorter: Racial Equality May Mean Genetic Editing To Close Racial IQ Gap,” The Moguldom Nation, February 9, 2021, https://moguldom.com/335699/john-mcwhorter-racial-equality-may-mean-genetic-editing-to-close-racial-iq-gap/.

23 Leon J. Kamin, “Commentary,” in Sandra Scarr, *Race, Social Class, and Individual Differences in IQ* (Hillsdale, NJ: Lawrence Erlbaum Associates, 1981), 482.

24 John Rawls, *A Theory of Justice*, rev. ed. (Cambridge, MA: Harvard University Press, 1999). [本书《正义论》的引文译文借用谢延光先生的译本，上海译文出版社，1991 年。个别之处，略有改动。]

25 OECD, *Equity in Education: Breaking Down Barriers to Social Mobility*, PISA (Paris: OECD Publishing, 2018), https://doi.org/10.1787/9789264073234-en.

26 H. Moriah Sokolowski and Daniel Ansari, “Understanding the Effects of Education through the Lens of Biology,” *Npj Science of Learning* 3 (October 1, 2018): 17, https://doi.org/10.1038/s41539-018-0032-y; Carina Omoeva, “Mainstreaming Equity in Education,” issues paper, FHI 360 Education Equity Research Initiative, September 2017, 26, http://www.educationequity2030.org/resources-2/2017/10/27/mainstreaming-equity-in-education.

27 Richard Arneson, “Four Conceptions of Equal Opportunity,” *The Economic Journal* 128, no. 612 (July 1, 2018): F152–73, https://doi.org/10.1111/ecoj.12531.

28 Thomas Nagel, *Mortal Questions* (Cambridge, UK, New York: Cambridge University Press, 1979) .[引文译文借自《人的问题》，万以译，上海译文出版社，2004 年，第 105 页。]

29 Fredrik deBoer, *The Cult of Smart: How Our Broken Education System Perpetuates Social Injustice* (New York: All Points Books, 2020).

30 Silvia H. Barcellos, Leandro S. Carvalho, and Patrick Turley, "Education Can Reduce Health Differences Related to Genetic Risk of Obesity," *Proceedings of the National Academy of Sciences* 115, no. 42 (October 16, 2018): E9765–72, https://doi.org/10.1073/pnas.1802909115.

31 Sally I-Chun Kuo et al., "The Family Check-up Intervention Moderates Polygenic Influences on Long-Term Alcohol Outcomes: Results from a Randomized Intervention Trial," *Prevention Science* 20, no. 7 (October 2019): 975–85, https://doi.org/10.1007/s11121-019-01024-2.

32 Jason M. Fletcher, "Why Have Tobacco Control Policies Stalled? Using Genetic Moderation to Examine Policy Impacts," PLOS ONE 7, no. 12 (December 5, 2012): e50576, https://doi.org/10.1371/journal.pone.0050576

33 Jason D. Boardman et al., "Population Composition, Public Policy, and the Genetics of Smoking," *Demography* 48, no. 4 (November 2011): 1517–33, https://doi.org/10.1007/s13524-011-0057-9; Benjamin W. Domingue et al., "Cohort Effects in the Genetic Influence on Smoking," *Behavior Genetics* 46, no. 1 (January 2016): 31–42, https://doi.org/10.1007/s10519-015-9731-9.

34 Ceci and Papierno, "The Rhetoric and Reality of Gap Closing."

35 Harris Cooper et al., "Making the Most of Summer School: A Meta-Analytic and Narrative Review," *Monographs of the Society for Research in Child Development* 65, no. 1 (February 2000): i–127; Thomas D. Cook et al., *Sesame Street Revisited* (New York: Russell Sage Foundation, 1975).

36 Anthony J. F. Griffiths et al., "Norm of Reaction and Phenotypic Distribution," in *An Introduction to Genetic Analysis, 7th ed.*, ed. Anthony J. F. Griffiths et al. (New York: W. H. Freeman, 2000), http://www.ncbi.nlm.nih.gov/books/NBK22080/.

37 大多数关于基因 × 干预效应或基因 × 环境效应的研究，都使用了不良的基因型测量方法（例如，研究单一遗传变异的影响），或者使用了本身与人们的遗传差异相关的环境背景的测量方法。相比之下，少数做得好的研究有很好的基因型测量方法（如从强有力的 GWAS 中创建的多基因指数），并使用准实验设计来研究环境，从而更好地推断出环境影响的因果关系。Lauren Schmitz and Dalton Conley, "Modeling Gene-Environment Interactions With Quasi-Natural Experiments," *Journal of Personality* 85, no. 1 (2017): 10–21, https://doi.org/10.1111/jopy.12227.

38 Anne Case and Angus Deaton, *Deaths of Despair and the Future of Capitalism* (Princeton, NJ: Princeton University Press, 2020), https://press.princeton .edu/books/hardcover/9780691190785/deaths-of-despair-and-the-future-of-capitalism.

39 Case and Deaton.

40 Peter Singer, *A Darwinian Left: Politics, Evolution, and Cooperation* (New Haven, CT: Yale University Press, 2000).

第九章　用先天来理解后天

1 Erik Parens, "The Inflated Promise of Genomic Medicine," Scientific American Blog Network, June 1, 2020, https://blogs.scientificamerican.com/observations/the-inflated-promise-of-genomic-medicine/.

2 "Why We Shouldn't Embrace the Genetics of Education," *Just Visiting* (blog), Inside Higher Ed, July 26, 2018, https://www.insidehighered.com/blogs/just-visiting/why-we-shouldnt-embrace-genetics-education.

3 Ruha Benjamin, *Race After Technology: Abolitionist Tools for the New Jim Code* (Cambridge, UK, and Medford, MA: Polity Press, 2019).

4 "WWC | Find What Works!," accessed November 11, 2019, https://ies.ed.gov/ncee/wwc/.

5 "Randomized Controlled Trials Commissioned by the Institute of Education Sciences Since 2002: How Many Found Positive versus Weak or No Effects," Coalition for Evidence-Based Policy, July 2013, http://coalition4evidence.org/wp-content/uploads/2013/06/IES-Commissioned-RCTs-positive-vs-weak-or-null-findings-7-2013.pdf.

6 Hugues Lortie-Forgues and Matthew Inglis, "Rigorous Large-Scale Educational RCTs Are Often Uninformative: Should We Be Concerned?" *Educational Researcher* 48, no. 3 (April 1, 2019): 158–66, https://doi.org/10.3102/0013189X19832850.

7 "Statement of Jon Baron, Vice-President of Evidence-Based Policy, Laura and John

Arnold Foundation," House Committee on Agriculture, Subcommittee on Nutrition, July 15, 2015.

8 David S. Yeager et al., "Where and For Whom Can a Brief, Scalable Mindset Intervention Improve Adolescents' Educational Trajectories?," preprint, 2018, accessed November 11, 2019, https://docplayer.net/102132264-Where-and-for-whom-can-a-brief-scalable-mindset-intervention-improve-adolescents-educational-trajectories.html.

9 Laurence Steinberg, "How to Improve the Health of American Adolescents," *Perspectives on Psychological Science* 10, no. 6 (November 1, 2015): 711–15, https://doi.org/10.1177/1745691615598510.

10 Sanjay Srivastava, "Making Progress in the Hardest Science," *The Hardest Science* (blog), March 14, 2009, https://thehardestscience.com/2009/03/14/making-progress-in-the-hardest-science/.

11 "A Different Agenda," *Nature* 487, no. 7407 (July 2012): 271, https://doi.org/10.1038/487271a.

12 Kathryn Paige Harden, "Why Progressives Should Embrace the Genetics of Education," *The New York Times*, July 24, 2018, https://www.nytimes.com/2018/07/24/opinion/dna-nature-genetics-education.html.

13 Benjamin, *Race After Technology*.

14 "Texas Education Code § 28.004," FindLaw, accessed November 11, 2019, https://codes.findlaw.com/tx/education-code/educ-sect-28-004.html.

15 K. Paige Harden, "Genetic Influences on Adolescent Sexual Behavior: Why Genes Matter for Environmentally Oriented Researchers," *Psychological Bulletin* 140, no. 2 (2014): 434–65, https://doi.org/10.1037/a0033564.

16 Felix R. Day et al., "Physical and Neurobehavioral Determinants of Reproductive Onset and Success," *Nature Genetics* 48, no. 6 (June 2016): 617–23, https://doi.org/10.1038/ng.3551.

17 Kathrin F. Stanger-Hall and David W. Hall, "Abstinence-Only Education and Teen Pregnancy Rates: Why We Need Comprehensive Sex Education in the U.S.," *PLoS ONE* 6, no. 10 (October 14, 2011): e24658, https://doi.org/10.1371/journal.pone.0024658.

18 K. Paige Harden et al., "Rethinking Timing of First Sex and Delinquency," *Journal of Youth and Adolescence* 37, no. 4 (April 2008): 373–85, https://doi.org/10.1007/

s10964-007-9228-9.

19 Harden, "Genetic Influences on Adolescent Sexual Behavior."

20 Betty Hart and Todd R. Risley, *Meaningful Differences in the Everyday Experience of Young American Children* (Baltimore: Paul H. Brookes Publishing Co., 1995).

21 Clinton Foundation, "Too Small to Fail: Preparing America's Children for Success in the 21st Century," n.d., https://www.clintonfoundation.org/files/2s2f_framingreport_v2r3.pdf.

22 "Empowering Our Children by Bridging the Word Gap," whitehouse.gov, June 25, 2014, https://obamawhitehouse.archives.gov/blog/2014/06/25/empowering-our-children-bridging-word-gap.

23 "About Providence Talks," accessed November 11, 2019, http://www.providencetalks.org/.

24 Douglas E. Sperry, Linda L. Sperry, and Peggy J. Miller, "Reexamining the Verbal Environments of Children From Different Socioeconomic Backgrounds," *Child Development* 90, no. 4 (July/August 2019): 1303–18, https://doi.org/10.1111/cdev.13072.

25 Daniel W. Belsky et al., "The Genetics of Success: How Single-Nucleotide Polymorphisms Associated with Educational Attainment Relate to Life Course Development," *Psychological Science* 27, no. 7 (July 1, 2016): 957–72.

26 Jeremy Freese, "Genetics and the Social Science Explanation of Individual Outcomes," *American Journal of Sociology* 114, suppl. S1 (2008): S1–35, https://doi.org/10.1086/592208.

27 Joseph P. Simmons, Leif D. Nelson, and Uri Simonsohn, "False-Positive Citations," *Perspectives on Psychological Science* 13, no. 2 (March 1, 2018): 255–59, https://doi.org/10.1177/1745691617698146.

28 Freese, "Genetics and the Social Science Explanation of Individual Outcomes."

29 Sam Harris, *Making Sense Podcast* #73, "Forbidden Knowledge," April 22, 2017, https://samharris.org/podcasts/forbidden-knowledge/.

30 "FAQs," Social Science Genetic Association Consortium, accessed March 5, 2019, https://www.thessgac.org/faqs.

31 Sam Trejo and Benjamin W. Domingue, "Genetic Nature or Genetic Nurture? Quantifying Bias in Analyses Using Polygenic Scores," *bioRxiv*, July 31, 2019,

524850, https://doi.org/10.1101/524850.

32 "Dalton Conley," accessed November 11, 2019, https://scholar.princeton.edu/dconley/home.

33 Daniel W. Belsky et al., "Genetic Analysis of Social-Class Mobility in Five Longitudinal Studies," *Proceedings of the National Academy of Sciences* 115, no. 31 (July 31, 2018): E7275–84, https://doi.org/10.1073/pnas.1801238115.

34 Nicholas W. Papageorge and Kevin Thom, "Genes, Education, and Labor Market Outcomes: Evidence from the Health and Retirement Study," NBER Working Paper 25114 (National Bureau of Economic Research, September 2018), https://doi.org/10.3386/w25114.

35 "What Role Should Genetics Research Play in Education?," Stanford Graduate School of Education News, February 20, 2019, https://ed.stanford.edu/news/what-role-should-genetics-research-play-education?print=all.

36 Philipp D. Koellinger and K. Paige Harden, "Using Nature to Understand Nurture," *Science* 359, no. 6374 (January 26, 2018): 386–87, https://doi.org/10.1126/science.aar6429.

37 Augustine Kong et al., "The Nature of Nurture: Effects of Parental Genotypes," *Science* 359, no. 6374 (January 26, 2018): 424–28, https://doi.org/10.1126/science.aan6877.

38 Alicia R. Martin et al., "Clinical Use of Current Polygenic Risk Scores May Exacerbate Health Disparities," *Nature Genetics* 51, no. 4 (April 2019): 584–91, https://doi.org/10.1038/s41588-019-

第十章　个人责任

1 "Unedited: Amos Wells' Jailhouse Interview," NBC 5 Dallas-Fort Worth, July 3, 2013, https://www.nbcdfw.com/news/local/Unedited-Amos-Wells-Jailhouse-Interview_Dallas-Fort-Worth-214139161.html.

2 Robbie Gonzalez, "How Criminal Courts Are Putting Brains—Not People— on Trial," *Wired*, December 4, 2017, https://www.wired.com/story/how-criminal-courts-are-putting-brains-not-people-on-trial/.

3 Sally McSwiggan, Bernice Elger, and Paul S. Appelbaum, "The Forensic Use of Behavioral Genetics in Criminal Proceedings: Case of the MAOA-L Genotype," *International Journal of Law and Psychiatry* 50 (January–February 2017): 17–23, https://doi.org/10.1016/j.ijlp.2016.09.005.

4 Lisa G. Aspinwall, Teneille R. Brown, and James Tabery, "The Double-Edged Sword: Does Biomechanism Increase or Decrease Judges' Sentencing of Psychopaths?," *Science* 337, no. 6096 (August 17, 2012): 846–49.

5 Nicholas Scurich and Paul Appelbaum, "The Blunt-Edged Sword: Genetic Explanations of Misbehavior Neither Mitigate nor Aggravate Punishment," *Journal of Law and the Biosciences* 3, no. 1 (April 2016): 140–57, https://doi.org/10.1093/jlb/lsv053.

6 Erlend P. Kvaale, William H. Gottdiener, and Nick Haslam, "Biogenetic Explanations and Stigma: A Meta-Analytic Review of Associations among Lay people," *Social Science & Medicine* 96 (November 2013): 95–103, https://doi.org/10.1016/j.socscimed.2013.07.017.

7 Jeremiah Garretson and Elizabeth Suhay, "Scientific Communication about Biological Influences on Homosexuality and the Politics of Gay Rights," *Political Research Quarterly* 69, no. 1 (March 1, 2016): 17–29, https://doi.org/10.1177/1065912915620050.

8 Fact Sheet Library, NAMI: National Alliance on Mental Illness, accessed November 6, 2019, https://www.nami.org/learn-more/fact-sheet-library.

9 Essi Viding et al., "Evidence for Substantial Genetic Risk for Psychopathy in 7-Year-Olds," *Journal of Child Psychology and Psychiatry* 46, no. 6 (June 2005): 592–97, https://doi.org/10.1111/j.1469-7610.2004.00393.x.

10 American Psychiatric Association, *Diagnostic and Statistical Manual of Mental Disorders*, 4th ed. (Washington, DC: American Psychiatric Association, 2000).

11 Matthew S. Lebowitz, Kathryn Tabb, and Paul S. Appelbaum, "Asymmetrical Genetic Attributions for Prosocial versus Antisocial Behaviour," *Nature Human Behaviour* 3, no. 9 (September 2019): 940–49, https://doi.org/10.1038/s41562-019-0651-1.

12 Lebowitz, Tabb, and Appelbaum. 他们写道："我们的发现支持了大量的现有证据，表明'行为的生物学解释的固有性质'之外的因素，可能影响人们赞同它们的可能性。"如果"人们认为遗传学的解释是在推卸行为的道德责任"，那么他们拒绝接受这些解释就“是因为希望维持责怪别人的能力”。

13 Emily A. Willoughby et al., “Free Will, Determinism, and Intuitive Judgments About the Heritability of Behavior,” *Behavior Genetics* 49, no. 2 (March 2019): 136–53, https://doi.org/10.1007/s10519-018-9931-1.

14 道金斯很好地说明了这一点：“无论人们对决定论的问题持何种观点，插入‘遗传’一词都不会产生任何影响。如果你是一个彻头彻尾的决定论者，你会相信你的所有行为都是由过去的物理原因所决定的，你可能会，也可能不会相信你因此不能对你的外遇行为负责。但是，即便如此，一些物理原因是否是遗传的，又有什么区别呢？为什么遗传决定因素被认为比环境决定因素更不可避免，或更能免除人的责任？” Richard Dawkins, *The Extended Phenotype: The Long Reach of the Gene*, rev. ed. (Oxford and New York: Oxford University Press, 1999).

15 单卵双胞胎的基因组之间存在差异，这意味着双胞胎遗传率的估计可能会被系统地低估了，因为由单卵双胞胎之间的遗传差异引起的表型差异会被错误地归因于环境差异。Hakon Jonsson et al., “Differences between Germline Genomes of Monozygotic Twins,” *Nature Genetics* 53, no. 1 (January 2021): 27–34, https://doi.org/10.1038/s41588-020-00755-1.

16 Eric Turkheimer, “Genetics and Human Agency: Comment on Dar-Nimrod and Heine,” *Psychological Bulletin* 137, no. 5 (2011): 825–28, https://doi.org/10.1037/a0024306.

17 Daniel C. Dennett, *Elbow Room: The Varieties of Free Will Worth Wanting*, new ed. (Cambridge, MA: MIT Press, 2015).

18 更确切地说，e^2 可以被认为是人们拥有能动性的程度的上限。神经科学家凯文·米切尔所说的“发育变异”（developmental variation），即表型发育过程中固有的随机性，也会增大一对双胞胎之间的差异，而无需其中任何一个人施加我们通常承认为能动性的东西。Kevin J. Mitchell, *Innate: How the Wiring of Our Brains Shapes Who We Are* (Princeton, NJ: Princeton University Press, 2018).

19 T. J. Bouchard and M. McGue, “Familial Studies of Intelligence: A Review,” *Science* 212, no. 4498 (May 29, 1981): 1055–59, https://doi.org/10.1126/science.7195071.

20 Laura E. Engelhardt et al., “Strong Genetic Overlap between Executive Functions and Intelligence,” *Journal of Experimental Psychology: General* 145, no. 9 (September 2016): 1141–59, https://doi.org/10.1037/xge0000195.

21 Laura E. Engelhardt et al., “Accounting for the Shared Environment in Cognitive

Abilities and Academic Achievement with Measured Socioecological Contexts," *Developmental Science* 22, no. 1 (January 2019): e12699, https://doi.org/10.1111/desc.12699.

22 Kaili Rimfeld et al., "The Stability of Educational Achievement across School Years Is Largely Explained by Genetic Factors," *Npj Science of Learning* 3 (September 4, 2018): 16, https://doi.org/10.1038/s41539-018-0030-0.

23 Amelia R. Branigan, Kenneth J. McCallum, and Jeremy Freese, "Variation in the Heritability of Educational Attainment: An International Meta-Analysis," *Social Forces* 92, no. 1 (September 2013): 109–40.

24 Daniel J. Benjamin et al., "The Promises and Pitfalls of Genoeconomics," *Annual Review of Economics* 4 (September 2012): 627–62, https://doi.org/10.1146/annurev-economics-080511-110939.

25 Dena M. Gromet, Kimberly A. Hartson, and David K. Sherman, "The Politics of Luck: Political Ideology and the Perceived Relationship between Luck and Success," *Journal of Experimental Social Psychology* 59 (July 2015): 40–46, https://doi.org/10.1016/j.jesp.2015.03.002.

26 "Princeton University's 2012 Baccalaureate Remarks," Princeton University, June 3, 2012, https://www.princeton.edu/news/2012/06/03/princeton-universitys-2012-baccalaureate-remarks.

27 Jonathan Rothwell, "Experiment Shows Conservatives More Willing to Share Wealth Than They Say," *The New York Times*, February 13, 2020, https://www.nytimes.com/2020/02/13/upshot/trump-supporters-experiment-inequality.html.

28 Heather MacDonald, "Who 'Deserves' to Go to Harvard?," *Wall Street Journal*, June 13, 2019, https://www.wsj.com/articles/who-deserves-to-go-to-harvard-11560464201.

29 Quoted in James Pethokoukis, "You Didn't Build That: Obama and Elizabeth Warren Argue against Any Limiting Principle to Big Government," blog post, *AEIdeas*, American Enterprise Institute, July 19, 2012, https://www.aei.org/pethokoukis/you-didnt-build-that-obama-and-elizabeth-warren-argue-against-any-limiting-principle-to-big-government/.

30 Stephen P. Schneider, Kevin B. Smith, and John R. Hibbing, "Genetic Attributions: Sign of Intolerance or Acceptance?," *The Journal of Politics* 80, no. 3 (July 2018): 1023–27, https://doi.org/10.1086/696860.

31 Rothwell, "Experiment Shows Conservatives More Willing to Share Wealth Than They Say."

32 Ingvild Almås et al., "Fairness and the Development of Inequality Acceptance," *Science* 328, no. 5982 (May 28, 2010): 1176–78, https://doi.org/10.1126/science.1187300; Alexander W. Cappelen, Erik Ø. Sørensen, and Bertil Tungodden, "Responsibility for What? Fairness and Individual Responsibility," *European Economic Review* 54, no. 3 (April 2010): 429–41, https://doi.org/10.1016/j.euroecorev.2009.08.005; Alexander W. Cappelen et al., "Just Luck: An Experimental Study of Risk-Taking and Fairness," *The American Economic Review* 103, no. 4 (2013): 1398–1413.

33 Ingvild Almås, Alexander W. Cappelen, and Bertil Tungodden, "Cut-throat Capitalism versus Cuddly Socialism: Are Americans More Meritocratic and Efficiency-Seeking than Scandinavians?," *Journal of Political Economy* 128, no. 5 (May 2020): 1753–88, https://doi.org/10.1086/705551.

34 Michael Young, "Down with Meritocracy," *The Guardian*, June 28, 2001, https://www.theguardian.com/politics/2001/jun/29/comment.

第十一章　无等级优劣的差异

1 "Homelessness and Mental Illness: A Challenge to Our Society," Brain & Behavior Research Foundation, November 19, 2018, https://www.bbrfoundation.org/blog/homelessness-and-mental-illness-challenge-our-society.

2 Erik Parens, "Genetic Differences and Human Identities. On Why Talking about Behavioral Genetics Is Important and Difficult," *The Hastings Center Report* special supplement 34, no. 1 (January-February 2004): S14–36, https://www.thehastingscenter.org/wp-content/uploads/genetic_differences_and_human_identities.pdf.

3 Elizabeth S. Anderson, "What Is the Point of Equality?," *Ethics* 109, no. 2 (January 1999): 287–337, https://doi.org/10.1086/233897.

4 Audre Lorde, "Reflections," *Feminist Review* 45 (Autumn 1993): 4–8.

5 Daniel J. Kevles, *In the Name of Eugenics: Genetics and the Uses of Human Heredity* (New York: Alfred A. Knopf, 1985; reprint, Cambridge, MA: Harvard

University Press, 1998).

6 Henry Herbert Goddard, *Feeble-Mindedness: Its Causes and Consequences* (New York: Macmillan, 1914).

7 Nathaniel Comfort, "How Science Has Shifted Our Sense of Identity," *Nature* 574, no. 7777 (October 2019): 167–70, https://doi.org/10.1038/d41586-019-03014-4.

8 "Excuse Me, Mr Coates, Ctd," *The Dish*, December 13, 2014, http://dish.andrewsullivan.com/2014/12/23/excuse-me-mr-coates-ctd/.

9 Ibram X. Kendi, *How to Be an Antiracist* (New York: One World, 2019).

10 Douglas Almond, Kenneth Y. Chay, and Michael Greenstone, "Civil Rights, the War on Poverty, and Black-White Convergence in Infant Mortality in the Rural South and Mississippi," MIT Department of Economics Working Paper no. 07-04, SSRN (Rochester, NY: Social Science Research Network, February 7, 2007), https://papers.ssrn.com/abstract=961021.

11 "Flint, Michigan, Decision to Break Away from Detroit for Water Riles Residents," CBS News, March 4, 2015, https://www.cbsnews.com/news/flint-michigan-break-away-detroit-water-riles-residents/.

12 Mona Hanna-Attisha et al., "Elevated Blood Lead Levels in Children Associated With the Flint Drinking Water Crisis: A Spatial Analysis of Risk and Public Health Response," *American Journal of Public Health* 106, no. 2 (February 2016): 283–90, https://doi.org/10.2105/AJPH.2015.303003.

13 Michigan Civil Rights Commission, *The Flint Water Crisis: Systemic Racism through the Lens of Flint*, February 17, 2017, https://www.michigan.gov/documents/mdcr/VFlintCrisisRep-F-Edited3-13-17_554317_7.pdf.

14 Harriet A. Washington, *A Terrible Thing to Waste: Environmental Racism and Its Assault on the American Mind* (New York: Little, Brown Spark, 2019).

15 Washington.

16 A. Alexander Beaujean et al., "Validation of the Frey and Detterman (2004) IQ Prediction Equations Using the Reynolds Intellectual Assessment Scales," *Personality and Individual Differences* 41, no. 2 (July 2006): 353–57, https://doi.org/10.1016/j.paid.2006.01.014.

17 Catherine M. Calvin et al., "Intelligence in Youth and All-Cause-Mortality: Systematic Review with Meta-Analysis," *International Journal of Epidemiology* 40, no. 3 (June 1, 2011): 626–44, https://doi.org/10.1093/ije/dyq190.

18 Meredith C. Frey and Douglas K. Detterman, "Scholastic Assessment or g? The Relationship between the Scholastic Assessment Test and General Cognitive Ability," *Psychological Science* 15, no. 6 (June 1, 2004): 373–78, https://doi.org/10.1111/j.0956-7976.2004.00687.x.

19 Christopher M. Berry and Paul R. Sackett, "Individual Differences in Course Choice Result in Underestimation of the Validity of College Admissions Systems," *Psychological Science* 20, no. 7 (July 1, 2009): 822–30, https://doi.org/10.1111/j.1467-9280.2009.02368.x.

20 David Lubinski and Camilla Persson Benbow, "Study of Mathematically Precocious Youth After 35 Years: Uncovering Antecedents for the Development of Math-Science Expertise," *Perspectives on Psychological Science* 1, no. 4 (December 1, 2006): 316–45, https://doi.org/10.1111/j.1745-6916.2006.00019.x.

21 Ann Oakley, "Gender, Methodology and People's Ways of Knowing: Some Problems with Feminism and the Paradigm Debate in Social Science," *Sociology* 32, no. 4 (November 1, 1998): 707–31, https://doi.org/10.1177/0038038598032004005.

22 Kevin Cokley and Germine H. Awad, "In Defense of Quantitative Methods: Using the 'Master' s Tools' to Promote Social Justice," *Journal for Social Action in Counseling & Psychology* 5, no. 2 (Summer 2013): 26–41.

23 Carol A. Padden and Tom L. Humphries, *Deaf in America: Voices from a Culture* (Cambridge, MA: Harvard University Press, 1988).

24 Abraham M. Sheffield and Richard J. H. Smith, "The Epidemiology of Deafness," *Cold Spring Harbor Perspectives in Medicine* 9, no. 9 (September 3, 2019): a033258, https://doi.org/10.1101/cshperspect.a033258.

25 Walter E. Nance, "The Genetics of Deafness," *Mental Retardation and Developmental Disabilities Research Reviews* 9, no. 2 (2003): 109–19, https://doi.org/10.1002/mrdd.10067.

26 M. Spriggs, "Lesbian Couple Create a Child Who Is Deaf like Them," *Journal of Medical Ethics* 28, no. 5 (October 2002): 283, https://doi.org/10.1136/jme.28.5.283.

27 Isabel Karpin, "Choosing Disability: Preimplantation Genetic Diagnosis and Negative Enhancement," *Journal of Law and Medicine* 15, no. 1 (August 2007): 89–103.

28 Steven D. Emery, Anna Middleton, and Graham H. Turner, "Whose Deaf Genes

Are They Anyway?: The Deaf Community's Challenge to Legislation on Embryo Selection," *Sign Language Studies* 10, no. 2 (2010): 155–69.

29 "This Couple Want a Deaf Child. Should We Try to Stop Them?" *The Guardian*, March 9, 2008, https://www.theguardian.com/science/2008/mar/09/genetics.medicalresearch.

30 H. Dominic W. Stiles and Mina Krishnan, "What Happened to Deaf People during the Holocaust?," UCL Ear Institute & Action on Hearing Loss Libraries, University College London, November 16, 2012, https://blogs.ucl.ac.uk/library-rnid/2012/11/16/what-happened-to-deaf-people-during-the-holocaust/.

31 Paul Steven Miller and Rebecca Leah Levine, "Avoiding Genetic Genocide: Understanding Good Intentions and Eugenics in the Complex Dialogue between the Medical and Disability Communities," *Genetics in Medicine* 15, no. 2 (February 2013): 95–102, https://doi.org/10.1038/gim.2012.102; Emery, Middleton, and Turner, "Whose Deaf Genes Are They Anyway?"

32 Anderson, "What Is the Point of Equality?"

33 John Rawls, *A Theory of Justice*, rev. ed. (Cambridge, MA: Harvard University Press, 1999).

34 David Kushner, "Serving on the Spectrum: The Israeli Army's Roim Rachok Program Is Bigger Than the Military," *Esquire*, April 2, 2019, https://www.esquire.com/news-politics/a26454556/roim-rachok-israeli-army-autism-program/.

35 Robert D. Austin and Gary P. Pisano, "Neurodiversity as a Competitive Advantage," *Harvard Business Review*, May-June 2017, https://hbr.org/2017/05/neurodiversity-as-a-competitive-advantage.

36 Susan Dominus, "Open Office," *The New York Times Magazine*, February 21, 2019, https://www.nytimes.com/interactive/2019/02/21/magazine/autism-office-design.html, https://www.nytimes.com/interactive/2019/02/21/magazine/autism-office-design.html.

37 John Elder Robison, "What Is Neurodiversity?," *My Life with Asperger's* (blog), *Psychology Today*, October 7, 2013, http://www.psychologytoday.com/blog/my-life-aspergers/201310/what-is-neurodiversity.

第十二章　反优生主义的科学和政策

1 Elizabeth S. Anderson, "What Is the Point of Equality?," *Ethics* 109, no. 2 (January 1999): 287–337, https://doi.org/10.1086/233897.

2 Ibram X. Kendi, *How to Be an Antiracist* (New York: One World, 2019).

3 Ruha Benjamin, ed., *Captivating Technology: Race, Carceral Technoscience, and Liberatory Imagination in Everyday Life* (Durham, NC: Duke University Press, 2019).

4 Mark A. Rothstein, "Legal Conceptions of Equality in the Genomic Age," *Law & Inequality* 25, no. 2 (2007): 429–63.

5 Eric Turkheimer, "Three Laws of Behavior Genetics and What They Mean," *Current Directions in Psychological Science* 9, no. 5 (October 1, 2000), 160–64, https://journals.sagepub.com/doi/10.1111/1467-8721.00084.

6 Theodosius Dobzhansky, "Genetics and Equality: Equality of Opportunity Makes the Genetic Diversity among Men Meaningful," *Science* 137, no. 3524 (July 13, 1962): 112–15, https://doi.org/10.1126/science.137.3524.112.

7 Antonio Regalado, "DNA Tests For IQ Are Coming, But It Might Not Be Smart to Take One," *MIT Technology Review*, April 2, 2018, https://getpocket.com/explore/item/dna-tests-for-iq-are-coming-but-it-might-not-be-smart-to-take-one.

8 Robert Plomin, *Blueprint: How DNA Makes Us Who We Are* (Cambridge, MA: MIT Press, 2018).

9 Tim T. Morris, Neil M. Davies, and George Davey Smith, "Can Education Be Personalised Using Pupils' Genetic Data?" *bioRxiv*, December 11, 2019, 645218, https://doi.org/10.1101/645218.

10 Safiya Umoja Noble, *Algorithms of Oppression: How Search Engines Reinforce Racism* (New York: NYU Press, 2018); Cathy O'Neil, *Weapons of Math Destruction: How Big Data Increases Inequality and Threatens Democracy*, repr. ed. (New York: Broadway Books, 2017).

11 Julia Angwin et al., "Machine Bias," ProPublica, May 23, 2016, https://www.propublica.org/article/machine-bias-risk-assessments-in-criminal-sentencing.

12 Benjamin, *Captivating Technology*.

13 O'Neil, *Weapons of Math Destruction*; Noble, *Algorithms of Oppression*.

14 Sean F. Reardon, "School District Socioeconomic Status, Race, and Academic Achievement," Stanford Center for Education Policy Analysis (CEPA), April 2016, https://cepa.stanford.edu/content/school-district-socioeconomic-status-race-and-academic-achievement.

15 Stephen W. Raudenbush and J. Douglas Willms, "The Estimation of School Effects," *Journal of Educational and Behavioral Statistics* 20, no. 4 (Winter 1995): 307–35, https://doi.org/10.3102/10769986020004307.

16 K. Paige Harden et al., "Genetic Associations with Mathematics Tracking and Persistence in Secondary School," *Npj Science of Learning* 5 (February 5, 2020): 1, https://doi.org/10.1038/s41539-020-0060-2.

17 Robert Moses, "Math As a Civil Rights Issue: Working the Demand Side," Harvard Gazette, May 17, 2001, https://news.harvard.edu/gazette/story/2001/05/math-as-a-civil-rights-issue/.

18 Lorie Konish, "This Is the Real Reason Most Americans File for Bankruptcy," CNBC, February 11, 2019, https://www.cnbc.com/2019/02/11/this-is-the-real-reason-most-americans-file-for-bankruptcy.html.

19 "Genetic Discrimination," National Human Genome Research Institute, accessed March 10, 2020, https://www.genome.gov/about-genomics/policy-issues/Genetic-Discrimination.

20 Mark A. Rothstein, "GINA at Ten and the Future of Genetic Nondiscrimination Law," *The Hastings Center Report* 48, no. 3 (May/June 2018): 5–7, https://doi.org/10.1002/hast.847.

21 Jessica L. Roberts, "The Genetic Information Nondiscrimination Act as an Antidiscrimination Law," *Notre Dame Law Review* 86, no. 2 (2013): 597–648, http://ndlawreview.org/wp-content/uploads/2013/06/Roberts.pdf.

22 Rothstein, "Legal Conceptions of Equality in the Genomic Age."

23 Mark A. Rothstein, "Why Treating Genetic Information Separately Is a Bad Idea," *Texas Review of Law & Politics* 4, no. 1 (Fall 1999): 33–37.

24 Mark A. Rothstein, "Genetic Privacy and Confidentiality: Why They Are So Hard to Protect," *Journal of Law, Medicine and Ethics* 26, no. 3 (Fall 1998): 198–204, https://papers.ssrn.com/abstract=1551287.

25 Roberts, "The Genetic Information Nondiscrimination Act as an Antidiscrimination Law."

26 John Rawls, *A Theory of Justice*, rev. ed. (Cambridge, MA: Harvard University Press, 1999).

27 Robert H. Frank, *Success and Luck: Good Fortune and the Myth of Meritocracy* (Princeton, NJ: Princeton University Press, 2016).

28 David Roberts, "The Radical Moral Implications of Luck in Human Life," Vox, August 21, 2018, https://www.vox.com/science-and-health/2018/8/21/17687402/kylie-jenner-luck-human-life-moral-privilege.

29 Amartya Sen, "Merit and Justice," in *Meritocracy and Economic Inequality*, ed. Kenneth J. Arrow, Samuel Bowles, and Steven Durlauf (Princeton, NJ: Princeton University Press, 2000).

30 Madeleine L'Engle, *A Wrinkle in Time*, reprint ed. (New York: Square Fish, 2007).

31 Rawls, *A Theory of Justice*.

32 Angus Deaton, *The Great Escape: Health, Wealth, and the Origins of Inequality* (Princeton, NJ: Princeton University Press, 2013).

33 François Bourguignon and Christian Morrisson, "Inequality Among World Citizens: 1820–1992," *American Economic Review* 92, no. 4 (September 2002): 727–44, https://doi.org/10.1257/00028280260344443.

34 Max Roser, Hannah Ritchie, and Bernadeta Dadonaite, "Child and Infant Mortality," *Our World in Data*, May 10, 2013, https://ourworldindata.org/child-mortality; "Sweden: Child Mortality Rate 1800-2020," Statista, accessed February 9, 2021, https://www.statista.com/statistics/1041819/sweden-all-time-child-mortality-rate/.

35 Daron Acemoglu, "Technical Change, Inequality, and the Labor Market," *Journal of Economic Literature* 40, no. 1 (March 2002): 7–72.

36 Heather MacDonald, "Who 'Deserves' to Go to Harvard?," *Wall Street Journal*, June 13, 2019, https://www.wsj.com/articles/who-deserves-to-go-to-harvard-11560464201.

37 Anne Case and Angus Deaton, *Deaths of Despair and the Future of Capitalism* (Princeton, NJ: Princeton University Press, 2020), https://press.princeton .edu/books/hardcover/9780691190785/deaths-of-despair-and-the-future-of-capitalism.

一頁 folio

始于一页，抵达世界

Humanities · History · Literature · Arts

出品人 范新

品牌总监 恰恰

版权总监 吴攀君

印制总监 刘玲玲

运营总监 戴学林

营销总监 张延

营销编辑 狄洋意 许芸茹 闵婕

装帧设计 陈威伸

内文制作 燕红

Folio (Beijing) Culture & Media Co., Ltd.

Bldg. 16C, Jingyuan Art Center,

Chaoyang, Beijing, China 100124

一頁 folio
微信公众号

官方微博：@一頁 folio | 官方豆瓣：一頁 folio | 联系我们：rights@foliobook.com.cn